高职高专计算机任务驱动模式教材

计算机网络基础教程

徐志烽 主编

丁磊 万旭成 李利杰 副主编

U0309337

清华大学出版社

北京

内 容 简 介

本书是一本面向高职高专的计算机网络基础教材,其中的大部分内容以一种全新的实例化的方式较全面地介绍计算机网络的基本原理和技术。

全书包括计算机网络原理和技术的介绍以及一些相关的实验内容。其中的原理和技术部分共 7 章,内容组织以 TCP/IP 体系结构为主线,按照协议层次上从低到高、网络范围上从小到大这样一个基本的逻辑顺序来讲述整个计算机网络体系。实验部分包括 12 个相对独立的实验内容,在技术程度上深浅结合,操作上力求现实、直观和有效。

本书的特点是由问题引技术,用实例述原理,以现实直观为宗旨,叙述较为严谨,图文比例适当,在保证内容一定的广度和深度的前提下力求清晰易懂。

本书可作为高职高专计算机网络及相关专业的基础教材,也可供信息技术类专业的本科生及相关专业的工程技术人员参考。

图书在版编目(CIP)数据

计算机网络基础教程/徐志烽主编.—北京:清华大学出版社,2010.6(2022.1重印)

(高职高专计算机任务驱动模式教材)

ISBN 978-7-302-22162-3

Ⅰ. ①计… Ⅱ. ①徐… Ⅲ. ①计算机网络-高等学校:技术学校-教材 Ⅳ. ①TP393

中国版本图书馆 CIP 数据核字(2010)第 033128 号

责任编辑:张 景
责任校对:刘 静
责任印制:丛怀宇

出版发行:清华大学出版社
      网　　址:http://www.tup.com.cn,http://www.wqbook.com
      地　　址:北京清华大学学研大厦 A 座　　　　邮　编:100084
      社 总 机:010-62770175　　　　　　　　　　邮　购:010-62786544
      投稿与读者服务:010-62776969,c-service@tup.tsinghua.edu.cn
      质 量 反 馈:010-62772015,zhiliang@tup.tsinghua.edu.cn

印 装 者:北京建宏印刷有限公司
经　　销:全国新华书店
开　　本:185mm×260mm　　　印　张:15.5　　　字　数:351 千字
版　　次:2010 年 6 月第 1 版　　　　　　　印　次:2022 年 1 月第 11 次印刷
定　　价:45.00 元

产品编号:033933-04

丛书编委会

出版说明

我国高职高专教育经过近十年的发展,已经转向深度教学改革阶段。教育部 2006 年 12 月发布了教高[2006]16 号文件"关于全面提高高等职业教育教学质量的若干意见",大力推行工学结合,突出实践能力培养,全面提高高职高专教学质量。

清华大学出版社为了进一步推动高职高专计算机专业教材的建设工作,适应高职高专院校计算机类人才培养的发展趋势,根据教高[2006]16 号文件的精神,2007 年秋季开始了切合新一轮教学改革的教材建设工作。

目前国内高职高专院校计算机网络与软件专业的教材品种繁多,但切合国家计算机网络与软件技术专业领域技能型紧缺人才培养培训方案并符合企业的实际需要、能够成体系的教材还不成熟。

我们组织国内对计算机网络和软件人才培养模式有研究并且有实践经验的高职高专院校,进行了较长时间的研讨和调研,遴选出一批富有工程实践经验和教学经验的双师型教师,合力编写了这套适用于高职高专计算机网络、软件专业的教材。

本套教材的编写方法是以任务驱动案例教学为核心,以项目开发为主线。我们研究分析了国内外先进职业教育的培训模式、教学方法和教材特色,消化吸收优秀的经验和成果。以培养技术应用型人才为目标,以企业对人才的需要为依据,把软件工程和项目管理的思想完全融入教材体系,将基本技能培养和主流技术相结合,课程设置中重点突出、主辅分明、结构合理、衔接紧凑。教材侧重培养学生的实战操作能力,学、思、练相结合,旨在通过项目实践,增强学生的职业能力,使知识从书本中释放并转化为专业技能。

一、教材编写思想

本套教材以案例为中心,以技能培养为目标,围绕开发项目所用到的知识点进行讲解,对某些知识点附上相关的例题,以帮助读者理解,进而将知识转变为技能。

考虑到是以"项目设计"为核心组织教学,所以在每一学期配有相应的实训课程及项目开发手册,要求学生在教师的指导下,能整合本学期所学的知识内容,相互协作,综合应用该学期的知识进行项目开发。同时在教材中采用了大量的案例,这些案例紧密地结合教材中的各个知识点,循序渐进,由浅入深,在整体上体现了内容主导、实例解析,以点带面的模式,配合课程后期以项目设计贯穿教学内容的教学模式。

软件开发技术具有种类繁多、更新速度快的特点。本套教材在介绍软件开发主流技术的同时,帮助学生建立软件相关技术的横向及纵向的关系,培养学生综合应用所学知识的能力。

二、丛书特色

本系列教材体现目前的工学结合教改思想,充分结合教改现状,突出项目面向教学和任务驱动模式教学改革成果,打造立体化精品教材。

(1) 参照或吸纳国内外优秀计算机网络、软件专业教材的编写思想,采用本土化的实际项目或者任务,以保证其有更强的实用性,并与理论内容有很强的关联性。

(2) 准确把握高职高专软件专业人才的培养目标和特点。

(3) 充分调查研究国内软件企业,确定了基于 Java 和 .net 的两个主流技术路线,再将其组合成相应的课程链。

(4) 教材通过一个个的教学任务或者教学项目,在做中学,在学中做,以及边学边做,重点突出技能培养。在突出技能培养的同时,还介绍解决思路和方法,培养学生未来在就业岗位上的终身学习能力。

(5) 借鉴或采用项目驱动的教学方法和考核制度,突出计算机网络、软件人才培训的先进性、工具性、实践性和应用性。

(6) 以案例为中心,以能力培养为目标,并以实际工作的例子引入概念,符合学生的认知规律。语言简洁明了、清晰易懂、更具人性化。

(7) 符合国家计算机网络、软件人才的培养目标;采用引入知识点、讲述知识点、强化知识点、应用知识点、综合知识点的模式,由浅入深地展开对技术内容的讲述。

(8) 为了便于教师授课和学生学习,清华大学出版社正在建设本套教材的教学服务资源。在清华大学出版社网站(www.tup.com.cn)免费提供教材的电子课件、案例库等资源。

高职高专教育正处于新一轮教学深度改革时期,从专业设置、课程体系建设到教材建设,依然是新课题。希望各高职高专院校在教学实践中积极提出意见和建议,并及时反馈给我们。清华大学出版社将对已出版的教材不断地修订、完善,提高教材质量,完善教材服务体系,为我国的高职高专教育继续出版优秀的高质量的教材。

清华大学出版社
高职高专计算机任务驱动模式教材编审委员会
rawstone@126.com

序

教材是根据课程标准而编写的,而课程又是根据专业培养方案而设置的,高职专业培养方案是以就业为导向,基于职业岗位工作需求而制订的。在高职专业培养方案的制订过程中,必须遵照教育部教高[2006]16号文件的精神,体现工学结合人才培养模式,重视学生校内学习与实际工作的一致性。制订课程标准,高等职业院校要与行业企业合作开发课程,根据技术领域和职业岗位(群)的任职要求,参照相关的职业资格标准,改革课程体系和教学内容。在教材建设方面,应紧密结合行业企业生产实际,与行业企业共同开发融"教、学、做"为一体,强化学生能力培养的实训教材。

教材既是教师教的依据,又是学生学的参考。在教学过程中,教师与学生围绕教材的内容进行教与学。因此,要提高教学质量必须有一套好的教材,赋之于教学实施。

高等职业技术教育在我国仅有 10 年的历史,在专业培养方案制订、课程标准编制、教材编写等方面还都处于探索期。目前,高职教育一定要在两个方面下工夫,一是职业素质的培养,二是专业技术的培养。传统的教材,只是较为系统地传授专业理论知识与专业技能,大多数是从抽象到抽象,这种教学方式高职院校的学生很难接受,因为高职学生具备的理论基础与逻辑思维能力,远不及本科院校的学生,因此传统体系的教材不适合高职学生的教学。

认识的发展过程是从感性认识到理性认识,再由理性认识到能动地改造客观世界的辩证过程。一个正确的认识,往往需要经过物质与精神、实践与认识之间的多次反复。"看图识字"、"素描临摹"、"师傅带徒弟"、"工学结合"都是很好的学习模式,因此以案例、任务、项目驱动模式编写的教材会比较适合高职学生的学习,让学生从具体认识,到抽象理解,边做边学,体现"做中学、学中做",不断循环,从而完成职业素养与专业知识和技能的学习,尤其在技能训练方面得到加强。学生在完成案例、任务、项目的操作工作中,掌握了职业岗位的工作过程与专业技能,在此基础上,教师用具体的实例去讲解抽象的理论,显然是迎刃而解。

清华大学出版社与杭州开元书局共同策划的"高职高专计算机任务

驱动模式教材",就是遵照教育部教高[2006]16号文件精神,综合目前高职院校信息类专业的培养方案、课程标准,组织有多年教学经验的一线教师进行编写。教材以案例、任务、项目为驱动模式,结合最前沿的IT技术,体现职业素养与专业技术。同时,充分考虑教学目标、教师、学生、实训条件,从而使教材的结构与内容适合教师能教、学生能学、实训条件能满足,真正成为高等职业技术教育的合理化教材,以推动高职教材改革和创新的发展。

在教学实施过程中,以案例、任务、项目为驱动已经得到教师与学生的认可,但用教材进行充分体现尚属于尝试阶段。清华大学出版社与开元书局在这方面进行大胆的开拓,无疑为高职教材建设提供了良好的展示平台。

任何新生事物都有其优点与缺点,但要看事物的总体发展方向。经过不断地完善和高职教育战线上同仁们的支持,相信在不久的将来会涌现出一批符合高职教育的系列化教材,为提高高职教学质量、培养出合格的高职专业人才作出贡献。

温州职业技术学院计算机系主任

浙江省高职教育计算机类专业指导委员会副主任委员

李永平

前　言

学习计算机网络的基础理论时,经常有人觉得内容过于抽象,看不见也摸不着,笔者当时学习计算机网络时也有这种感觉。然而这些计算机网络的基础理论又是必需的,否则无法理解绝大多数的网络现象,也解决不了大多数的网络问题。对于网络专业的学生,相关计算机网络基础理论更是必需的,不然在学习后续网络课程时将会遇到瓶颈问题。

本书以"两主机上的网络进程通过互联网络传输数据的过程"为主线和最终归宿来编排组织教学内容。用现今流行的任务驱动的说法就是:为了实现两主机上的网络进程有效可靠的数据传输,需要采用相关网络技术,而这些技术就是所要讲述的内容。关于这些技术内容的组织,本书按照"单段直连链路—单个网络—互联网络—端到端可靠性传输—特定网络进程间可靠通信"这样一个网络跨度由小到大、技术涵盖内容由少到多、层层递进的方式来进行。这个过程基本符合人们的认识规律,也基本符合 TCP/IP 网络体系的层次结构。

对于其中的每一项技术和原理,本书都力求现实和通俗,基本都以实际的网络例子来具体阐述相关技术,在语言表述上,采用了大量的形象比喻,使抽象晦涩的原理技术尽量显得直观和简洁。在本书配套的 PPT 课件中,一些难以理解的网络技术原理以动画的方式作了形象的演示和阐述。附录 A 中的一些网络实验,以抓取并分析网络数据包的方式让看不见摸不着的网络数据实实在在地呈现在读者眼前,更好地帮助读者学习和理解相关的计算机网络基础理论技术。

书中有部分标有"*"的章节,可作为选学内容。对于其他章节内容,读者也可以根据需要在学习时做相应取舍。每一章后面都附有一定量的习题,供巩固所学之用。

本书由徐志烽主编,丁磊、万旭成、李利杰副主编。参加本书编写大纲讨论和部分内容审校的还有周高林、俞舜浩、张君华、葛科奇、陈杰新、郑哲和刘锐等。

在本书编写过程中,得到了相关领域的朋友和同事的关注和帮助,在此表示衷心感谢。由于本书成书仓促,加上作者水平有限,书中不严谨之处在所难免,恳请广大专家和读者批评指正。

作者电子邮件地址: xuzhifeng@nbcc.cn。

徐志烽
2010 年 4 月

目 录

第1章　计算机网络概述

学习目标：
1. 了解计算机网络的发展；
2. 知道计算机网络的组成和主要功能；
3. 理解网络协议体系的意义。

本章导读：

本章是关于计算机网络技术的概述，也是对本书后面章节的一个总领。本章的主要目的是告诉读者计算机网络的分类、组成、任务，其中重点是计算机网络的存在目的和任务，即数据通信（或传输），为了完成这个目标任务，人们将采用什么技术和方法来实现相应的计算机网络。本章就是关于这些内容的概要描述，在全书中起到一个入门和总纲的作用。

1.1　计算机网络的发展

引言

通俗地讲，计算机网络是由一些相互之间能够传输信息的计算机组成的集合体，这是一个侧重于通信主机的网络定义。从技术和形态上，当今的计算机网络跟诞生之初已有很大差别。对于计算机网络的发展，业内一种比较流行的阶段划分是：以单个主机为中心的计算机网络、以分组交换网为中心的计算机网络、按 OSI/RM 标准化的计算机网络、互联网络。

1.1.1　以单个主机为中心的计算机网络

以单个主机为中心的计算机网络如图 1.1 所示。

以单个主机为中心的计算机网络，顾名思义，就是以某个计算机主机为中心，通过相应线路把很多被称为终端的设备连接到主机，使其能和主机交换数据。这是缘于当时计算机主机的稀少和昂贵，但同时又有很多计算任务需要主机计算处理的情况，这样，利用上面的网络就可以在不同终端输入不同的计算任务，再传给主机进行处理，主机将处理结果再通过线路传回显示在终端。

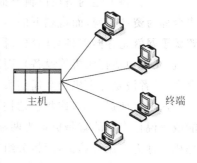

图 1.1　以单个主机为中心的
计算机网络

严格地说,这种网络还算不上真正意义上的网络,按照定义,计算机网络是多主机的集合体,而这里其实只有一台主机,其他其实都是无计算能力的终端,而这种终端一般只有键盘和显示屏,常被称为哑终端。尽管如此,业内还是将这种网络归为第一代计算机网络。

1.1.2 以分组交换网为中心的计算机网络

以分组交换网为中心的计算机网络如图 1.2 所示。

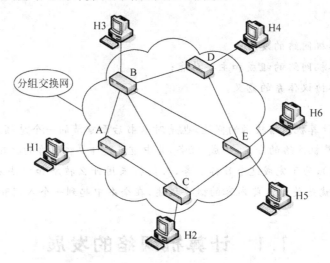

图 1.2 以分组交换网为中心的计算机网路

随着计算机主机成本的降低,不同地区的不同单位拥有了各自的计算机主机,为了完成更大的计算任务,需要不同地区的多个主机相互协作完成计算处理,这涉及远距离主机通信,分组交换网的诞生,解决了这一问题。

分组交换网主要由通信控制处理机和连接它们的线路组成,计算机主机再通过相应线路和通信控制处理机相连。图 1.2 中的 A、B、C、D、E 都是通信控制处理机,它们往往是一些交换机,负责主机之间的数据转发和传递,同时保证主机之间的数据传输的可靠性,至于传输的具体细节将在后面章节阐述。图 1.2 中的 H1~H6 都是计算机主机(Host)。

一般会将上述网络在逻辑上描述成两部分,即将其中所有的边缘主机(H1~H6)的集合称为**资源子网**,而将剩下的通信控制处理机和通信线路统称为**通信子网**。顾名思义,**资源子网**就是存储着各类网络数据资源的那部分计算机网络(据此,资源子网不只是包括主机,还可包括打印机等设备),而**通信子网**就是为了资源子网上的主机相互传输数据而存在(或者说是为主机相互通信服务)的那部分计算机网络。

这里顺便提一下,这些通信控制处理机(或交换机)其实也是计算机,只不过它们的功能或者说存在目的就是负责为两端的主机传递数据。为了区分,可以将这些通信控制处理机统称为专用计算机,而将分组交换网边缘端的主机称为通用计算机,说得简单点,专用计算机只能专门做一些特定事情(比如像前面的数据转发和传递),而通用计算机能完成任何计算机能完成的任务,如科学计算、数据库存储、搜索、图像处理等,当然也包括实现通信控制处理机的功能,也就是说,通用计算机也可以当专用计算机使用,只是性能上可能要比专用计算机差。

一个分组交换网的例子就是当今 Internet 的前身 ARPANET,它是 1969 年美国国防部创建的第一个分组交换网。

1.1.3　按 OSI/RM 标准化的计算机网络

在网络中,相互通信的计算机必须高度协调工作,而这种"协调"是相当复杂的。为了降低网络设计的复杂性,早在当初设计 ARPANET 时就有专家提出了层次模型(具体的分层概念后面会做阐述)。分层设计方法可以将庞大而复杂的问题转化为若干较小且易于处理的子问题。1974 年,IBM 公司宣布了自己的网络系统层次模型——系统网络体系结构 SNA,DEC 公司也在 20 世纪 70 年代末开发了自己的网络系统层次模型——数字网络体系结构 DNA。但是这几个组织的层次模型并不兼容,于是出现下面的问题。

图 1.3 所示为分别由 IBM 公司和 DEC 公司生产的通信设备连接的两个分组交换网。

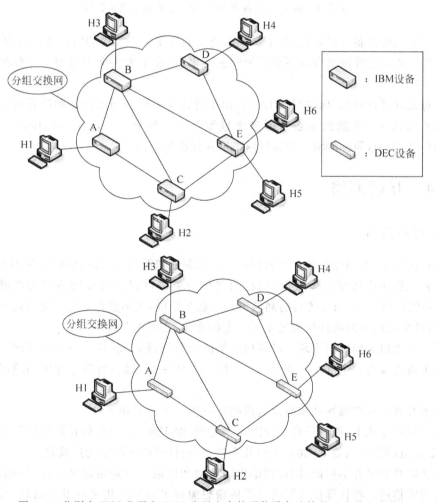

图 1.3　分别由 IBM 公司和 DEC 公司生产的通信设备连接的两个分组交换网

3

图 1.4 所示为由 IBM 设备和 DEC 设备混连的分组交换网。

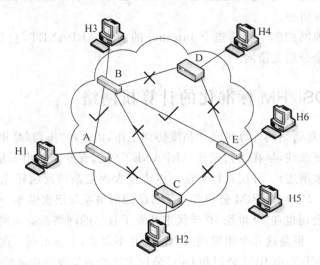

图 1.4　由 IBM 设备和 DEC 设备混连的分组交换网

相同公司的设备可以互联,但不是同一公司的设备因为实现的功能体系结构不一样,不能互联。类似这样网络设备不兼容的问题很多,这在很大程度上影响了计算机网络的发展和应用。

针对此问题,国际化标准组织 ISO 提出了旨在让不同公司的设备和计算机都支持的**网络体系结构——开放式系统互联参考模型**(Open System Interconnection/Reference Model,OSI/RM),简称 OSI。计算机网络进入标准化时代。

1.1.4　互联网络

1. 异构网络

到目前为止,上面提到的计算机网络一般都是距离跨度较大的网络,因为不同地区和单位的各主机往往都相距很远,在现在的网络分类中可以将这类网络归为**广域网**。在 OSI 体系结构诞生时,当今流行的**局域网**尚在起步阶段,还不是很普遍。之后随着局域网的盛行,计算机网络的物理组成发生了一定的变化,如图 1.5 所示。

图 1.5 指出了局域网出现后计算机网络的大致物理组成(其中一个局域网图示展示了内部主机连接的一个例子),将图 1.5 和图 1.2 作一下比较,有助于理解局域网的范围和意义。

这里有必要对**广域网**和**局域网**这两类网络作一个定义和区分。

从定性的方式上,地理位置上局限在小范围(如 1km 左右)内的计算机网络称为**局域网**,而距离范围能达到很大(如几十到几千公里)的计算机网络称为**广域网**。

由于定性定义并不明确,因此再给出局域网和广域网的定量定义,为浅显起见,采用一种通俗的描述。将计算机之间的数据传输想象成平时的手机之间发短信息,计算机之

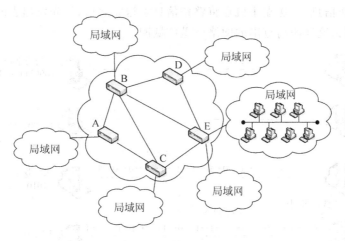

图 1.5　局域网的出现

间传输信息也是一条信息接着一条地发送，而且**每条信息长度（或者说数据量）有最大限度**。

图 1.6 所示为局域网上任意两台主机间的数据通信，右边的主机向左边主机发送一条二进制数据信息"1000111100111010"（计算机一般都采用二进制的数据），这条二进制信息是被右边主机一位接一位地传给左边主机的（图中的左箭头符"←"只是为了表示发送次序），因为主机间距离较近，所以右边的主机整条信息还没发送完，最先发送出去的数据已经到达目的地被左边主机收到了。现在就用这个来定义局域网：如果网络上任意两台主机发送信息，发送端主机在将整条信息发送完之前，最先发出去的数据已到达接收端主机了，那么这样距离范围的网络就是局域网。

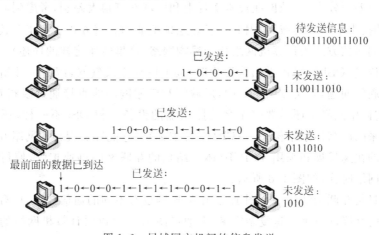

图 1.6　局域网主机间的信息发送

图 1.7 所示为是广域网上任意两主机间的通信，过程类似局域网情况，不一样的是右边主机已经将整条信息发送出去了，但是最先发出去的数据还没达到左边目的地主机，说得通俗一点就是整条信息还在通信路上走着。根据这个可以定义广域网：如果网络上任一

5

意两台主机发送信息,发送端主机在将整条信息发送完之后,最先发出去的数据还没到达接收端主机,那么这样距离范围的网络就是广域网。

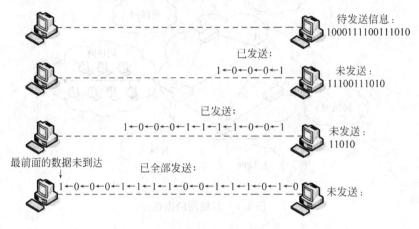

图 1.7　广域网主机间的信息发送

　　顺便提一下,现在业内经常会提到一个**城域网**概念,从地域范围来说,它介于广域网和局域网之间,但是按照上面的定义,没有处于它们中间距离的网络。这里先做这样的解释,城域网在距离上可归到广域网,但它在技术上很多采用的是以太网技术(以太网是局域网的一种,后面章节会做详细介绍)。另外,城域网一般是指覆盖一个城市范围的计算机网络,这也是城域网这个名字的由来。

2. 互联网络

　　由于距离差距较大,局域网在技术实现上和广域网有很大差别,考虑到通信的高速要求,广域网的技术不适合局域网,因此两者在地址编址和通信方式上都相差较大。人们将两种采用不同通信方式的计算机网络称为**异构网络**(这里暂作这样的描述)。

　　上面已说过,OSI 网络体系结构诞生时,局域网还未成气候,因此一开始没有考虑到异构网络互联的问题,其实在图 1.5 中,局域网和广域网不能直接通过线路互联,后面章节会讲到,它们中间经常还需要一个名为路由器的设备。和 OSI 不一样,还有一个在实践中发展起来的网络体系结构——**TCP/IP 协议体系**,它能够实现异构网络互联。

　　局域网的快速发展和采用 TCP/IP 体系结构的互联网的迅速扩张,使得计算机网络进入了互联网络时代,如图 1.8 所示。

　　图 1.8 只是互联网络的一个图示,其中局域网也有不同的通信技术,也有相互异构的网络。实际的互联网络远比这复杂得多,但通过图 1.8,可以对计算机网络的组成有一个宏观的把握。

　　现在的每一所学校几乎都有自己的计算机网络,一般都称为**校园网**,它其实是规模较大的局域网络或者是多个局域网络组成的网络(具体技术细节看相关后续课程)。类似地,一些企业也有自己的局域网络,即所谓的**企业网**。这些校园网或企业网一般都是属于一个单位内部专用的网络,并不对外服务,所以又称为**专用网**。

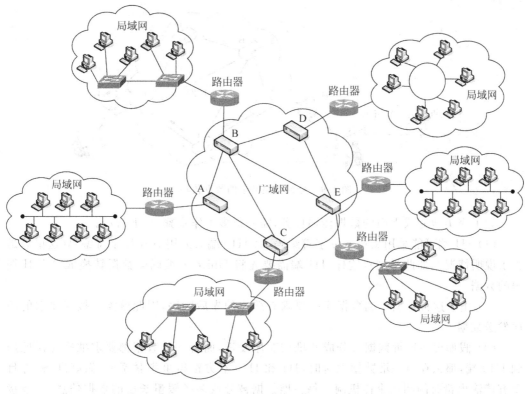

图 1.8　互联网络

对于广域网,很多是由国家级的单位出资建造,且能为按其规定缴费的企事业单位或个人提供远距离数据传输和转发服务的,因此是公用的,相对于前面的专用网,这样的广域网络往往又称为**公用网**。

1.2　计算机网络体系结构

1.2.1　网络体系结构

图 1.9 所示为分组交换网上的数据传输,主机 H1 和主机 H10 通过分组交换网传输数据。H10 上有数据库系统(这是一个存储操作大量数据信息的软件系统),**操作员在 H1 上输入一批数据,通过 H1 的网络应用程序向 H10 发送,要求 H10 准确无误地接收这批数据并存储进数据库**。为完成这个任务,需要中间的分组交换网以及相应配套的软件。反过来说,计算机网络就是为了完成类似这样的任务而诞生的。为完成类似这样的任务,需要采用相关的技术和方法,并有必要的理论支持,而这些理论、技术和方法就是计算机网络课程的学习内容。也就是说,这门课程要求读者对类似"从 H1 产生发送数据开始到 H10 准确接收数据为止的整个数据演变过程"有较深的认识、把握和理解。下面正式来讲网络体系结构。

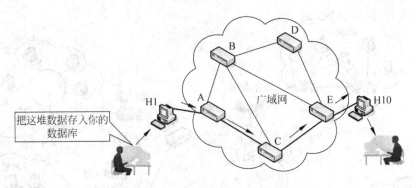

图 1.9　分组交换网上的数据传输

　　为了完美地完成上面的数据传输任务,需要很多工作步骤,如下所示。

　　(1) H1 端可能采用 Unicode 字符编码,而 H10 端只采用 ASCII 字符编码(这里只是为了说明情况而如此举例),这样,H1 端需要先将 Unicode 编码的数据转换成 ASCII 编码的数据。

　　(2) 由于这批数据存到数据库中要求有严格的先后顺序,因此就需要按照要求的顺序发送数据。

　　(3) 假如现在这批数据被分成 6 堆按顺序发送,而每一堆数据都要求准确无误地送到 H10 端,那么在每一堆数据发送时,H1 和 H10 双方都得事先联系好,做好准备,并且要有传输出错时的纠错重传机制。每一堆数据被分成多条**限量长度**的数据信息,一条接一条地发送。

　　(4) 主机 H1 和 H10 需要有一个在分组交换网上唯一标识自己的**地址**(就像用电话号码唯一识别座机电话一样),还需要给发送出去的数据添上 H1 的地址(发送者)和 H10 的地址(接收者)。

　　(5) 上面主机的唯一标识地址只是指出了最初的发送者和最终的接收者,但是从 H1 到 H10 其实要经过多段线路,如按照图 1.9,有"H1→A"、"A→C"、"C→E"、"E→H10"共 4 段线路。所以在 H1 将步骤(4)处理后的数据发送出去之前,还得指出发过去的相邻设备 A 的**编号**(包括数据从 A 发往 C 时更需要指出 C 的编号,因为 A 也能将数据发到 B 且最终也能保证数据到达 H10),这个编号一般只有 H1 和 A 自己知道,换句话说,两相邻设备各自还有一个只有这两设备知道的编号,如 H1 的这个编号只有 A 知道,而设备 B、C、D、E 和 H10 就都不知道了。可以这么理解,这种**编号**只在一段线路上有效,出了这段线路就无效了,而上面的**地址**在分组交换网上是全局性的和唯一的。除了这个编号,在相邻两设备间的传输也要有保证准确无误的技术手段。

　　(6) 每一条数据信息(添上地址和编号以后)都是若干限量长度的二进制数字串,一条信息真正发送时是一位接着一位按顺序发送出去的(如图 1.6 和图 1.7 所示)。至于为何要按顺序发送位,是因为一个字符需要多位二进制表示,如果打乱了位的发送顺序,很显然相邻设备收到的将是另一个字符了。另外,相邻两设备可能硬件性能速度不一样,发送和接收速度也不一样,还有用于表示同一个二进制的电压高低和电信号编码可能也不一样,这些都是需要解决和协调的。

经过分析,大致整理出了上述 6 个要完成的子任务。需要再指出的是,图 1.9 中,A、B、C、D、E 这些通信控制处理机一般只有上述步骤(4)、(5)和(6)的功能,因为它们只负责数据转发,所以不需要做步骤(1)~(3)的任务。而边缘主机(如 H1 和 H10)需要有上面所有的 6 个功能。

1.2.2　OSI/RM

国际标准组织 ISO 将类似 1.2.1 小节分析的各子任务按层次划分出来,并在最前面又加了一个子任务层次,提出了 7 层的网络体系结构——开放式系统互联参考模型 OSI/RM,简称 OSI,如图 1.10 所示。

OSI 协议体系从上到下的层次依次是**应用层**、**表示层**、**会话层**、**传输层**、**网络层**、**数据链路层**和**物理层**,其中**数据链路层**很多时候会简称链路层。这里从**表示层**往下到**物理层**,各层的任务和功能基本上分别对应上面分析整理的(1)~(6)条的内容,其中,**传输层**又称为**运输层**。关于最上面的**应用层**,网络上的数据传输应用不只有上面举例的远程数据库存储应用,还有其他如协作科学计算、网络文件传输等各种应用,这些网络应用程序根据自己业务的需要,在运行操作处理上一般都相差迥异,且产生的数据有各自规定的格式和相应的含义,即同样的信息含义在不同的网络应用程序中会是不同的数据形式。同时,在 OSI 中的"表示层"已定位成

| 应用层 |
| 表示层 |
| 会话层 |
| 传输层 |
| 网络层 |
| 数据链路层 |
| 物理层 |

图 1.10　OSI/RM 网络
体系结构

这样的功能:为不同主机统一数据表示。这样,就加入了一个"应用层"功能:为同一主机的不同网络应用程序统一数据形式,并协调网络应用程序收发数据的进度(出于可理解性考虑,这里对 OSI 暂作这样解释)。

由于这个层次模型是 ISO 提出的,是一种旨在让业内所有人都遵守的统一的层次功能标准,且每一个层次的功能的实现方式和技术也都标准化,因此这是一种协定,又称为**OSI 网络协议体系**,而每一个层次上各功能实现的技术标准就称为该层次上的**协议**。

关于网络体系结构,今后经常会提像某某层**功能**、某某层**技术**、某某层**标准**或某某层**协议**之类的表述,读者可能会听得迷糊,其实这 4 种提法基本是一回事。原因如下。

(1)前面已分析过,要完成从发送方主机应用进程到接收方主机应用进程的数据传输,需要很多工作要做,这些工作被分成了多个**步骤**,每个步骤完成一部分**任务**。

(2)将每个步骤抽象成一个能完成相应任务的**工作层次**,那么工作层次中能完成的任务也可说成是这个工作层次的**功能**。

(3)要完成某个工作层次的任务就需要有效的**技术**或**方法**。

(4)每个工作层次中的方法和技术一般都是**标准化**的,就是**协议**。

(5)这里的每个**工作层次**就是网络协议体系中的**各层**。

(6)网络体系结构中每一层的内容就是一些**协议**,这些协议就是**方法**和**技术**,利用这些方法和技术可以完成一定的**任务**,即引申为该层的**功能**。

所以,**功能**、**技术**、**标准**和**协议**其实是相互联系不可分的,这么多称法只是根据需要表

达角度和表达侧重会稍有不同而已。

下面来看用 OSI 体系结构实现网络传输时,发送端主机发送数据和接收端主机接收数据的过程。这里将主机上正在运行的应用程序称为进程。

图 1.11 所示为发送进程的数据封装过程和接收进程数据解封过程,发送端主机的发送进程产生需要发给接收端进程的数据,但为了数据能够最终顺利送到接收端目的地,需要经过一系列的包装处理。就像早期寄手写书信一样,要表达的信息需要有纸张作为载体,而写有信息内容的信纸需要折叠起来,然后用信封封装,信封还得写上收信人邮编和发信人邮编、收信人地址和发信人地址、收信人姓名和发信人姓名,再贴上邮票或盖邮资章印,之后才将信件正式投递出去;而在收信件人那边,收到信件之后想要看到内容信息,也必须做一些事情,这些事情跟发信人做的事情相反,比如,拆开信封,展开信纸,解读信纸上的内容信息,当然这里收信人做的事情只是没有和发信人一一对应。

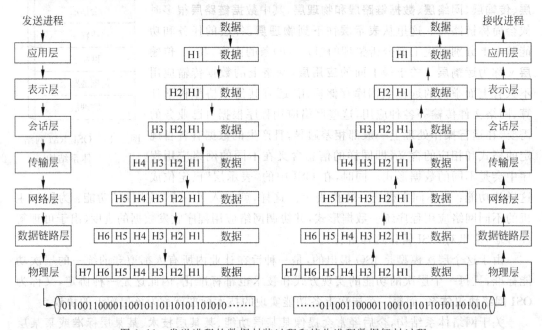

图 1.11　发送进程的数据封装过程和接收进程数据解封过程

类似地,计算机网络上,主机的发送进程好比是上面的发信人,接收进程就好比是收信人,而进程传输的数据就好比书信内容了。只不过在计算机网络系统中,发送进程的数据在真正发到物理线路上之前要处理的步骤(要做的事情)更多,而在接收端接收数据后要解读数据的内容信息也得经过几个相反的处理步骤,且这些步骤接收方和发送方一一对应。

由图 1.11 可知,在发送方,发送进程产生的数据先交到应用层处理,添加一些必要的数据信息后再交到下一层处理,这些添加的数据信息往往称为该层的**首部信息**(简称首部),就像上面邮寄信件中的地址信息一样,这些额外的信息并不是发送方的数据内容,只是为了能成功发送数据而必须添加的额外数据信息。将每一层添加首部信息的过程称为**数据封装**。每一层处理完后就交给下一层处理,依次类推直至物理层,在物理层将包含所有首部的整个二进制数据串以"位"为单位进行电编码,一位接一位地发送到物理线路上(注意,物理层不是物理线路)。在接收主机端,收到编码的电信号在物理层一位接一位地解码,然后交给数据链路层还原封装的数据,数据链路层拆掉该层的首部,接着将数据再向上交给网络层,依次往复,直至拆光所有首部将原始数据交给接收进程。接收主机端每一层上的数据拆除首部的过程称为**数据解封**。

前面已指出,对于分组交换网上的通信控制处理机,一般只有下面 3 层功能,如图 1.12 所示。

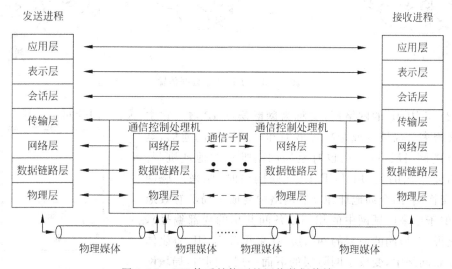

图 1.12　OSI 体系结构下的网络数据传输

同样,分组交换网中的通信控制处理机也有对数据解封和封装的过程,只是在处理深度上只限于下面 3 层,说得通俗一点,通信控制处理机收到封装的数据后,最多只会剥掉封装数据的外面 3 层首部信息,然后重新封装这外面 3 层首部,最后再转发出去。

1.2.3　TCP/IP

OSI 参考模型是一个严谨的协议体系,适合科学研究,但是由于它诞生的历史背景,使得它在后来的网络发展中显得不够现实和实用,因为 OSI 一开始没有考虑到异构网络的互联。另外,在网络层和数据链路层上 OSI 过多地考虑了可靠性控制技术,也影响了网络传输速度的提高。在 1.1.4 小节中已提过,在实践中发展起来的 TCP/IP 体系结构因为其实践的现实性,就没有 OSI 的上述缺陷。虽然 OSI 模型后来借鉴了 TCP/IP 的优点,但是,TCP/IP 已被广泛地应用到了因特网中,加上因特网的飞速发展以及 TCP/IP 也在一定程度上借鉴了 OSI 的严谨性,使得现在 TCP/IP 网络体系结构成为事实上的标准,而 OSI 是理论上的标准。同样,TCP/IP 网络体系结构一般也称为**TCP/IP 网络协议体系**。本书后面的章节也主要是 TCP/IP 协议族的内容。下面结合图 1.13 和图 1.14 先简要介绍一下 TCP/IP 体系结构。

(1) 从功能上来说,TCP/IP 的最下面的**网络接口层**大体对应 OSI 参考模型中的最下面两层,即数据链路层和物理层,而且,在讲解 TCP/IP 的网络接口层时也往往分成数据链路层和物理层两部分来描述。

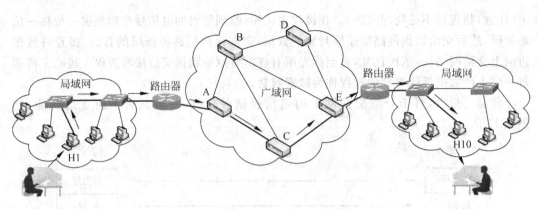

图 1.13 互联网上数据传输

（2）TCP/IP 的网络层，又称为**网际层**或 **IP 层**。它主要负责跨多个局域网或跨越局域网和广域网时的通信，类似 OSI 的网络层，网际层也有全局网络唯一的地址机制。这里需要指出的是，用 TCP/IP 互联网络时，原来广域网（分组交换网）的全局地址在互联网络中变成了局部有效地址（类似于原来广域网中的相邻设备间共享的局部编号），也就是说，广域网的原来的网络层，在采用 TCP/IP 协议体系的互联网络中，变成了网际层的下面一层。同时，局域网内也有类似的局部地址，如果一个局域网有多段线路，那么该局部地址就在这多段线路上有效（总之在该局域网范围内有效）。如图 1.15 所示，比较 OSI 体系结构下和 TCP/IP 体系结构下的这种局部地址（或编号）的作用范围。

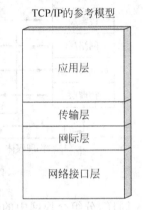

图 1.14 TCP/IP 网络协议体系

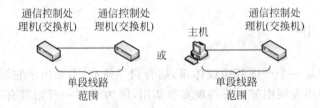

图 1.15 OSI 和 TCP/IP 的链路层地址有效范围比较

（3）TCP/IP 的传输层类似 OSI 的传输层。

（4）TCP/IP 的应用层差不多对应 OSI 的最上面 3 层。

类似 OSI 的情况，TCP/IP 体系结构下，通信主机也有数据封装和解封的过程，只是没有 OSI 这么多，而且，在图 1.13 中连接异构网络的路由器设备也只有 TCP/IP 体系结构的下面 3 层功能（具体细节后面章节会有阐述）。

后面的章节将按照从低到高的顺序讲述 TCP/IP 协议体系的技术内容，但是在协议层次上，会将 TCP/IP 协议体系的最下面的网络接口层分成物理层和数据链路层来讲解。

习　　题

一、选择题

1.（　　）是网络通信双方要完成通信所需要共同遵守的一系列规则和约定。

A. 介质　　　　　　B. 网络拓扑　　　　　C. 协议　　　　　　D. 以上都是

2. 下列对象属于通信子网的是（　　）。

A. 打印机　　　　　B. 终端主机　　　　　C. 数据库软件　　　D. 交换机

3. 下列对象属于资源子网的是（　　）。

A. 传输媒体　　　　B. 打印机　　　　　　C. 交换设备　　　　D. 广域网

4. TCP/IP 协议体系不包含下列哪一层？（　　）

A. 会话层　　　　　B. 运输层　　　　　　C. 应用层　　　　　D. 网络层

二、简答题

1. 简述计算机网络的发展。

2. 简述局域网和广域网的区别。

3. 指出 OSI/RM 体系结构的各层次名称。

4. 简述网络体系结构的意义。

5. 简述 OSI/RM 和 TCP/IP 的异同。

第2章 物理层技术

学习目标：

1. 把握物理层的涉及范围和意义；
2. 知道何为机械特性，并能举例说明；
3. 知道何为电气特性和功能特性，并能举例说明；
4. 知道何为规程特性，并能说出相关技术。

本章导读：

在第1章已经知道，在互联网上，从一台主机发送数据到另一台主机往往要经过多段线路之后才能到达。为了弄清楚数据的整个传递过程，先来考虑单段线路上的数据传输，这里的单段线路一般称为**链路**。链路两端的设备可能是主机和主机，也可能是主机和交换机，还可能是交换机和路由器。因此，**本章考虑的目标任务是单段线路上的数据传输**。为了完成这个任务，人们采用了很多技术和方法，这些技术和方法也就是本章的内容。建议读者在学习这一章的过程中始终有这个定位意识，这样有助于理解相关知识和技术。

2.1 机 械 特 性

引言

图2.1列出了几种单段线路两端的线缆接头和对应的设备接口，显然不同的线路接口标准和型号都不一样。图2.1(a)是早期局域网的线路接口和接头型号和标准；图2.1(b)是至今仍占主流的局域网线路接口和接头标准；图2.1(c)线路两端分别连接广域网的帧中继交换机和路由器；图2.1(d)线路两端分别连接早期分组交换网(X.25网)的交换机和路由器；图2.1(e)的线路用于帧中继交换机之间的连接；图2.1(f)用于 X.25 网交换机之间的连接。

本节要阐述的物理层的**机械特性**基本就是这些传输线路的接头和对应设备端接口的标准，这里提到的设备端可以是主机、交换机或路由器，还可以是其他像 Modem 等连接设备(关于这些连接设备后面章节会有较详细阐述)；而接口和接头的标准主要涉及它们的形状、引线数目和排列次序等。这些机械特性显然是对相应线路和设备生产厂商的一种规定(必须如此生产)，因此，其实就是一种协议，机械特性就是物理层协议的一个方面。

下面结合具体的**物理传输媒体**(或称物理线路)来理解机械特性。需要再强调的是，物理层技术跟物理媒体是两个不同的概念，物理媒体是具体的线路，而这些线路的技术标

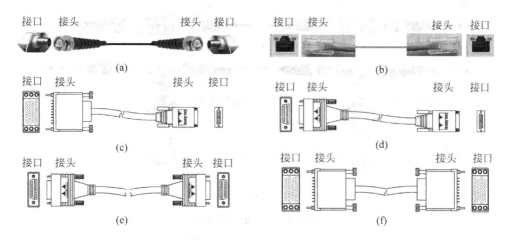

图 2.1 几种单段线路两端的接头和对应的设备接口

准和特性才是物理层技术。

2.1.1 同轴电缆

同轴电缆是早期局域网中使用的一种传输线路,它的组成如下:铜质芯线的内导体(单根实心线或多股绞合线)、绝缘层、网状外导体屏蔽层以及层塑料保护套(或称绝缘外套)(如图 2.2 所示)。因为有外导体屏蔽层,所以同轴电缆抗电磁干扰性较好。

同轴电缆可分为**基带同轴电缆**和**宽带同轴电缆**(关于基带和宽带概念后面会有阐述),基带同轴电缆是 50Ω 阻抗,用在计算机网络中,而宽带同轴电缆是 75Ω 阻抗,用在有线电视线缆中。计算机网络中的基带同轴电缆又分为粗同轴电缆和细同轴电缆(分别简称粗缆和细缆),粗同轴电缆直径较长,其塑料外套一般是橙黄色,而细同轴电缆直径相对较短,塑料外套一般是黑色。

对于细同轴电缆,接头一般采用卡口式圆形连接器,俗称 BNC 接头,如图 2.3 所示。

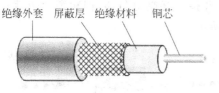

图 2.2 同轴电缆结构

图 2.3 细同轴电缆 BNC 接头

细同轴电缆间的连接有**桶形连接器**和 **T 形连接器**,都是 BNC 标准。桶形连接器连接两根细缆;T 形连接器因为有 3 个接口,在连接两根细缆的同时还能连主机,如图 2.4 所示。

图 2.4(a)中,在不连主机时用桶形连接器;而需要连主机时用 T 形连接器(图 2.4(b))。由图 2.4 可以想象细缆局域网的结构,就是在用连接器连接的一长串细同轴电缆上挂接着很多个主机。另外按照标准,在细缆局域网的两个末端,还需要各接上一个**终端电阻**

15

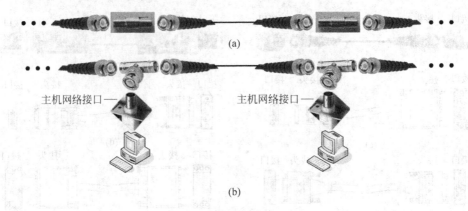

图 2.4 细同轴电缆连接

器(或称为**匹配电阻**),用于防止电信号在末端反射回去而干扰新的信号,如图 2.5 所示。

对于粗同轴电缆连接的局域网络,一个网络使用一条完整的粗缆。在需要连接主机的线缆位置上接一个**收发器**(相应部件会穿过粗缆外层与内部导线相连),收发器再通过**收发器电缆**和主机相连。收发器和主机连收发器电缆的接口是 **AUI 标准**,即 DB-15 型(15 针)接口(具体不再阐述),收发器电缆也称为 **AUI 电缆**。AUI 接口如图 2.6 所示。

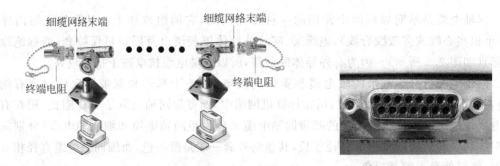

图 2.5 终端电阻器   图 2.6 AUI 接口

在粗缆的两端点处也会有 BNC 连接器,并接上终端电阻器,但粗缆上也就只是在两端接上 BNC 连接器,中间不会有,如图 2.7 所示。

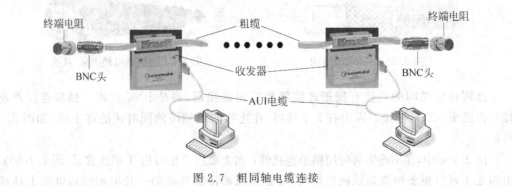

图 2.7 粗同轴电缆连接

2.1.2 双绞线

双绞线作为一种传输媒体是当今局域网络的主流线路。图 2.8 是双绞线的结构示意图。

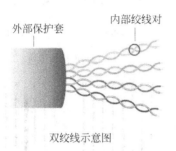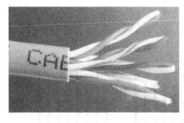

双绞线示意图   双绞线实例图

图 2.8 双绞线

双绞线由塑料保护套和里面的 8 根导线组成,因为每两根导线相互缠绕在一起,故名双绞线。一般将相互缠绕的两根导线称为**一对双绞线**,而把包上塑料保护套的 4 对双绞线称为**一条双绞线缆**,图 2.8 所示即为一条双绞线缆,但在不会引起误解的情况下,往往将双绞线缆简称为双绞线。双绞线缆中的 8 根导线按照颜色相互缠对如下:白橙和橙一对;白蓝和蓝一对;白绿和绿一对;白棕和棕一对。

在计算机网络中,双绞线可以分为**非屏蔽双绞线**(Unshielded Twisted Pair,UTP)和**屏蔽双绞线**(Shielded Twisted Pair,STP)两大类。其中屏蔽双绞线根据屏蔽方式又可以分为两类:一类是每对导线都有各自屏蔽层的屏蔽双绞线,即 STP(Shielded Twisted Pair);另一类是 4 对双绞线被整体屏蔽的屏蔽双绞线,即 FTP(Foil Twisted Pair)。如图 2.9 所示。

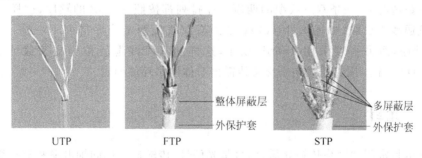

UTP   FTP   STP

图 2.9 非屏蔽双绞线和屏蔽双绞线

根据速度,又可以将双绞线分为三类、四类、五类、超五类、六类、七类等双绞线,其传输性能依次递增,现在超五类和六类是主流。

下面,简要介绍一下双绞线的接口标准,即 RJ-45 标准。

图 2.1(b)的接口其实就是 **RJ-45 接口**,其对应线缆的接头就是 **RJ-45 接头**(俗称水晶头)。RJ-45 标准如图 2.10 所示。

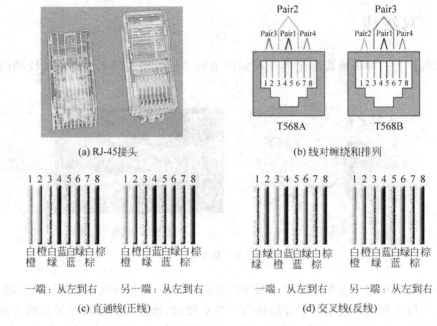

(a) RJ-45接头   (b) 线对缠绕和排列

(c) 直通线(正线)   (d) 交叉线(反线)

图 2.10 RJ-45 标准

要连接主机或通信设备,双绞线缆两端需要安上 RJ-45 接头。4 对双绞线需要分开按次序排列后才能插入水晶头,且 8 根线的排列次序是有规定的。如图 2.10(b)所示,8根线有两种排列方式,即 TIA/EIA568A 和 TIA/EIA568B(可简称 T568A 和 T568B),如下所示。

TIA/EIA568A:白绿、绿、白橙、蓝、白蓝、橙、白棕、棕。

TIA/EIA568B:白橙、橙、白绿、蓝、白蓝、绿、白棕、棕。

大多数情况下,一条双绞线缆的两端线序排列都按照 T568B 的顺序,这样的双绞线缆称为**直通线**或**正线**(如图 2.10(c));如果双绞线缆两端线序排列不一样,一端采用 T568A 顺序,而另一端采用 T568B 顺序,这样的双绞线缆就称为**交叉线**或**反线**(如图 2.10(d))。至于用直通线还是交叉线需由具体网络环境而定。

2.1.3 光纤

光纤也是常用的网络传输介质,信号是光信号,传输速度比同轴电缆和双绞线等电缆要快,多用在局域网主干网上。光纤通信中,在发送端需要提供光源作为信号载体,可以采用发光二极管或半导体激光器提供光源。

光纤通常是由透明的石英玻璃拉成细丝,再在外面加一个包层组成。玻璃细丝称为纤芯,包层一般是折射率比纤芯低的物质。光波以一定的入射角进入纤芯,向前传播时,在纤芯与包层的接触面上不断产生全反射,这样,光波在不补充能量的情况下可以传输较远距离,如图 2.11 所示。

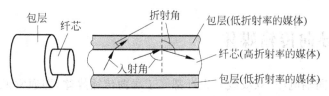

图 2.11 光线在纤芯中折射

光纤其实还分为**多模光纤**和**单模光纤**。图 2.11 中的是多模光纤,因为纤芯直径要远大于光波波长,所以光波在纤芯中是以全反射的形式向前传播的;而对于单模光纤,因为纤芯直径和光波波长相差不大,所以光波不会再以全反射形式传播,而是在纤芯内直线传播,没有反射,如图 2.12 所示。

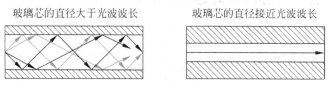

图 2.12 多模光纤和单模光纤

因为光纤玻璃丝极细且较脆,需要包裹加强件才能使用。一根光纤只能沿一个方向传输信号,这样双方通信至少需要两根光纤,一根发送,一根接收。在实际应用中,一般将多根光纤用加强件捆在一起做成**光缆**使用,如图 2.13 所示。

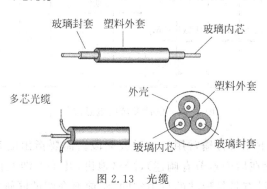

图 2.13 光缆

在实际使用中,光缆跟主机或通信设备的连接端除了用焊接技术之外,每根光纤需要一个接头和设备连接,这里的接头又称为光纤连接器,类似双绞线 RJ-45 接头的作用。图 2.14 中是一些常用的光纤连接器。

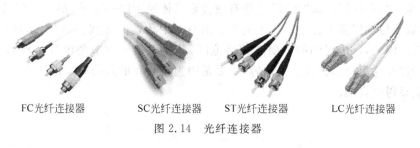

图 2.14 光纤连接器

2.1.4 非导向传输媒体

前面介绍的同轴电缆、双绞线和光纤都属于**导向传输媒体**，即通常说的有线线路。在高山或岛屿环境，这样的有线线路不方便架设或铺设，因此就需要采用另外的技术为主机之间传输信号，即计算机网络的无线通信技术，相应的，将无线线路称为**非导向传输媒体**。在导向传输媒体中，电磁波信号沿着固体媒体(具体物理线路)传播，而非导向传输媒体是指自由空间，因此，所谓的无线线路就是自由空间。各种无线传输技术使用的电磁波频谱主要包括无线电、微波、卫星微波、红外线等。图 2.15 是电信领域进行无线传输所使用的电磁波频谱范围(其中也包括了导向媒体的频谱)。

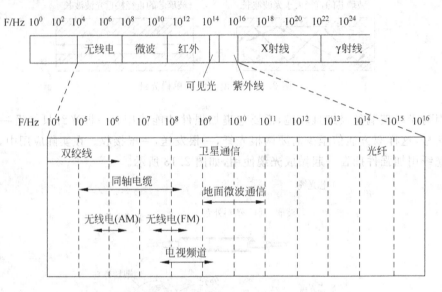

图 2.15　电信领域的电磁波频谱

下面简要介绍一下无线传输常用的电磁波频段。需要指出的是，接下来将提到的各种无线信道(信道概念在后面章节有阐述)，严格地讲，几乎不涉及前面所谓的机械特性，因为无线传输的介质没有具体形状的自由空间，跟前面介绍的同轴电缆、双绞线和光纤这些有具体形状的导向媒体不一样，所以无线线路没有类似有线线路那样的接头标准，除了不成为标准的物理形状(如主机或通信设备的无线信号收发端的物理形状)外，几乎没有可算标准的机械特性。再讲得细一点，在概念对应上，"自由空间"是无线传输媒体，它和"同轴电缆"、"双绞线"以及"光纤"这些有线传输媒体属于同一范畴，都属于传输媒体；同时，那些有线传输媒体上传输的电磁波和自由空间中传输的无线信号(也是电磁波)属于同一范畴。因此，这边提到的电磁波频谱范围，其实跟下一章节的电气特性多少有点关联。之所以在这里介绍无线信道内容，主要是因为将它和前面的有线媒体放在一起，在直觉逻辑上显得更合理。

1. 微波信道和卫星信道

（1）微波信道

这是计算机网络中最早使用的无线信道，Internet 的前身 ARPANET 中用于连接美国本土和夏威夷的信道即是微波信道，也是目前应用最多的无线信道。它所用微波的频率范围为 $1\sim20\text{GHz}$，既可传输模拟信号又可传输数字信号，但在实际的微波通信系统中，由于传输信号是以空间辐射的方式传输的，因此必须考虑发送/接收传输信号的天线的接收能力。根据天线理论可知，只有当辐射天线的尺寸大于信号波长的 $1/10$ 时，信号才能有效地辐射，也就是说，假设用 1m 的天线，辐射频率至少需要 30MHz，而要传输的模拟信号或数字信号的频率很低，这势必需要很长的天线，因此传输信号在以模拟通信或数字通信方式进行传输前，必须首先经过调制，将其频谱搬移到合适的频谱范围内，再以微波的形式辐射出去。

（2）卫星信道

为了增加微波的传输距离，应提高微波收发器或中继站的高度。当将微波中继站放在人造卫星上时，便形成了卫星通信系统，也即利用位于 36000km 高的人造同步地球卫星作为中继器的一种微波通信。通信卫星是在太空的无人值守的微波通信的中继站。卫星上的中继站接收从地面发来的信号，加以放大整形再发回地面，一个同步卫星可以覆盖地球三分之一以上的地表，这样利用 3 个相距 $120°$ 的同步卫星便可覆盖地球的全部通信区域，通过卫星地面站可以实现地球上任意两点间的通信。卫星通信属于广播式通信，通信距离远，且通信费用与通信距离无关，这是卫星通信的最大特点。

2. 红外线信道和激光信道

（1）红外线信道

红外线是较新的无线传输介质，它利用红外线来传输信号，常见于电视机等家电中的红外线遥控器，在发送端设有红外线发送器，接收端有红外线接收器。发送器和接收器可任意安装在室内或室外，但需使它们处于视线范围内，即两者彼此都可看到对方，中间不允许有障碍物。红外线通信设备相对便宜，有一定的带宽，当光束传输速率为 100kbps 时，通信距离可大于 16km，1.5Mbps 的传输速率使通信距离降为 1.6km。红外线通信只能传输数字信号。此外，红外线具有很强的方向性，故对于这类系统很难窃听、插入数据和进行干扰，但雨、雾和障碍物等环境干扰都会妨碍红外线的传播。

（2）激光信道

在空间传播的激光束可以调制成光脉冲以传输数据，和地面微波或红外线一样，可以在视野范围内安装两个彼此相对的激光发射器和接收器进行通信，如图 2.16 所示。激光通信与红外线通信一样是全数字的，不能传输模拟信号；激光也具有高度的方向性，从而难以窃听、插入数据及干扰；激光同样受环境的影响，特别当空气污染、下雨下雾、能见度很差时，可能使通信中断。通常激光束的传播距离不会很远，故只在短距离通信中使用。它与红外线通信不同之处在于，激光硬件会因发出少量射线而污染环境，故只有经过特许后才可安装，而红外线系统的安装则不必经过特许。

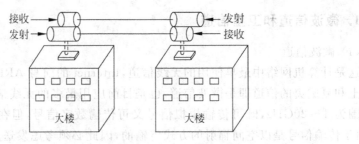

图 2.16　激光通信

2.2　电气特性和功能特性

2.2.1　引言

图 2.17 所示为两相邻直连主机的通信示意图。当然,将主机换成交换机等通信设备也一样,不影响下面的讨论内容,因为不管是主机还是交换机或路由器,都得有物理层。

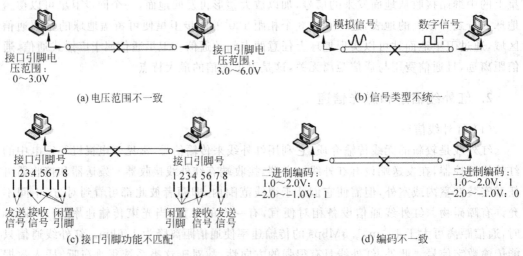

图 2.17　电气特性和功能特性

如图 2.17(a)所示,可知通信双方的接口引脚电压范围不一致,左边主机提供信号的电压范围是 0~3.0V(这里只是为了说明问题举的例子,实际的电压范围根据不同接口而异),而右边主机是 3.0~6.0V,这样双方不兼容就不能正常通信。再看图 2.17(b),左边主机的网络接口使用的是模拟信号,而右边主机采用的数字信号(关于模拟信号和数字信号概念后面有阐述),这样双方信号类型不统一也不能正常通信。这种接口引脚提供的电压范围和接口采用的信号类型可归属于物理层的**电气特性**。

如果两主机的接口引脚功能不匹配,双方也不能通信,如图 2.17(c),假设接口引脚有 8 个(如 RJ-45 接口就有 8 个引脚,可分别导通双绞线缆的 8 根导线),左边主机 1、2 引脚用于发送信号,3、6引脚用于接收信号,剩下 4 个引脚闲置不用;而右边主机 7、8 引脚才是用于发送信号,4、5 引脚用于接收信号,剩下 4 个闲置不用。显然,主机双方的网络接口已产生引脚功能错位。最后再看图 2.17(d),双方主机传输的二进制数据用电平的高低来编码。左边主机用 1.0～2.0V 的电平范围表示二进制数据"0",并用−2.0～−1.0V的电平范围表示二进制数据"1";而右边主机正好相反,用 1.0～2.0V 范围表示"1",并用−2.0～−1.0V 范围表示"0"。双方信号编码不一致,同样不能通信。这种网络接口的引脚功能和信号的编码方式就属于物理层的**功能特性**。

显然,通信双方的电气特性和功能特性若没有一致的标准就无法完成正常数据传输。下面将介绍电气特性和功能特性的相关内容。

2.2.2　模拟信号和数字信号

1. 概念

首先,这里稍微区分一下几个概念,即**信号**、**数据**和**信息**。**信号**,就是通信线路上的电磁波(当然由发送端产生的),是具体的物理状态。**数据**,就是信号所表示的内容,是逻辑意义,相同的信号可能表示不一样的内容,比如同样一个电平信号"⌐_",有的表示二进制数据"1",有的可能表示二进制"0"。**信息**,一般可以认为是数据所表达的含义,同样的数据(串)也可能表达不一样的内涵,比如二进制数据串"01000001"可能代表一个十进制整数"65",也可能表示大写英文字符"A"。

计算机内部使用的是二进制数据,使用的信号是**数字信号**。不过,在计算机诞生以前,电报电话等通信已很成熟,电报电话通信网络上使用的却是**模拟信号**。除了后来建造的数字通信网络(属广域网络),人们还利用现有的模拟电话网络(属广域网络)来给计算机之间传输数据,以节省投资。这样,在计算机网络通信中,常存在两种不同类型的信号。业内一般这样来描述数字信号和模拟信号:数字信号是离散的,而模拟信号是连续的。这样的描述其实对理解这两个概念意义不大,这里不对数字信号和模拟信号做定义,而是通过例子来比较一下数字信号和模拟信号的区别。

假设现在主机 A 想发送 4 个十进制数据"1、10、5、13"给主机 B。首先,采用模拟信号来传输这些数据,那么可以采用这样一种最直观简单的方式:分别用电平"1.0V、10.0V、5.0V、13.0V"来代表上面这 4 个数。如果用数字信号来传输的话,可以这样处理:先将这 4 个数转换成二进制数串,即 0001、1010、0101、1101,再将二进制数进行信号编码,比如以正电平信号"⌐_"表示二进制"0",电平允许范围是 1.0～2.0V;以负电平信号"_⌐"表示"1",电平允许范围是−2.0～−1.0V。这样,每发送一个十进制数只需发送 4 个二进制数,相应的就得发送 4 个信号。

从上例可以看出,模拟信号往往用电平或电磁波的频率、振幅等电磁固有物理指标的大小来直接表示数据,而数字信号是编码后的电平信号,不直接反映数据大小。由于信号在传播时免不了要受外来的电磁干扰,因此模拟传输的可靠性和精确性不高,比如前面的数据"10",用模拟信号传输时,一旦被干扰,传到目的地的电平可能变成了"9.5V",于是接收方主机就认为发送方发送的是数值"9",显然有不小误差。相比较,数字信号可靠性和精确性要高一些,还是以传输数值"10"为例,用数字信号传输其实是传输"1010"这个二进制串,因此是"⎍⎍⎍⎍"4个信号,假设同样受外来电磁干扰,如表示某个二进制"0"的正电平初始是"1.8V",到了目的地变成了"1.3V",但是这并不影响接收端主机的判断,按照1.0～2.0V的电平范围,接收端主机还是会认为接收到的是二进制数"0",在抗干扰误差范围内,接收端主机将准确无误地收到二进制串"1010",即十进制数值"10"。

2. 模拟数据的数字编码

图2.18所示为模拟信号和数字信号传输的对比。

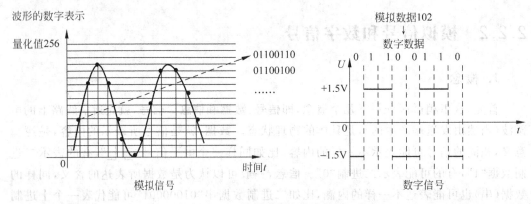

图2.18 模拟信号和数字信号

图2.18还指出了将左边的模拟信号转换成数字信号的方式,即将模拟信号按某个很小的时间间隔持续采样,将采样得到的模拟信号数值转成二进制数并量化(会损失一定精度,具体细节不再阐述),得到二进制数据串,再按照编码信号发送(注意图中的编码信号跟前面例子有所不同)。

在计算机科学中,将模拟信号转换成数字信号的过程称为**模/数转换**或**A/D转换**。在计算机网络通信中,需要**模/数转换**时一般采用**脉码调制 PCM**(Pulse Code Modulation)技术,过程基本和图2.18的介绍相同。

3. 数字数据的模拟调制

相应地,数字信号转换成模拟信号的过程称为**数/模转换**或**D/A转换**,在计算机网络中,一般称为**调制**。严格地说,将数字信号转换成模拟信号,先要读出数字信号中的数字数据,即信号的内容,再将数字数据调制成模拟信号,即改成用模拟信号来表达内容,这里的数字数据是数字信号和模拟信号共同的内容。将数字数据调制成模拟信号有3种基本方法,即**幅移键控 ASK**(Amplitude Shift Keying)、**频移键控 FSK**(Frequency Shift Keying)和**相移键控 PSK**(Phase Shift Keying),其中相移键控又可分为绝对相移键控和相对相移键控,如图2.19所示。

图2.19中模拟载波是未调制过的电磁波,数字数据是需要模拟载波传输的二进制数据。图中模拟载波按两个周期传输一位二进制的速度进行调制,各调制方法如下。

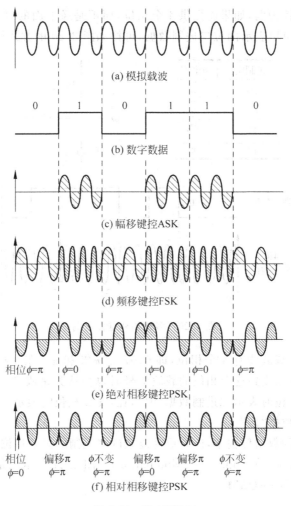

图 2.19　数/模调制

（1）**幅移键控 ASK**：载波的振幅随需传输的数字数据而变化。如图 2.19（a）所示，传输二进制"0"则无振幅；而传输二进制"1"则恢复振幅。

（2）**频移键控 FSK**：载波的频率随需传输的数字数据而变化。如图 2.19（b）所示，传输二进制"0"时用载波初始频率；而传输二进制"1"时则用两倍的载波初始频率。

（3）**绝对相移键控 PSK**：载波相位随需传输的数字数据而变化。如图 2.19（c）所示，传输二进制"0"时载波相位是 π；而传输二进制"1"时载波相位是 0。

（4）**相对相移键控 PSK**：载波相位随需传输的数字数据而变化。如图 2.19（d）所示，传输二进制"0"时载波相位保持不变；而传输二进制"1"时载波相位立即偏移 π。

在上面的调制中，不管哪种调制，都只有两种状态，如幅移键控只有"无振幅"和"有振幅"两种状态；频移键控只有"初始频率"和"两倍初始频率"两种状态；相移键控同样只有两个相位状态。这样，载波的每一个状态就只能表示一位二进制数据，如果想让载波的每个状态携带多位二进制位数据，可以采用多幅幅移键控、多频频移键控或多相相移键控，统称为多级调制。

以多相相移键控为例,如果能提供 4 个相位,而不是像上面的只有两个相位,那么载波的每个相位状态可以表示两位二进制数据,可按如图 2.20 的方式调制。

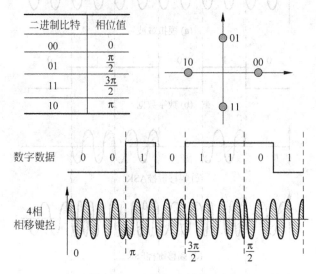

图 2.20　多相相移键控示例

图 2.20 中显示载波能有 4 个相位,即 0、π/2、3π/2 和 π。在 0 相位时表示二进制数据"00",并且在接收端收到这个相位的载波信号时也会认为是收到了"00"两位二进制数据。另外,在 π/2 相位时表示二进制数据"01",在 3π/2 相位时表示二进制数据"11",在 π相位时表示二进制数据"10"。

为了获得更高的数据传输率,还有更为复杂的多元制的振幅相位混合调制方法,如**正交调制 QAM**(Quadrature Amplitude Modulation)。图 2.21 显示的是两种正交调制的例子,分别是 **8-QAM** 和 **16-QAM**。

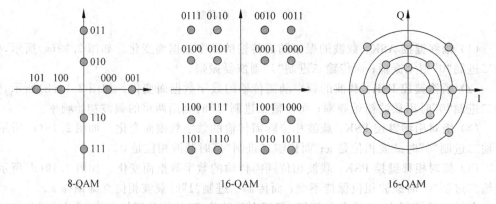

图 2.21　正交调制示例

8-QAM 提供 2 个振幅和 4 个相位,总共可以有 $2 \times 4 = 8$ 个载波状态。因为 $8 = 2^3$,所以每个状态可以表示 3 位二进制数据,如图 2.21 所示,即 000、001、010、011、100、101、110、111,8 个 3 位长的二进制数据串分别用其中一个载波状态表达。图 2.21 中间的

16-QAM 则提供 3 个振幅和 12 个相位,但是没有完全利用所有组合状态,按正交调制技术只利用了 16 个状态。图 2.21 最右边显示的是另一种圆形 16-QAM,它也提供 16 个载波状态。显然 $16 = 2^4$,于是每个载波状态可以表达 4 位长的二进制数据串。

从上面的描述似乎可以认为,载波能提供的状态越多,传输性能就越好。其实不然,实际情况是,载波状态越多,在接收端识别每一种状态就越困难。因为载波状态越多,各状态"距离"就越小,在传输中抗干扰性也会越低,受外来电磁干扰后,载波状态可能会变成另一个状态,致使接收端接收到错误数据;而在载波状态越少的情况下,各状态的"距离"越大,要把一个状态通过干扰转到另一状态,需要相当强的干扰信号。

4. 调制解调器

前面已指出,计算机之间利用电话网络传输数据时,涉及信号类型的转换。在主机将由数字信号表示的数据发送到电话网络上之前,需要先把数字信号转换成能在电话网络上传输的模拟信号,这个过程称为**调制**;从电话网络上传给主机的数据是用模拟信号表示的,在交给主机之前也得将模拟信号转换成主机能识别的数字信号,这个过程称为**解调**。通常在通信主机和电话网络之间需要一个既能调制又能解调的设备,这就是**调制解调器 Modem**(俗称"猫")。

调制解调器使主机不是直接连接到电话网络的程控交换机上,而是先连到调制解调器上,调制解调器再连到电话网络的程控交换机上(如图 2.22 所示)。因此,从主机到程控交换机(至少)经过两条物理线路,这两条物理线路一般不一样,一条传输数字信号,另一条却是传输模拟信号,在机械特性和电气特性上都会有区别,并有不一样的技术标准。

图 2.22　调制解调器

需要再说明一下,本小节一开始讲过,不同电气特性的通信双方无法完成通信,这是指连在同一物理线路上的通信双方(这一章的内容也限于一段物理线路上的标准技术),即所谓的相邻双方,如果通信双方之间已经过了多段物理线路就不算是相邻双方,而且不同物理线路有不同的物理层标准也是必需的。

2.2.3　数字信号编码

1. 码元和带宽

假如现在需要发送一串二进制数据"01101100",采用数字信号表达和传输,如图 2.23 所示。

图 2.23 显示了将上述二进制数据编码传输的两种方式。

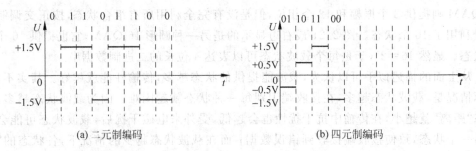

图 2.23 数字信号编码

图 2.23(a)方式只提供两个离散电平,即"+1.5V"和"-1.5V",这两个电平分别表示二进制数"1"和"0",这样每个电平只表示 1 位二进制数据。

图 2.23(b)方式可提供 4 个离散电平,即"+1.5V"、"+0.5V"、"-0.5V"和"-1.5V",它们分别表示 4 个 2 位二进制数据串:"11"、"10"、"01"和"00"。

将一个具有独立意义的数字信号单位称为**码元**,如上面两种编码传输方式中的任何一个电平就是一个码元。显然上面第一种编码方式只提供两种电平,所以只有两种码元,这样一个码元只能表示 1 位二进制数据,这种编码方式称为**二元制编码**;而第二种编码方式提供 4 种电平,所以有 4 种码元,即每个码元代表 2 位二进制数据,这种编码方式称为**四元制编码**。需要再说明一下,一个电平正好是一个码元,但是一个码元不一定总是正好一个电平,还可能是其他形式的信号单位,关键得理解码元的定义描述。

上面两个例子是二元制和四元制编码,相应的,如果能产生 8 个不同电平,那么可以采用八元制编码,每个电平(即每个码元)可以表示 3 位二进制数据,因为有 $8=2^3$。当然,技术允许的话还可以采用 16 元制编码、32 元制编码等。

讲到这里,细心的读者应该已注意到,这里对数字数据的数字信号编码有点类似 **2.2.2** 小节介绍的对数字数据的模拟调制。这里的"独立意义的数字信号单位"相当于前面"模拟载波的状态",其实前面模拟载波的一个状态也可以称为一个码元,两者的不同在于一个是数字信号而另一个则是模拟信号。

在 2.2.2 小节中的数字数据的模拟调制部分提到模拟载波的可用状态数会影响数据传输率,模拟载波状态个数越多,数据传输率越大。其实更一般性的提法是码元种数越多,数据传输率越大。下面来看一下两者的关系。

首先介绍一下信道的概念。从定义上可以这样描述:**信道**是按照某种技术标准传输信号的通道。信道有两种提法,一种是**狭义信道**,另一种是**广义信道**。狭义信道是指以某技术标准传输信号的物理媒体(或物理介质);而广义信道除了物理介质之外,还可以包括调制解调器等信号转换器。本书中若不作特殊说明,所提的信道都将指狭义信道。另外有必要强调一下,关于信道这个提法,往往更多的是逻辑意义上的概念,而不仅仅是一条物理线路,这一点读者可在后面的信道复用中体会到。通常将传输模拟信号的信道称为**模拟信道**,而将传输数字信号的信道称为**数字信道**。

现在对数据传输率做一个正式定义:**数据传输率**,即信道上单位时间内传输的二进制数据量,单位是 bps 或 b/s,读作"**位每秒**"或"**比特每秒**"。数据传输率一般简称为**数据**

率或比特率。比特率的单位还有 kbps,Mbps,Gbps 和 Tbps 等,分别读作"千位每秒"、"兆位每秒"、"吉位每秒"和"太位每秒"。各单位之间相互换算如下。

$$1\text{Tbps}=1000\text{Gbps}=10^{6}\text{Mbps}=10^{9}\text{kbps}=10^{12}\text{bps} \tag{2-1}$$

从前面的介绍可知,数字数据用数字信号传输时,需要先进行数字信号编码,而编码后的数字信号的发送是以码元为单位的,因为码元是有独立意义的数字信号单元;相应的,在接收方接收数字数据时也是以码元为单位进行接收的。于是,信道上码元的传输速率将跟比特率有直接关系,将信道上单位时间内传输的码元个数称为**波特率**,单位是**波特**(Baud),即 1 波特就是每秒传输 1 个码元。

最后来看一下**码元信息量**,即 1 个码元所代表的比特数(二进制位数)。以图 2.23 为例,看二元制编码,1 个码元只表示 1 位二进制数据;再看四元制编码,1 个码元代表 2 位二进制数据。到这里为止,有下面的公式:

比特率＝波特率×码元信息量 (2-2)

根据以上讨论,显然这个公式对模拟信道和数字信道都适用。

在计算机网络通信中,很多时候人们更喜欢将比特率称为**带宽**,所以带宽经常成为比特率的同义词。但是这里需要指出,"带宽"其实有它本身原始的意义,即一条信道上所能传输的电磁波的频率范围,单位是 Hz、kHz 等。比如某条信道上允许传输的电磁波的最低频率是 300Hz,而允许通过的电磁波最高频率是 3400Hz,那么该信道的带宽是 3100Hz(3400Hz－300Hz)。现在,关于带宽的原始意义在通信领域可能提得比较多,但在计算机网络这样的交叉学科中,特别是普通用户群中,带宽往往就是比特率的代名词。

波特率、比特率或带宽都是数据通信的技术指标,另外,还有**信道容量**、**误码率**、**误比特率**和**时延**等技术指标。**信道容量**是指信道所能达到的最大比特率。**时延**更多的是指多条链路上的传输延迟,如从发送端主机发出数据开始,经过多条链路后达到接收端主机为止所需的时间。对于一条链路上直接相邻的两主机间通信,较少使用时延指标。**误码率**和**误比特率**的定义如下:

$$误码率 P_{e}=\frac{传输出错的码元数}{传输的总码元数} \tag{2-3}$$

$$误比特率 P_{b}=\frac{传输出错的比特数}{传输的总比特数} \tag{2-4}$$

2. 曼彻斯特编码和差分曼彻斯特编码

接下来介绍计算机网络中使用的 3 种物理层编码:**双极性不归零码 BNRZ**、**曼彻斯特编码和差分曼彻斯特编码**。3 种数字信号编码如图 2.24 所示。

其中要传输的比特串是"01001100011",图 2.24 中的时钟是发送使用的时钟频率,这里只是为了表示数据发送频率,即一个时钟周期发送 1 位二进制数据。3 种编码的方法如下。

(1) **不归零码 BNRZ**:用负电平表示比特"0",用正电平表示比特"1"。不归零码只有两种码元,所以属于二元制编码。

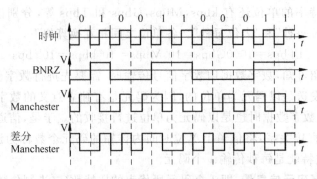

图 2.24 数字数据的数字信号编码示例

（2）**曼彻斯特编码**：在一个时钟周期的中间时刻电平做跳变,因此时钟周期的前一半时间的电平状态和该时钟周期的后一半时间的电平状态正好相反,用从负电平到正电平的跳变"⌐"表示比特"0",而用从正电平到负电平的跳变"⌐"表示比特"1"。显然曼彻斯特编码也只提供两种码元,即"负—正跳变"和"正—负跳变",因此也属于二元制编码。

（3）**差分曼彻斯特编码**：跟曼彻斯特编码一样,在一个时钟周期的中间时刻电平也必须做跳变,但不一样的是,如果传输比特"0",则该时钟周期的前一半时间的电平状态跟前一个时钟周期的后一半时间的电平状态正好相反;而要传输比特"1",则该时钟周期的前一半时间的电平状态跟前一个时钟周期的后一半时间的电平状态相同。此番叙述可能觉得比较拗口和难懂,看图 2.24 中两个时钟周期（即 2 位二进制数据）的时间交界处:如果是 0 和 0 或者是 1 和 0 的交界处,电平有跳变;而在 0 和 1 或者 1 和 1 的交界处,电平没有跳变。差分曼彻斯特编码跟曼彻斯特编码一样,也只有两种码元,所以也属于二元制编码。

2.2.4 信道数据率计算

现在来看一下模拟信道和数字信道上的数据率计算。

先看模拟传输:设模拟载波的频率是 f,而每个码元占 k 个载波周期的时间长度（载波周期是载波频率的倒数）,那么波特率就是 f/k。若码元信息量是 n,那么数据率 v 可计算如下:

$$v = (f \div k) \times n$$

其中有 $k \geqslant 1$,即一个码元至少是一个载波周期的时间长度,也就是说,波特率不可能超过载波频率。另外由于码元所占载波周期数的不同,不同频率的模拟载波可以有相同的数据率。

图 2.25 所示为用两种不同频率的模拟载波调制数字信号的情况（这里以 ASK 为例）。但是它们的数据率是相同的,看下面的分析计算。

（1）在模拟调制示例图 2.25(a)中,模拟载波频率是 100MHz,一个码元占 2 个载波周期时间,码元信息量是 1,所以,数据率就是（100MHz÷2）×1bit=50Mbps。

（2）在模拟调制示例图 2.25(b)中,虽然模拟载波频率是 200MHz,但一个码元占 4 个载波周期时间,码元信息量仍是 1,所以数据率就是（200MHz÷4）×1bit=50Mbps。

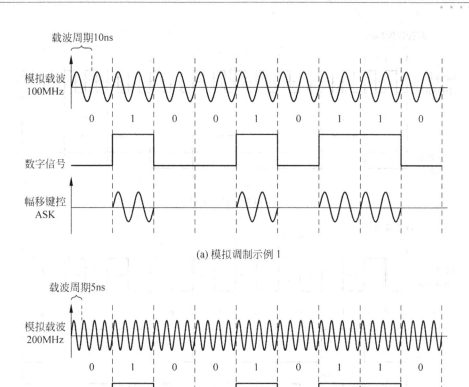

(a) 模拟调制示例 1

(b) 模拟调制示例 2

图 2.25　模拟信道数据率

再来看数字传输：设发送（方波）时钟频率是 f，而每个码元占 k 个时钟周期的时间长度（时钟周期是时钟频率的倒数），那么波特率就是 f/k。若码元信息量是 n，那么数据率 v 可计算如下：

$$v = (f \div k) \times n$$

其中有 $k \geqslant 1$，即一个码元至少是一个时钟周期的时间长度，也就是说，波特率不会超过时钟频率。

图 2.26 所示为两种数字传输的示例，虽然传输时钟频率不一样，但数据率也是一样的。

（1）在数字传输示例图 2.26(a)中，时钟频率是 100MHz，用的是 BNRZ 编码，所以码元信息量是 1，而一个码元占了 2 个时钟周期的时间，所以数据率就是（100MHz÷2）× 1bit＝50Mbps。

（2）在数字传输示例图 2.26(b)中，时钟频率只有 50MHz，但一个码元只占 1 个时钟周期的时间，编码用的是曼彻斯特编码，码元信息量也是 1，所以数据率就是（50MHz÷1）×

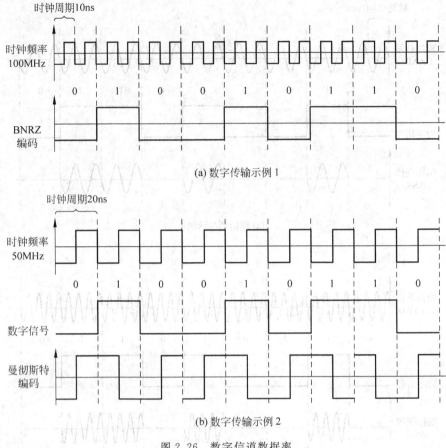

(a) 数字传输示例 1

(b) 数字传输示例 2

图 2.26　数字信道数据率

1bit＝50Mbps。

　　对于数字传输,一般波特率的大小经常就是时钟频率的值,上面只是为了说明问题而如此举例。

2.3　规　程　特　性

　　规程特性主要规定(单段)链路上数据传输的方法、过程或步骤,常常涉及不同功能的各种动作或事件出现的先后顺序。

2.3.1　数据传输方式

1. 并行传输和串行传输

　　并行传输和串行传输如图 2.27 所示。

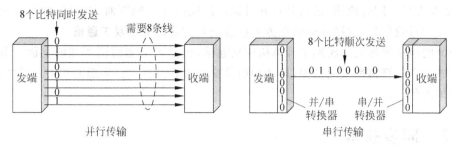

图 2.27　并行传输和串行传输

在计算机内部,各组成部件之间大都是很多位二进制数同时传送(如 32 位同时传送)的,因为数据总线上有很多根导线。在计算机网络中,由于主机之间的距离远大于主机内部的组件之间的距离,因此从线路成本上考虑,计算机网络中的通信链路一般是串行传输,即一位接着一位地传输。这样,在主机中,一个完整的多位数据,如 32 位的整数,在网络上传输时就需要被拆成 32 位按时间先后分开传送,当然在接收端主机就需要将这先后到达的 32 位比特重新组成原来完整的整数(32 位长整数),不然将丢失原来的数据意义。在主机网络接口上的并/串相互转换器能完成这个功能。

本书中若没有特殊说明,网络数据通信都是串行传输方式。

2. 通信交互方式

图 2.28 显示的是现实生活中 3 个通信例子。第一个是普通有线电视的例子,从电视机播放的图像声音信号是从电视台通过电视网络线路发送过来的,一般情况下不能由电视机端传送信号到电视台端,像这样的通信双方的信息交互方式称为**单工通信**。第二个是对讲机的例子,对讲机双方可相互呼叫,即可以相互发信号,但是在一方呼另一方的时候,另一方只能接收,不能向对方呼送信号,反过来也一样,也就是说双方不能同时向对方发送信号。这种通信双方的信息交互方式称为**半双工通信**。最后一个例子是普通电话通

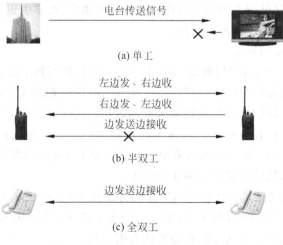

(a) 单工

(b) 半双工

(c) 全双工

图 2.28　通信双方的信息交互方式

信,通话双方可以同时说话(送信号),并且说话的同时不影响听对方说话,即双方可以同时发信号并且收信号,这样的通信双方的信息交互方式称为**全双工通信**。

上面的例子虽然几乎脱离了计算机网络通信,但是可以帮助读者理解上面 3 种通信交互方式。在计算机网络通信中,这 3 种通信交互方式都有。在后面的相关章节中,将会介绍具体的例子。

2.3.2 同步技术

首先阐述一下什么是**同步**。下面以老师给学生上课这样一个现实例子来引入同步的概念。

显然,老师就是信息的发送方,而学生就是信息的接收方,只不过双方间传输的是声波语音信号,讲得再形象幽默一点,老师的喉咙声带就是信号产生器,嘴就是发送端接口,充满空气的自由空间就是语音信号的传输链路,而学生的耳朵就是链路另一端作为接收方的接收接口。

每个老师讲课都有一定的进度和自己的表达语速,这个可以认为是发送方的信息发送速度(或速率)。相应的,学生也有自己接收语音信息的速度,即接收方的接收速度。这样就有一个双方速度的匹配问题,假如老师讲得快,而学生接收慢,那么学生肯定会丢失老师讲授的一部分内容信息;相反,如果老师讲得太慢,而学生接收较快,可能学生会觉得浪费时间。这两种情况都称为双方通信的**不同步**。如果老师的讲授速度和学生的接收速度一致,那么就说双方是**同步**的。

现在给出计算机网络中同步的定义:**同步是指通信的发送方的发送速率(或发送进度)跟通信的接收方的接收速率(或接收进度)相一致(或相匹配)的状态**。同步,即通信双方收发步调相一致。然而现实是,通信双方一般都是相互独立的实体,它们不像计算机内部的各组件有统一的时钟频率来控制数据传输,不同的通信双方往往有不同的时钟频率。因此如果通信双方都只顾自己,按照己方固有的时钟频率来发送和接收数据,势必会导致双方通信的不同步,这就像老师只顾按照自己的进度讲课,而学生也按自己的接收速度听课,也往往导致课堂教学传授的不同步。

图 2.29 是不同步的例子。

如图 2.29,发送方的时钟周期是 1ns(千分之一秒),按照每个时钟周期发送一位比特的速度发送二进制数据串"10011011"。而接收方的时钟周期是 1.25ns,当然也按照一个时钟周期接收一位比特的速度来接收发送方的数据。为简单起见,这里采用的是不归零码来编码数字信号。接收方在自己的每个时钟周期的中间时刻去检测接收到的数字信号(如图 2.29 中向上箭头所示),双方在 0 时刻是一致的(这是在发送数据前由额外的同步控制信号做到的),然后看接收方的接收结果。

(1) 发送方发送的第 1 位比特是"1",接收方是在 0.625ns 的时刻去检测接口收到的信号的,检测到的是正电平(即图 2.29 中第一个向上箭头所指),按照 NRZ 码,说明收到的是比特"1",这个结果和发送方的初始发送数据一致。

(2) 发送方发送的第 2 位比特是"0",因为双方的时钟误差,所以接收方到了 1.875ns

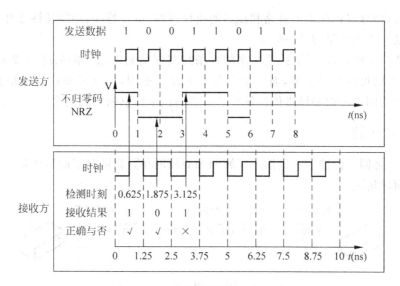

图 2.29　通信双方收发不同步示例

才去检测接口信号,检测到的是负电平(图 2.29 中第二个向上箭头所指),按照 NRZ 码,说明收到的是比特"0",这个结果和发送方发送的是一致的,因此也是正确的。

(3) 再来看第 3 个比特,发送方发送的是"0",由于双方时钟误差的累积,接收方到了 3.125ns 才去检测接口信号,检测到了正电平(图 2.29 中第三个向上箭头所指),按照 NRZ 码,说明收到的是比特"1",显然这个结果和发送方发送的不一致,已出错。其实,接收方收到的这个比特"1"已经是发送方发送的第 4 位数据了。

接收出错的原因在于,接收方接收频率慢(1.25ns 接收一次),而发送方发送频率快(1ns 发送一次),所以连续发送时间一久,接收方不可避免地会漏掉某些数据。这里因为双方时钟周期误差很大(接收方比发送方多 25%),所以才连续成功发送两位比特,到第 3 位就漏掉了。很明显,双方时钟周期的误差越大,出现数据接收漏位的时间就越早,即连续成功接收的数据位数就越少;反过来说,如果双方时钟周期误差越小,出现数据接收漏位的时间会越晚,连续成功接收的二进制位数也就越多;当然,如果双方没有时钟误差,那么接收方将永远不可能丢失数据。

这里需要说明一下,在现实环境中,像上例通信双方时钟误差相差这么大的情况一般是不能通信的,上面只是为了突出说明问题才如此举例的。

显然,不管什么通信,不同步都是不希望的,一般速度快的一方要等一等速度慢的一方,以达到同步的目的。在计算机网络通信中,为了让通信双方(包括主机或交换机等通信设备)的数据传输达到同步而采用的相关方法和技术称为**同步技术**。计算机网络中的同步技术又可分为**同步传输**和**异步传输**,其中同步传输用在类型性能相近和收发时钟频率非常接近的通信双方之间(两个独立通信方时钟频率几乎不可能完全一致);而异步传输多用在类型性能差别较大、收发时钟频率差距较大的通信双方之间。

在正式介绍同步传输之前,有必要先回顾一下第 1 章的部分内容。在第 1 章中的体系结构部分已讲过,从数据链路层传下来交给物理层的数据是一条按一定格式封装起来的完整信息,物理层在规定了链路和接口的机械特性、电气特性、功能特性之外,还得负责将这条信息发送到链路的另一端。

后面章节会讲到,数据链路层下来的这条封装好的数据信息的长度一般至少有几十字节以上,长的可达上千字节,而一个字节有 8 位二进制,由此可知道这条信息的位长。下面将介绍的同步传输和异步传输就是关于传输这条信息的不同技术。

1. 同步传输

图 2.30 是同步传输的示例图。广域网和局域网在数据链路层的封装格式不一样,因此图中有两种情况。

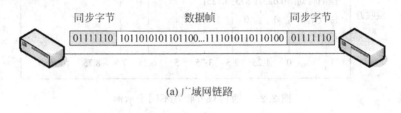

(a) 广域网链路

(b) 局域网链路

图 2.30　同步传输

因为收发双方时钟频率(时钟周期)几乎一致,所以采用同步传输方式发送这条数据链路层的信息(这条信息一般称为帧,后面章节会做详细阐述),即发送方按照自己的时钟频率发送,而接收方按照自己的时钟频率接收。只是在发送之前,需要先将双方的时钟相位对齐,如图 2.31 所示。

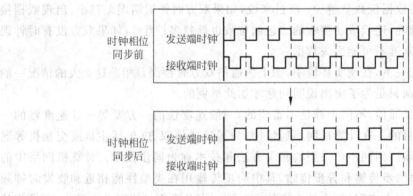

图 2.31　时钟同步

收发双方的时钟相位往往不一致,需要先同步双方的时钟频率。所以在发送数据链路层的数据信息之前,先发送同步字节或同步符(如图 2.30 所示):局域网传输中 7 个字节的同步符后面还有一个字节的帧开始定界符;而广域网中则是在数据信息的首尾各加一个字节的同步字节,如果是连续发送多条数据链路层信息,广域网中的传输会将前一条信息的尾部同步字节同时作为后一条信息的首部同步字节,以节省时间提高速度。发送完同步符或同步字节使发送方和接收方时钟频率同步后,即开始发送真正的数据链路层信息。

2. 异步传输

广域网上的两个调制解调器之间常采用异步传输方式来传输主机发送的数据链路层信息。由于双方性能和特性不适合采用同步传输,因此数据链路层的数据信息需要分多个字节间断性传输。封装好的数据链路层数据信息若有 100 字节,则需一个字节接着一个字节地传 100 次,每一个字节的传输过程如图 2.32 所示。

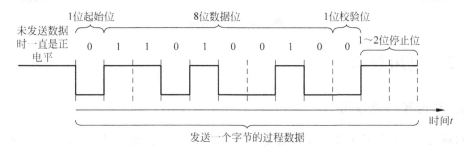

图 2.32　异步传输发送端发送一个字节的过程

异步传输常采用 NRZ 编码。在发送数据前,线路上始终是正电平,即逻辑"1",一旦开始发送一个字节,首先要发送一个负电平的起始位,即逻辑"0",用于通知接收方准备接收数据并同步接收方时钟,同时表示接下来的比特就是真正的数据了,接着就是连续相同时间宽度的一个字节的数据(8 位),紧跟着再发送一个校验位,该位用于接收方检查该字节的正确性(一般是奇偶校验位,该位具体数值取决于字节内容,关于校验位后面章节还会有阐述),最后还得发送一到两个正电平的停止位,也就是说这个正电平的持续时间至少在一个码元的宽度以上;当然如果这个字节后面暂时不发送数据了,那么这个正电平将持续下去,而如果接下来还要再发送一个字节,那么这个正电平最多持续两个码元时间,但至少保持一个码元时间,这主要是为了区分两个字节的内容和帮助接收方接收下一字节时的再同步。

图 2.33 是广域网调制解调器之间的异步传输示例。

中间传输的字节内容是"01001011",由图 2.33 可知,在正式发送该字节时,8 位比特的发送顺序是先发送低位数值,后发送高位数值。这里的字节"01001011"就是图 2.32 的发送内容,有的读者可能会觉得纳闷,为什么同一个字节在图 2.32 中的发送波形和在图 2.33 中的波形次序正好相反呢?其实图 2.32 中的波形是"码元—时间"波形(即横轴是时间,纵轴是码元),所以越往右时间越后,相应的那个码元发送的次序也越靠后;而图 2.33 中的波形是"码元—位移"波形(即横轴是位移,纵轴是码元),所以按照图 2.32 所示发送方向可知,越往右位移越接近接收方,相应的那个码元发送的次序也越靠前。

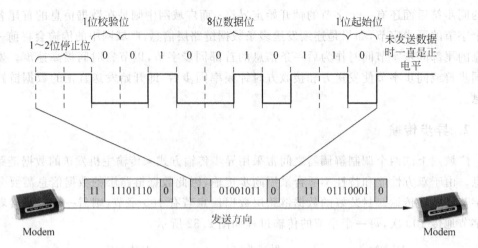

图 2.33　异步传输

2.3.3　复用技术

1. 基带和信道复用

目前为止所讲的信道上数据传输有个默认的特点，即信道上只有一路信号。所谓的只有一路信号是指一条信道被一对通信方所独享，沿同一个方向上的所有数据信号只可能源于同一个发送方。这是因为发送方发到信道上传输的信号是未经调制的原始方波数字信号，这样的信号不能有多路同时沿一个方向在信道上传输，不然会相互冲突干扰导致失真。将发送端发送的未经调制的原始方波信号称为**基带信号**，基带就是原始信号的固有频带，而在信道上以基带信号通信的方式称为**基带传输**，如图 2.34 所示。

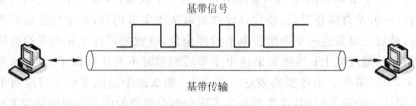

图 2.34　基带传输

为了更好地利用信道资源，特别是那些网络主干道上的信道，必须能让来自多个发送方的信号都能在该信道上传输，这就是**信道复用**。

2. 频分复用 FDM

将数字基带信号调制到高频率的模拟载波中变成高频模拟信号，再发送到模拟信道上传输的方式称为**频带传输**。将多个不同频率的模拟载波调制后得到多路不同的高频模拟信号，因为**频率不同**，它们之间不会冲突，可以在同一线路上无干扰地沿一个方向传输，这就是**频分复用**（Frequency Division Multiplexing，FDM），也称为**频分多路复用**。通常讲的**宽带信号**就是频分复用后的模拟信号。下面以当今普通家庭的 ADSL 上网为例来介绍频分复用技术,图 2.35 是 ADSL 频分复用效果示意图。

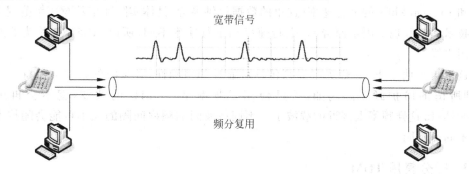

图 2.35　频分复用

普通电话线路可传输的电磁波总频带宽度是 $0\sim1.104\mathrm{MHz}$,即普通电话线带宽是 $1.104\mathrm{MHz}$,注意这里的带宽不是数据传输率。人们采用一种特殊的调制技术——DMT (Discrete Multitone,离散多音复用),将整个带宽分成 256 个子频带,每个子频带宽度约 $4.3\mathrm{kHz}(1.104\mathrm{MHz}\div256\approx4.3\mathrm{kHz})$,如图 2.36 所示。

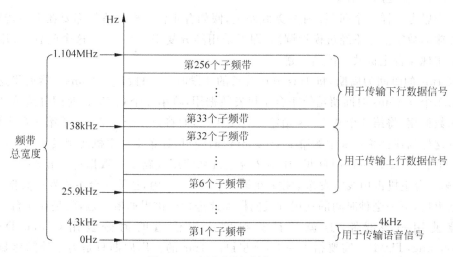

图 2.36　频分复用示例(ADSL)

在分成 256 个子频带后,将第 6 至第 32 个共 27 个子频带用于传输计算机的上行数据信号,将第 33 至最后一个共 224 个子频带用于传输计算机的下行数据信号,而将 4kHz 以下的频带用于传输原来的电话语音信号。这里讲的"上行"和"下行"是指传输方向:"上行"就是"上载",即计算机向网络上发送数据,相应的"下行"就是"下载",即计算机从网络上接收数据。

像这样将线路总频带分成多个不同功能段后,经常会这样描述:线路被划分出了**上行信道、下行信道**和**语音信道**。注意,这里所谓的信道更多的是逻辑概念,而不是具体物理线路,因为线路就只有一条。

根据图 2.36 可知,划分给传输下行数据信号的频带最宽,一个载波一个频率,所以能提供的模拟载波数量也最多。载波数量越多,同样时间内能传输的数据也越多。上行频带宽度相对窄很多,所以上行速率比下行速率低。ADSL 一般能有 $1.5\sim8$Mbps 的下行速率和 $16\sim640$kbps 的上行速率(这里的数据仅供参考,具体实际速率甚至速率范围会因具体技术和某些现实因素而异)。上行速率和下行速率不同,所以 ADSL 被称为非对称数字用户线。

这里再说明一下,一般为了提高传输可靠性和精确性,各载波的频率会保持一定间距,即所谓的**防护频带**。例如,若已使用了频率是 200kHz 的载波,就不会再用像 200.001kHz 这样频率太接近的载波了。不同载波间的频率间隔的大小可能会随技术水平的不同而不同。

3. 时分复用 TDM

首先看一个源于现实的傻瓜式的引例。

兄弟 7 人只有一台电脑,大家都要用。为了不引起纷争,公平起见,7 人轮流使用:周一归老大使用,周二归老二使用,周三归老三使用,以此类推,周日自然归老七使用。新的一周开始时,按同样的做法,如此往复。这个其实蕴含了时分复用的原理,其中电脑是唯一的资源,是被复用的对象。

下面思考这样一个问题:在一条线路上,假如有 4 台主机的信号都要在上面传输,而线路传输的数字信号不经过模拟调制(即不采用频分复用了)。对于这个问题,采用如下做法来实现 4 台主机共享传输线路。

以 1ms 的时间为周期,将 1ms 分成等长的 4 段时间,每段长 0.25ms。然后将这 1ms 中的第 1 个 0.25ms 时间留给第 1 台主机发数据用,将第 2 个 0.25ms 时间分给第 2 台主机发送数据用,将第 3 个 0.25ms 给第 3 台主机用,而将第 4 个 0.25ms 给第 4 台主机用。也可以这样描述:将 1ms 中的第 1 个 0.25ms 时间里,让第 1 台主机使用线路来发送它的数据;在第 2 个 0.25ms 时间里,让第 2 台主机来使用线路发送数据;在第 3 个 0.25ms 内,让第 3 台主机占用线路发送数据;在第 4 个 0.25ms 内,让第 4 台主机发送数据。1ms 时间结束后,下一毫秒时间的利用方式同样如此进行。讲得通俗一点,就是让 4 台主机平均轮流使用一条线路,这就是计算机网络中信道的**时分复用**(Time Division Multiplexing,TDM)。需要指出一下,这里讲的 1ms 的复用周期只是为了让问题显得更具体形象而举的例子,在时分复用技术的实际应用中,这个复用周期可能会因具体的现实条件而不同,读者需要做的是理解该技术的原理。

时分复用技术又可以分为**同步时分复用技术**(Synchronous Time Division Multiplexing,STDM)和**异步时分复用技术**(Asynchronous Time Division Multiplexing,ATDM)。异步时分复用技术又称为**统计时分复用技术**(Statistic Time Division Multiplexing,STDM)。

先来看同步时分复用技术。

图 2.37 是同步时分复用示意图。图中左边 4 台主机都将数据信号发送到一条线路上。在利用这条线路时,也以某个时间长度 T 为复用周期,将 T 分成等量 4 段,在这 4 段**时间间隙**(简称**时隙**)中,分别由 4 台主机依次占用线路发送数据。

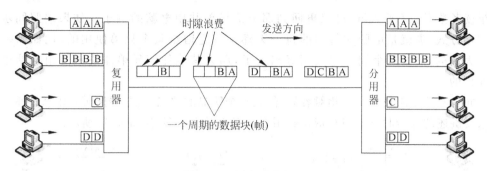

图 2.37 同步时分复用

把在一个复用周期 T 内所传输的数据总量称为一个数据块或称为帧(如图 2.37 所示)。其中帧的数据内容不是来自一台主机,而是来自多台主机(本例是 4 台主机)。但需注意,这种帧是信道复用中的帧概念,属于物理层技术,和第 **3** 章将要讲到的帧是两个完全不同的概念,第 **3** 章讲的帧概念是属于数据链路层的帧。

关于帧和复用周期 T,反过来讲可能更容易理解。即先定下帧的数据长度,比如 128 字节,假设链路带宽(比特率)是 2.048Mbps,那么传输一帧所需的时间就是 0.5ms (128×8 位÷2.048Mbps),也就是复用周期 T 的时间;然后要求这 128 字节的帧由等量 4 部分拼接而成,每部分长 32 字节,并要求这 4 部分分别来自不同的主机,即每个主机在一个帧中数据传输量占整个帧的 1/4,那么在传输这个帧时每个主机的数据传输时间就是 0.125ms(0.5ms÷4),这就是每个主机在复用周期 T 中的时隙。其实,每台主机的信道带宽也是总带宽的 1/4,即 512kbps(2.048Mbps÷4)(注意这里列出的具体数值只是为了举例说明,不代表真实的应用就是如此)。

在图 2.37 中,复用周期 T 中划分出的 4 个时隙的利用方式是固定的,即一旦将其中一个时隙分给某台主机使用,那么即使那台主机此时正好无数据可发,其他想发送数据的主机也不能占用这段时隙,只能让这段时隙浪费。

如图 2.37 显示,左边第一台主机想发送的数据较多,需要 3 个时隙的时间才能发完(最右边的先发送),而第二台主机更多,需要 4 个时隙,第三台只需一个时隙,第四台需两个时隙。

(1) 在第一个复用周期中发送第一个帧,这个帧包含 4 台主机第一时隙部分的数据"ABCD"。注意,这里的 A、B、C、D 不是指"A"、"B"、"C"、"D"4 个字符,而是分别表示 4 台主机的各自一段数据信息,比如 A 可能是一段 80 字节(640 位)的数据信息。

(2) 在第二个复用周期,因为第三台主机已没有数据可发,所以在这个周期的第三个时隙中无任何数据发送,表现为这个帧中的第三段数据是空。

(3) 第三个复用周期,第四台主机也无数据可发,于是这个周期的第三和第四个时隙会浪费,即这个帧的第三和第四段数据是空。

(4) 第四个复用周期中,显然只有第二个时隙发送了第二台主机的数据,其他 3 个时隙都浪费了,该帧中就只有第二段数据。

像这种将复用周期中的时隙严格分给特定主机的时分复用方式,称为**同步时分复用**。

如果读者觉得还不好理解,可以再回到那个 7 兄弟共用电脑的例子。如果按照同步时分复用方式,那就是电脑在每周的每一天都是特定留给某个兄弟使用的,比如周一是给老大用的,假如某个周一老大正好出去了,那么其他任何兄弟即使想使用电脑也是不允许的。

同步时分复用技术实现相对容易,但是有个明显的缺点,就是线路带宽浪费严重。接下来要讲述的异步时分复用在带宽利用率上就相对好得多,如图 2.38 所示。

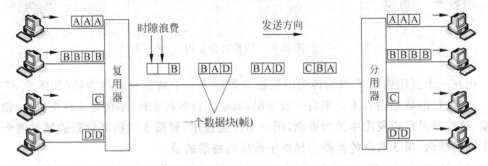

图 2.38 异步时分复用

异步时分复用也有复用周期 T,在 T 内也发送一个数据链路层的帧,但是 T 内划分的时隙数要小于主机数量,如图 2.38 所示,这里分了 3 个时隙,比主机数少一个。也就是说,一个帧只由 3 段等长的数据拼成,每段占用一个时隙的传输时间。下面来演示复用传输过程。

(1) 对于第一帧的数据内容,先检测图 2.38 中左侧最上面的第一台主机,显然有数据要发送,于是将数据信息 A 作为该帧的第一段数据(传输时占去第一段时隙);然后轮到第二台主机,有数据信息 B 要发送,就将 B 作为该帧的第二段数据(传输时占去第二段时隙);接着轮到第三台主机,要发送数据信息 C,就将 C 作为该帧的第三段数据(传输时占去第三段时隙)。该帧三段数据已填满,即可发送出去。

(2) 之后是第二帧,轮询对象接着上面的,现在已轮到了第四台主机,显然有数据信息 D 要发送,就将 D 作为第二帧的第一段数据(占去第一时隙);然后兜回来再轮询第一台主机,还有数据发送,于是将新的数据信息 A 作为这第二帧的第二段数据(占去第二时隙);接着又轮到第二台主机,还有数据要发,就将新的数据信息 B 作为第二帧的第三段数据(占去第三时隙)。第二帧也已填满,立即发送到链路上。

(3) 再看第三帧,轮询对象轮到了第三台主机,注意,发现无数据要发送,于是**跳过**;然后轮到第四台主机,有新的数据 D 要发送,将它作为第三帧的第一段数据(占去第一时隙);如此继续,当再次轮到第二台主机时,第三帧内容也填满了,即可发送。

(4) 最后开始第四帧,轮到第三台主机,无数据可发送,然后第四台主机、第一台主机,都无数据可发,直到第二台主机有新的数据 B,将它作为第四帧的第一段数据(占去第一时隙)。注意,从开始填第四个帧到现在,已轮完所有主机一次,但仍没有填满该帧,说明已暂无新的数据,于是将该帧的第二段数据和第三段数据置空(即浪费第二时隙和第三时隙),将只有第一段数据的第四帧发送出去。

像这样对帧不是固定分配时隙而是采用按需动态分配时隙的时分复用方式称为**异步时分复用**或**统计时分复用**。

下面看一个时分复用的典型例子。

在家庭 Internet 接入技术中,除了上述频分复用中讲到的 ADSL 之外,还有综合业务数字网 ISDN 技术,即通常俗称的"一线通",在一条线上可传输数字、语音和视频信号。ISDN 接入示意图如图 2.39 所示。

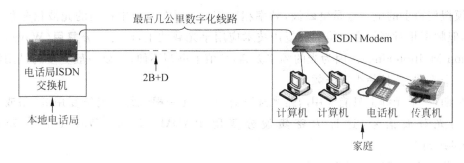

图 2.39　综合业务数字网 ISDN

ISDN 技术将从本地电话交换局到家庭用户的最后几公里电话线改造成数字链路,并在这条链路上采用时分复用技术为用户提供综合业务数字传输。这条链路的一端连电话局的 ISDN 交换机,另一端连到家庭 ISDN Modem 的 ISDN 接口。ISDN Modem 还提供若干个(RJ-11 标准的)普通电话线接口和若干 RJ-45 标准的局域网接口。电话线接口可以连电话机和传真机,局域网接口连用户计算机。图 2.39 中的 ISDN Modem 已集成了 PCM 技术,能将电话和传真模拟信号转换成数字信号。

本例中,电话机、传真机和计算机分时复用从 ISDN Modem 到电话局的数字线路。该数字线路提供 ISDN 的标准 BRI(基本速率接口)传输,即两条 B 信道和一条 D 信道(简称 2B+D)。其中 D 信道用于传输信令和控制信息作维护链路之用,带宽是 16kbps;而 B 信道用于传输数据,带宽是 64kbps。

读者可以这么理解:从 ISDN Modem 到电话局的数字线路总带宽是 144kbps,采用同步时分复用,一个复用周期 T 分成两个时隙,但是这两个时隙不相等(这跟前面的均等时隙不同),两者之比是 1∶8。其中小的那部分时隙用于传输信令和控制信息,即 D 信道,带宽是 16kbps(144kbps ÷ 9);大的那部分时隙用于传输数据,带宽是 128kbps(144kbps × 8/9)。然后将大的那部分时隙再分成相等的两部分时隙(即成两个 B 信道),这两部分时隙采用异步时分复用传输数据。

以帧的角度描述如下。从 ISDN Modem 到电话局的数字线路上传输某种格式的数据帧,帧长度是某个定值 L(L 和复用周期 T 的关系:$L = 144kbps × T$),而每个帧由 3 段数据拼成:前 1/9 部分固定是信令和控制信息数据;中间 4/9 部分是来自设备(计算机、电话机和传真机等)的数据,具体来自哪个设备不固定,按需分配;最后 4/9 部分也是来自设备的数据,具体来自哪个设备也不固定,同样按需分配。

由上分析,在图 2.39 中,如果电话机没在通话,传真机也没在传真,而两台计算机都在跟互联网交换数据,那么两台计算机分别可以达到64kbps的带宽。如果只有一台计算机在使用,那么该计算机最高可以有128kbps的传输带宽。

如果将D信道也用于传输数据,那么最大可以有144kbps的带宽(需稍微改变复用方式)。

4. 波分复用

模拟信道上的电信号是电磁波,频率相对较低;而在光纤中传输的光波信号也是电磁波,但频率相对高得多。将频分复用技术应用于光载波上,即为**波分复用**(Wavelength Division Multiplexing)。因为光的频率太高,数值上书写不便,所以一般更多的是用波长描述一个光波(波长=光速÷频率)。

早期,一根光纤上只能复用两路光载波信号,现在在一根光纤上能够复用80路或更多路数的光载波信号,这称为**密集波分复用 DWDM**(Dense Wavelength Division Multiplexing)。

波分复用示意图如图2.40所示。

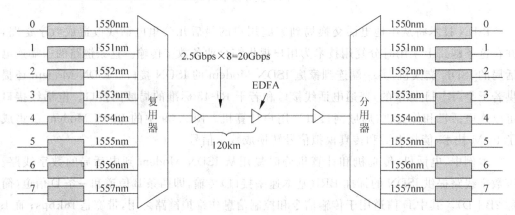

图2.40 波分复用

8路光载波波长从1550nm至1557nm(nm即纳米,是10^{-9}米),相邻间隔1nm(这里是仅为说明问题而举的间隔例子)。每一个光载波传输一路信号,且数据率是2.5Gbps,那么8路光载波总共可达20Gbps的数据率。

虽然光波信号在光纤中传输时能量损耗非常小,但毕竟还是有损耗,在传输一定距离后也会衰减,所以需要对衰减后的信号重新放大才能继续传输。现在可以用**掺铒光纤放大器 EDFA**(Erbium Doped Fiber Amplifier)来实现这个功能,如图2.40中的三角形符号表示的就是这种设备,在两个EDFA之间光波信号可传输120km。

虽然都属于电磁波信号,但是光通信能达到的速率要远远大于前面的电通信速率,这是因为光载波频率可以达到电载波频率的上百万倍,所以单位时间内,光载波能调制的数字数据量也将远远大于电载波。而且由于频率高波长短,光通信的抗干扰能力也远好于电通信。

习 题

一、选择题

1. 在下列传输介质中,( )的抗电磁干扰性最好。

A. 双绞线 B. 同轴电缆 C. 光缆 D. 无线介质

2. 下列传输介质中,( )的典型传输速率最高。

A. 双绞线 B. 同轴电缆 C. 光缆 D. 无线介质

3. 将一个字节由起始位和停止位封装的是( )通信方式。

A. 同步串行 B. 异步串行 C. 并行 D. A 和 B 都是

4. 以下( )技术通常是模拟传输。

A. 时分多路复用 B. 波分多路复用

C. 异步时分多路复用 D. 频分多路复用

5. 在同一时刻,通信双方可以同时发送数据的信道通信方式为( )。

A. 半双工通信 B. 单工通信 C. 数据报 D. 全双工通信

6. 双绞线使用的接口标准是( )。

A. BNC 接口 B. AUI 接口 C. RJ-45 接口 D. RJ-11 接口

7. 物理层的二进制编码技术属于( )。

A. 机械特性 B. 电器特性 C. 功能特性 D. 规程特性

8. 双绞线缆的 T568A 和 T568B 标准属于下列物理层的( )。

A. 机械特性 B. 电器特性 C. 功能特性 D. 规程特性

9. 串行传输的同步技术属于下列物理层的( )。

A. 机械特性 B. 电器特性 C. 功能特性 D. 规程特性

10. 下列复用技术中涉及光信号的是( )。

A. 时分多路复用 B. 波分多路复用

C. 异步时分多路复用 D. 频分多路复用

二、填空题

1. 从双方信息交互的方式来看,串行传输有以下 3 种基本方式:_____、_____和_____。

2. 一个独立的信号编码单位称为_____,以太网物理层常用编码是_____。

3. 在波特率不变的情况下,可以通过_____来提高信息的传输速率。

4. 常用的传输介质有_____、_____、_____等。

5. _____层主要涉及怎样在网络传输介质上有效地传输比特流。

6. 网络的物理层标准主要涉及以下 4 个特性:_____特性、_____特性、_____特性和_____特性。

7. 物理层的_____特性用来说明接口所用接线器的形状和尺寸、引脚数目和排列、固定和锁定装置等内容。

8. _____特性用来说明在接口电缆的哪条线上出现的电压应为什么范围,即什么样的电压表示 1 或 0。

9. _____特性说明某条线上出现的某一电平的电压表示何种意义。

10. _____特性说明对于不同功能的各种可能事件的出现顺序。

11. _____方式的串行传输只能沿一个方向的通信而没有反方向的交互。

12. 根据表示数据的方式不同,信号一般可分为_____信号和_____信号两大类。

三、问答题

1. 根据下列数字传输示意图确定其传输的比特率。

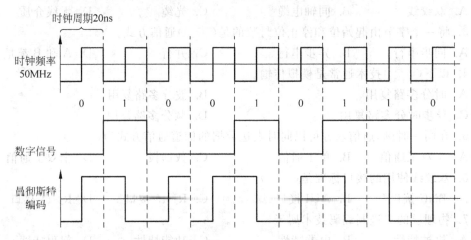

2. 确定下图描述的模拟传输的数据率。

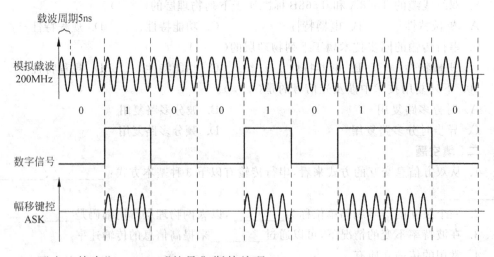

3. 画出比特串"10011101"的曼彻斯特编码。

4. 举一个半双工通信的例子,并阐述半双工的原理。

5. 叙述同步传输和异步传输的区别及其应用场合。

6. 比较同步时分复用和异步时分复用的区别。

7. 通过和其他传输媒体比较,说明光纤传输的优点。

8. 分别说出双绞线 T568A 和 T568B 的线序标准。

第3章 局 域 网

学习目标：

1. 知道局域网在 TCP/IP 中的层次结构和功能；
2. 知道局域网分类和网络接口卡基本功能；
3. 知道几类传统以太网的网络拓扑结构；
4. 理解传统以太网技术和中继扩展；
5. 知道以太网帧封装和 CRC 技术；
6. 理解高速以太网相对传统以太网的技术改进和差异；
7. 理解交换机的数据转发和地址学习；
8. 知道交换式以太网特点及其扩展；
9. 了解虚拟局域网和无线局域网的技术和意义；
10. 了解令牌网技术。

本章导读：

第 2 章中已讲述了在一段链路上相邻设备间的数据传输所涉及的物理层技术，物理层可以认为属于"两台计算机及一段链路"的技术范围，它是一段链路上有效传输比特流的功能保证。这一章将把视野扩展到小范围短距离内很多主机相互通信的问题上，这里所谓的"小范围短距离"其实就是第 1 章讲过的局域网范围。现在，把数据通信任务扩展到拥有多段线路和超过两台主机的局域网范围，为了完成这个范围内主机间的通信任务，除了第 2 章的物理层技术，人们还引入了相应的数据链路层技术(见第 1 章的体系结构)，这就是本章的主要内容。建议读者在学习这一章的整个过程中，始终保持一种对所学知识技术在协议体系上的层次定位意识，这样对相关知识技术的逻辑关系会觉得比较清晰。

3.1 局域网概述

1. 局域网分类

这里要讲的局域网分类是指技术上的分类。按照局域网中主机发送信息的方式，可以将局域网大致分为两大类：一类属于**随机接入**的局域网；另一类属于**受控接入**的局域网。所谓的**随机接入**是指连入局域网中的主机发送数据信息的时机是随机的，一般是有数据发送要求时就会发送。**受控接入**是指连入局域网的每个主机发送数据信息的时机是有确定次序的，各主机按次序轮流发送数据，所以各主机并不是有数据发送就能立即发送。

属于随机接入的局域网的典型代表就是当今局域网领域最流行的**以太网**。属于受控接入的局域网的典型代表有**令牌网**和**光纤分布式接口 FDDI**(Fiber Distributed Data Interface)**网络**,但是这两种网络目前已基本被淘汰了。现今局域网领域基本上是以太网的天下,以太网也几乎已成了局域网的代名词,平时提到的局域网其实就是以太网。

所以这一章的主要内容其实都是以太网技术,也是读者需掌握的。至于令牌网技术,本章在最后一节将它作为选学内容做简要阐述。

2. 局域网体系结构

在本章导读中已有讲述,局域网技术就是为了让局域网内的主机能成功有效地通信而采用的方法和相关技术标准。如果按 TCP/IP 网络体系结构的功能层次来定位,那么局域网的体系结构就是最下面两层:**数据链路层**和**物理层**(当然,本章将讲述数据链路层的技术)。同时由于具体的局域网技术标准几乎都是由 IEEE 802 委员会(一个专门制定局域网和城域网标准的机构)所制定,因此局域网体系结构又称为 IEEE 802 体系结构。

3. 局域网网络接口卡 NIC

局域网上,主机对数据的发送和接收由一块专门的硬件电路板完成,称之为**网络接口卡 NIC**(Network Interface Card)或**网络适配器**,一般俗称**网卡**。网络适配器集成了局域网的大多数通信功能,包括物理层技术和大部分数据链路层技术。

每个网络适配器有一个地址,称为 **NIC 地址**也称为 **MAC 地址**、**硬件地址**或**物理地址**,并且每个硬件地址都不一样。网络适配器一般直接连在主机上,甚至就是主机硬件的一部分,所以这个硬件地址就是主机在局域网上的地址,局域网上的主机通过这个地址相互识别对方。

NIC 地址长度为 48 位,一般写成十六进制的形式,每两个十六进制数之间用短划线分开,如:

二进制 MAC 地址—— 0000 0000 0001 0001 1101 1000 1001 1110 0111 0100 1101 0100

↓

十六进制 MAC 地址—— 00-11-D8-9E-74-D4

3.2　传统以太网

所谓的传统以太网,一般是指那些数据率只有 10Mbps 的早期以太网,所以很多时候也称它们为低速以太网。当然相对当前以太网的主流技术,这些低速以太网其实已经退出了历史舞台,但是作为一个完整的以太网的技术发展体系,还是有必要在这里对它们作一下介绍,之后再介绍高速以太网和交换式以太网,通过先后技术的比较,会让读者更好地理解整个以太网技术以及未来的发展。

从具体物理形态上,常说的传统以太网主要是指以下 4 种以太网。

(1) 10Base-5:10Mbps 数据率的传输基带信号的粗缆以太网,粗缆即传输介质是粗同轴电缆，这里"Base"表示基带。

（2）10Base-2：10Mbps 数据率的传输基带信号的细缆以太网，细缆即传输介质是细同轴电缆。

（3）10Base-T：10Mbps 数据率的传输基带信号的双绞线以太网。

（4）10Base-F：10Mbps 数据率的传输基带信号的光纤以太网。

10Base-5 和 10Base-2 可合称为**总线型以太网**；10Base-T 属于**传统星型以太网**；10Base-F 其实还可以（按技术标准）分成几种，鉴于流行度不够，将不再具体讲述。

3.2.1　总线型以太网

1．拓扑结构

图 3.1 所示为总线型以太网的逻辑连接图（两端的粗短线表示终端电阻器）。把由桶状连接器或 T 型连接器连接起来的同轴电缆串看做一条总线，而所有主机都连在这条总线上。"总线型"其实就是该局域网络的拓扑结构。

图 3.1　总线型以太网

所谓网络的拓扑结构，就是将网络上的主机（或交换机等通信设备）看做一个点，同时将连接主机（或交换机等通信设备）的物理媒体看做一条线，按此所绘得的数学几何图形的形状结构就是该网络的拓扑结构，该数学几何图形也称为该网络的拓扑图。

总线型以太网的网络拓扑图应该是如图 3.2 所示形状。

图 3.2　总线型拓扑结构

当然主机的个数不是本质所在，本质在于各主机所连的形状结构。另外在称法细节上，总线型以太网很多时候也会称为总线式以太网。这类以太网其实就是以它们的拓扑结构命名的。

2．总线型以太网的主机通信

（1）主机通信过程

在本章导读中已讲过，这一章最主要的学习任务是弄清楚局域网内的各主机具体是如何进行通信的，因此要来认识总线型以太网中主机之间的通信方式和过程。先来看两主机一收一发的正常通信过程。以太网介质访问方法如图 3.3 所示。

6 台主机连成一个总线型以太网。假设现在只有主机 PC2 要发信息给主机 PC1，其他主机暂不发送数据，过程如下。

① PC2 生成要发送的数据信息，这条数据信息按照数据链路层的特定要求格式封

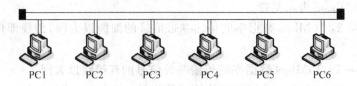

图 3.3　以太网介质访问方法

装(具体见 3.2.3 小节),称之为帧,该帧长度从几十字节到上千字节不等。形象一点,读者可以将帧看做是 PC2 发给 PC1 的一封信(有格式)。

② PC2 将该帧从自己的网卡接口发出送到总线上,当然这个具体发送细节是由 PC2 的物理层完成的。

③ PC2 的信号会往总线两边传输,即会传遍整条总线,并会到达其他所有主机的网卡接口,也就是说,其他所有主机都能检测到 PC2 发送的信号。

④ PC2 发送的数据帧中有部分信息是接收方主机的地址信息,这个地址就是接收方主机的 MAC 地址,本例当然就是 PC1 的 MAC 地址。

⑤ 虽然其他所有主机都能检测到 PC2 发送的数据信号,但是只有 PC1 会完整收下这个帧,其他主机一旦发现不是发给自己的就会丢弃这个帧。

这是总线上只有一台主机发送数据的情况。如果总线上有多台主机同时要发送数据,那就不一样了。

（2）CSMA/CD

由于各主机发送的都是原始的基带数字信号,且连在同一条总线线路上,因此在每一个时刻,最多只能有一台主机往线路上发送数据信号,如果有两台或者两台以上主机同时往总线上发数据,就会在总线上发生信号**碰撞**,引起**冲突**,导致所有信号失真,全部发送失败。图 3.4 演示了这个过程。

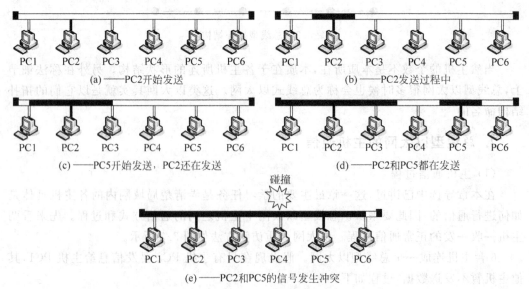

图 3.4　总线上信号碰撞示例

图 3.4 中总线上的黑色部分表示信号传输过程(总线两端黑色部分表示终端电阻)。主机 PC2 给主机 PC1 发送一个数据帧,在这个过程中,PC5 也发送一个数据帧给 PC6,这样 PC2 和 PC5 都往总线上发送信号,双方信号在总线上发生碰撞。当然不只是 PC2 和 PC5 会发生信号冲突,其他主机也一样,只要是连在同一条总线上,相互之间都可能发生信号冲突。鉴于此,将这条总线和连在该总线上的所有主机称为**一个冲突域**。另外由于所有主机相互通信都靠唯一的一条总线,即共享一条总线的带宽,因此又经常将这种以太网称为**共享式以太网**。

为了让总线型以太网上的主机能相互有效地传输数据,需要规定主机使用总线的方法,即**介质访问控制方法**(或称为**媒体访问控制方法**)。介质访问控制方法就是关于怎么使用传输介质的方法,在总线型以太网上主要就是处理总线上的信号碰撞问题。接下来要介绍的一种介质访问控制方法称为**带冲突检测的载波侦听多路访问 CSMA/CD**,其实就是一种协议,但是从协议层次的归属上,不太适合将它严格归到数据链路层或物理层,所以 TCP/IP 协议体系更多的是把最下面的两层统称为网络接口层。

CSMA/CD 可以简单地概括为 16 个字:**先听后发,边听边发,冲突停发,随机重发**。

① **先听后发**。总线上的每台主机在往总线上发送前,需要先检测总线上有没有信号在传输,称为**监听总线**。如果在总线上没有监听到信号,才可以发送数据;不然说明有其他某台主机在发送数据,本主机暂时不能发送,直到总线无信号为止。

② **边听边发**。总线上无信号时,要发送数据的主机可以开始向总线上发送数据信号,但是在刚开始发送的一段时间内,还是要继续监听总线上有没有其他数据信号,这就是边听边发。之所以这样做,是因为在刚开始发送的这段时间内还可能跟其他主机的信号发生碰撞,这是由信号传输延迟导致的。图 3.4 演示的就是这种情况,图 3.4(a)显示 PC2 先发送数据,到图 3.4(c)显示的时刻,PC5 也要发送数据,由于此时 PC2 和 PC5 有一段距离,PC2 的信号还没有传到 PC5 的位置,因此 PC5 误认为总线上没有其他数据信号,就开始发送数据。两路信号在 PC4 附近位置发生碰撞,碰撞叠加后的错乱信号继续往两边传输,之后 PC5 和 PC2 会先后检测到信号冲突。这段边听边发的时间有个上限 T,即主机在超过 T 后若还没发现信号冲突,就不可能再检测到冲突,也不需要再监听总线了,只顾发送数据即可。这个 T 称为**争用期**(具体数值大小看后面的分析)。

③ **冲突停发**。边听边发的主机一旦发现信号冲突(如图 3.4 中的 PC2 和 PC5),即使正在发送的数据帧还没发送完,也必须立即停止发送数据。

④ **随机重发**。主机在检测到信号冲突后即停止发送,然后等待一段随机的时间再尝试向总线上发数据,当然还是要按照前面"先听后发,边听边发,冲突停发"的规则,如此往复直至成功。至于这段随机等待时间的确定,是由一个使用截断二进制指数类型的退避算法来给出的,这里不再作具体介绍。

根据上述描述可以确定总线型以太网上两主机相互通信的数据传输方式就是**半双工方式**。相应的,在 10Mbps 的以太网中,**主机的网卡基本也是半双工模式的 10Mbps 网卡**。

(3)争用期 T

现在来计算争用期 T 的大小。按照前面的描述,T 其实就是主机从发送数据信号开始到发现信号冲突为止的这段时间所能达到的最大值。总线型以太网上各主机相互距离不一样,它们检测到信号冲突所需的最大时间也不一样,这个 T 出现在相距最远的两台主机上。

假设 L 是总线型以太网上相距最远的两台主机的线路距离。以图 3.3 为例,相距最远的两台主机就是 PC1 和 PC6,那么信号从 PC1 发送到 PC6(反方向也一样)所需的时间就是 $L \div c$(c 是光速,实际的以太网信号传播速度其实不到光速),将这段时间用 τ 表示,即 $\tau = L \div c$,而争用期 T 就是两倍的 τ,即 2τ,分析如下。

图 3.5 所示为争用期示意图,下面是对图中 6 部分的阐释。

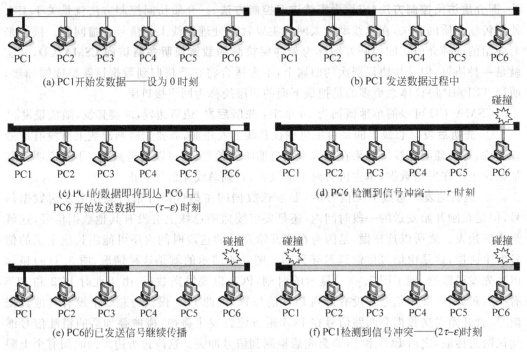

(a) PC1 开始发数据——设为 0 时刻 (b) PC1 发送数据过程中

(c) PC1 的数据即将到达 PC6 且 PC6 开始发送数据——($\tau-\varepsilon$)时刻 (d) PC6 检测到信号冲突——τ 时刻

(e) PC6 的已发送信号继续传播 (f) PC1 检测到信号冲突——($2\tau-\varepsilon$)时刻

图 3.5　争用期 T

① 图 3.5(a):PC1 在 0 时刻开始发送数据信号(至于信号接收方是哪台主机,这里不需要考虑,因为信号总是会传遍整条总线的)。

② 图 3.5(b):PC1 的第一个信号尚在传输中,还未达到 PC6,而 PC6 也尚未开始发送数据。

③ 图 3.5(c):从 0 时刻经过将近 τ 的时间,PC1 最先发出的信号即将到达 PC6,注意这是个**将到但还未到**的时刻,所以将这个时刻写成 $\tau-\varepsilon$,这里的 ε 是一个极小的时间。而假设就在这个时刻,PC6 也打算发送数据,当然,由于 PC1 的信号还没到达 PC6,PC6 自然认为总线上无数据信号,于是它也开始发送数据(也不需要考虑是发给哪台主机)。

④ 图 3.5(d):到了 τ 时刻,PC1 的信号终于到达 PC6,PC6 很快检测到冲突,立即停止数据发送,但毕竟还是有一点信号发出去了。

⑤ 图 3.5(e):PC6 的信号还在传输,但还未到达 PC1,所以 PC1 还未检测到冲突,继

续发送数据。

⑥ 图 3.5(f)：到了 $2\tau-\varepsilon$ 时刻，PC6 的信号终于到达 PC1（在 $2\tau-\varepsilon$ 时刻是因为 PC6 是在 $\tau-\varepsilon$ 时刻开始发的数据），PC1 也检测到了信号冲突，于是也停止发送数据。

PC1 从开始发送数据到检测到冲突经过了 $2\tau-\varepsilon$ 的时间，这个时间也就是 PC1 所需要的保持边听边发状态的最长时间，很明显，这也是所有主机从发送开始到冲突为止的最长时间间隔，即争用期 T。出于保险性考虑，略去极小项 ε，直接取争用期为 2τ。

也许有读者对这个争用期的取值有质疑，下面给出严格证明（无疑议或不想追究细节的读者可略过这一段证明）。

不失一般性，假设分析对象是主机 A。

① 在 0 时刻，主机 A 没有检测到总线上有信号，开始向总线上发送数据。

② 经过时间 t_1 之后，有另一主机也要发送数据，不妨设该主机为 B。而主机 A 的信号还没传到主机 B，设信号从主机 A 传到主机 B（反方向也一样）所需时间为 t，那么就有 $|t_1|<t$。不等式中之所以用了 t_1 的绝对值 $|t_1|$，是因为其实 t_1 也可以取负值，这其实表示主机 B 是在主机 A 发送数据前已在发送数据了，当然这个提前时间也不能超过 t，不然主机 A 就会检测到总线上有信号而不会发送数据了。总之，都有 $|t_1|<t$。

③ 然后再经过时间 t，主机 B 的信号到达主机 A，主机 A 检测到信号冲突。这样从主机 A 在 0 时刻发数据开始到检测到冲突所需时间是 t_1+t，而 $|t_1|<t$，即 $-t<t_1<t$，所以 t_1+t 的最大值是 $2t$。

④ 因为 t 是信号从主机 A 传到主机 B 所需的时间，所以如果主机 A 和主机 B 是总线型以太网上相距最远的两台主机并且它们之间信号传输时间是 τ 的话，那么这个 t 即是最大值 τ，于是争用期就是 2τ。

从上面的分析可以知道，争用期取决于总线型以太网上两台相距最远的主机的距离（该距离也可以看做是网络的大小或规模），那么两个总线型以太网络可能有不一样的争用期（因为它们相距最远的两主机距离不一样），多个总线型以太网就有多个不一样的争用期长度。这样的话，在 CSMA/CD 的实现上会带来技术上的不方便和不统一。因此，在实际中，并不是由以太网络本身的大小来决定争用期，而是反过来，以争用期来限制一个以太网络的大小。即人为统一规定争用期的大小，然后要求每一个总线型以太网络的实际争用期不能超过这个值，也就相应地限制了一个网络的规模。

实践中，**传统以太网的争用期 T 定为 $51.2\mu s$**，注意，这里讲的是 **10Mbps 的传统以太网**的争用期。这样，总线型以太网上每台主机边听边发持续的时间都统一为 $51.2\mu s$。相应的，τ 就是 $25.6\mu s$（$1/2$ 的争用期），因此按照这个时间，总线型以太网上两台主机允许相距的最大线路距离是 7.68 公里（$\tau \times c$，实际以太网由于信号传播速度达不到光速所以要小于这个距离）。不过，一个总线型以太网一般都不会超过这个规模，加上还会受其他因素制约，实际会更小。所以这个争用期时间已足够大了。

可能有读者会问：这样的话，以太网络本身实际的争用期不是小于规定的争用期？确实是这样，但这是允许的，只是每个主机边听边发持续的时间超过实际所需的长度而已，能保证检测到所有可能的信号冲突。但是反过来就不行了，以太网络实际的争用期如果比统一规定的还大，会导致主机边听边发的持续时间不够，之后发送数据过程中还会出现信号冲突。

需要指出一下,虽然总线型以太网的数据率是 10Mbps,但是因为就只有一条总线,各主机都要分抢着用,所以每台主机的**平均数据率**是需要按主机数量平分的。比如 10 台主机,那么每台主机**平均数据率**就是 1Mbps,当然在主机发送数据时的数据率(即**瞬时数据率**)还是 10Mbps;主机的很多时间是浪费在等待总线空闲上了,如果再将主机间因信号冲突而退避的时间消耗考虑进去,每台主机的平均数据率其实远不到 1Mbps。所以**一条总线上连的主机越多,主机的平均数据率就越小,以太网络的性能也就越差**。

（4）帧的长度

争用期为 $51.2\mu s$,也就是主机边听边发的持续时间。总线型以太网上的数据率是 10Mbps,也就是每台主机在发送数据时的数据率。这样,在争用期内主机能发送 512 比特（10Mbps×$51.2\mu s$）的数据,即 64 字节。由于主机边听边发的过程必须持续 $51.2\mu s$,所以在一次数据发送中,主机必须至少发送 **64 字节**,这就是**以太网数据链路层的帧的最小长度**。相应的,以太网上的主机如果收到一个长度小于 64 字节的数据帧,那么该主机会认为是收到了一个发送方主机没发送完的**残帧**。这种残帧产生的原因是,发送方主机在争用期内检测到了信号冲突即停止了发送,这样已发出去的数据就不会达到 64 字节。残帧会被收到的主机丢弃,因为这是**无效帧**。残帧又被称为**碎片**。

讲到这里,部分读者可能会混淆数据传输速率和信号传播速度这两个概念,这里来澄清一下。数据传输速率就是信道上的数据率,即单位时间内传输了多少比特数（即二进制位数）,一般取决于发送方的发送速度。而信号传播速度是电信号在信道上的传播速度,即单位时间内某个信号在信道上的行进距离（一般接近于光速）。

3. 10Base-5 和 10Base-2

前面介绍了总线型以太网的基本工作原理,现在来简要看一下两种代表性的总线型以太网的一些连接标准（这些其实基本上可归到物理层部分）。

先看粗同轴电缆以太网。

图 3.6 是粗缆以太网连接示意图（为了突出连接部件,其在大小比例上显得比主机还大,当然实际不可能这样,上面主机是一个模型图）。粗缆总线是一条完整的粗同轴电缆,中间没有切断过,粗缆两端接上 BNC 接头和终端电阻。在粗缆需要连主机的位置上接上一个**收发器**,在外面看来,是粗缆穿过了收发器,当然粗缆里面导线已和收发器导线接触

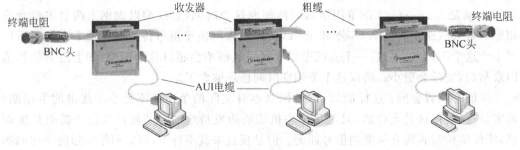

图 3.6　粗缆以太网连接示意图

相连。收发器有个 AUI 接口,通过 AUI 电缆连接到主机的 AUI 接口的网卡上。收发器完成信号接收和发送功能。标准要求如下。

(1) **AUI 电缆的长度不能超过 50m**。

(2) **整条粗缆的长度不能超过 500m**,这就是"10Base-5"中"5"这个数字的意义。

(3) **每条总线上最多接 100 台主机**。

(4) **收发器之间最小距离为 2.5m**。

再来看细同轴电缆以太网。

图 3.7 是细缆以太网连接示意图。细缆以太网中,这条细缆总线是由多段细缆通过 BNC 桶形连接器或 T 形连接器连接而成。T 形连接器可直接连 BNC 接头的主机网卡。在细缆以太网中没有收发器,因为收发器的功能已集成在 BNC 网卡中。细缆也有相应连接时的规定,如下所示。

(1) 用 BNC 连接器连接而成的整条细缆长度(即总线长度)不能超过 **200m**(实际中是 **185ms**),"10Base-2"中的数字"2"就是这个意思。

(2) **每条总线上最多接 30 台主机**。

(3) **连接主机的两个 T 形连接器最短距离为 0.5m**。

粗缆以太网和细缆以太网的物理层编码和译码标准是上一章讲过的**曼彻斯特编码和译码**(译码是编码的反过程,发送时需编码,接收时要译码)。

图 3.7　细缆以太网连接示意图

4. 总线型以太网的扩展

前面已讲过,10Base-5 和 10Base-2 的总线允许最大长度分别是 500m 和 185m。之所以有这个限制,是因为信号在电缆上传输时受电阻影响会有能量损耗,当超过一定长度时,信号将会失真(这是一种通俗解释)。如果想要连接更多主机使一个以太网络范围更大,那就需要有相应的设备在信号衰减失真之前将它重新整形放大,然后继续发送,这种设备就是**中继器**(也称**转发器**)。

图 3.8 是用中继器扩展总线型以太网的示意图。常将中继器两边原来的以太网络称为一个**网段**。用中继器连接的两段总线型以太网络在物理形态上可看成是两个总线型以太网,但在逻辑组成上应该看成是单个更大的总线型以太网络。也就是说,在物理连接上,它们是有两段总线,但是在工作原理和通信过程分析上,需要将它们看做是一条总线(即还是一个总线型以太网)。相应的,两个网段的所有主机相互之间还是会出现信号发

送冲突,因此是一个更大范围的冲突域。而且因为主机数量的增多,而线路还是只有一条(可以认为是一条逻辑总线),总带宽不变(还是10Mbps),所以,每台主机分下来的平均带宽也就越小。

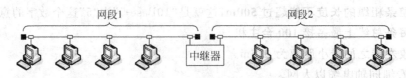

图3.8   总线型以太网扩展

虽然前面分析过,按照51.2μs的争用期,总线型以太网可以有7.68公里的线路距离,但是因为中继器在对信号进行整形放大时也要花去一定时间,所以中继器的加入会增加信号传输延迟,相当于无形中增加了线路长度,就不能加太多中继器。于是总线型以太网有个中继扩展规则,即所谓的"5-4-3-2-1"规则,也简称"5-4-3"规则,如下所示。

(1)"5":整个总线型以太网络最多可以有**5个网段**。

(2)"4":既然最多只能有5个网段,那么以太网络中最多也就只有**4个中继器**。

(3)"3":5个网段中,最多只能有**3个网段**可以连接主机。

(4)"2":5个网段中,剩下**2个网段**不能连主机,只能用作线路距离扩展之用。

(5)"1":用中继器连接的各网段逻辑上还是**1个总线型以太网络**(即还是**1个冲突域**),只不过规模扩大了。

以太网中继规则如图3.9所示,有5个网段,其中网段1、网短3和网段5连主机,而网段2和网段4只是两条空的总线链路,纯粹用于扩展范围。但是从逻辑上还是应该将这5个网段看成一个完整的总线型以太网。

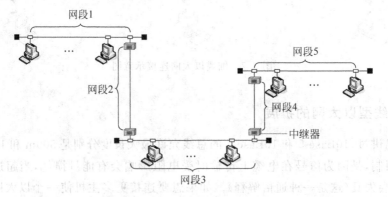

图3.9   以太网中继规则

中继器是本书提到的第一个网络连接设备,由于在功能上,它只是将信号重新整形放大再转发出去而已,即**只涉及物理层的技术**,因此在网络连接设备的功能层次归类上,中继器被归到**物理层连接设备**。在后面的章节中,还会出现多种连接设备,它们都将被相应归类。

3.2.2　传统星型以太网

图 3.10 是传统星型以太网图示。**10Base-T 星型以太网的出现是局域网史上一个重要里程碑**,它奠定了以太网在局域网中的地位。星型以太网使用的传输媒体就是第 2 章提到的双绞线,所以也将它称为**双绞线以太网**,不过这个称法涉及更广,因为后来的高速以太网和交换式以太网都是用双绞线作为传输介质。如图 3.10(a)所示,星型以太网的各主机都连到了一个专门的连接设备,即**集线器**上,英文名是 **Hub**。集线器上有多个端口,每个端口可以连一台主机。类似上面对总线型以太网的讲述,对 10Base-T 星型以太网也作一下相应的介绍。

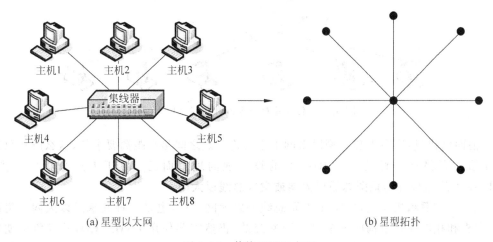

(a) 星型以太网　　　　　　　　　　　　　　(b) 星型拓扑

图 3.10　传统星型以太网

1. 拓扑结构

在考虑 10Base-T 的拓扑结构时,将集线器看做一个连接节点,这样就得到如图 3.10(b)所示的拓扑图,这是一个星型“＊”放射状的结构,称为**星型拓扑结构**。所以星型以太网其实也是以它的网络拓扑结构命名的。

2. 10Base-T 星型以太网上的主机通信

从物理连接形态上看,10Base-T 以太网是星型结构,和前面总线型以太网的物理结构大相径庭,但是从工作机理上看,即关于各主机的通信方式和过程,两种网络却是一样的。在讨论逻辑功能时,星型以太网中的集线器设备可以看做是一个**多端口的中继器**,所以**集线器也是一个属于物理层的网络连接设备**。

集线器的功能同样是整形放大信号再转发,并且在一个端口收到信号时会将该信号转发到所有其他端口。比如图 3.10 中,主机 1 发送数据给主机 5,集线器在主机 1 的端口收到主机 1 的信号,然后将该信号整形放大后转发到其他所有端口,这么做的原因是集线器不知道该信号是发给谁的,所以转发到所有其他端口可以保证对方能收到此信号。双绞线上传输的也是原始的基带信号,不能有多路同时传输,集线器这种工作方式意味着只要有一台主机在发送数据,所有线路上都会有信号,其他主机就暂时不能发送数据,这跟总线型以太网的情况是一样的。

用一个形象的说法,也可以这样来理解:10Base-T 星型以太网可以想象成是把总线型以太网上所有主机在总线上的连接点并到了一个位置后的情况,如图 3.11 所示。

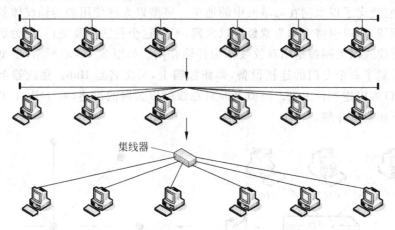

图 3.11　传统星型以太网和总线型以太网

前面已讲过,实际上总线型以太网上主机连接点之间是有距离要求的,这么解释只是为了给读者另外一种关于 10Base-T 的较直观的理解而已。鉴于上述分析的特点,10Base-T 经常被称为**星型总线以太网或盒式总线以太网**。

总之,在**逻辑机理**上,10Base-T 跟总线型以太网一样,也是一种共享式以太网。集线器、主机和相应线路也构成**一个(信号)冲突域**,仍然需要使用 **CSMA/CD**,并且争用期也是 **51.2μs**,最小帧长度同样是 **64 字节**。在**物理形态和物理层标准**上,10Base-T 和总线型以太网有较大不同,前者是星型拓扑结构,后者是总线型拓扑结构。由于双绞线自身的信号衰减特性,**10Base-T 中每台主机和集线器之间的双绞线最大允许长度只有 100m**。双绞线的物理层接头标准就是第 2 章讲的 **RJ-45 标准**。10Base-T 常用的双绞线类型是**三类 UTP**,只用 4 对线中的两对,即一对用于发送数据另一对用于接收数据。物理层编码也是曼彻斯特编码。

关于数据率 10Mbps 的解释:网卡发送时钟频率为 10MHz,将二进制数据串的 BNRZ 码和时钟信号作模 2 运算(关于模 2 运算见循环冗余校验 CRC 中的介绍),即得到曼彻斯特编码,每比特时间宽度占 1 个时钟周期,因此数据率就是 10Mbps,如图 3.12 所示。

以其中最后一个时钟周期为例,前半个周期,时钟信号为负(表示 0),BNRZ 信号为正(表示 1),两者进行模 2 运算,得到前半个周期为正的曼彻斯特编码信号,即 $0 \oplus 1 = 1$; 后半个周期,时钟信号为正(表示 1),BNRZ 信号也为正(也是 1),两者进行模 2 运算,得到后半个周期为负的曼彻斯特编码信号,即 $1 \oplus 1 = 0$。因为时钟频率是 10MHz,所以时钟周期就是 $0.1 \mu s$(时钟频率的倒数),且一个码元占一个时钟周期宽度,而码元信息量又是 1,于是数据率就是 10Mbps。

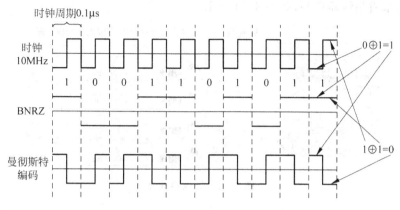

图 3.12　10Mbps 的曼彻斯特编码信号

3. 传统星型以太网扩展

如果想扩大星型以太网络规模,可以用添加集线器的方法来实现,具体方式有两种:**集线器级联**和**集线器堆叠**。

(1) 先来看集线器级联,如图 3.13 所示。

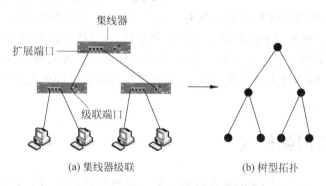

图 3.13　集线器级联和树型拓扑结构

图 3.13(a)是集线器级联示意图。早期集线器中有两种端口:**级联端口**和**扩展端口**。集线器的扩展端口用于直接连接主机,所用的双绞线是直通线(见 2.1.2 小节)。两个集线器相连,一个集线器的端口是扩展口,另一个集线器端口是级联口,所用双绞线也是直通线;如果两个集线器都用扩展口,那么要使用交叉线相连。

经过集线器级联后,10Base-T 以太网的拓扑结构稍有变化,如图 3.13(b)所示,拓扑图像一棵树(这里是一棵倒长的树,最上面节点是树根),所以称为**树型拓扑结构**。

和总线型以太网一样,经过多个集线器扩展后,信号发送延迟也会增大,所以也不能随意增加集线器。10Base-T 也有相应的**"5-4-3"中继规则**,如下所示。

① "5":传统星型以太网上,任何两台主机之间最多只能有 5 段链路。

② "4":因为①,所以集线器级联最多 4 个。

③ "3":在 4 个级联的集线器中,最多只能有 3 个集线器可以直接连主机,偏中间的某个集线器不能直接连主机,只能连集线器。

（2）再来看集线器堆叠，如图 3.14 所示。

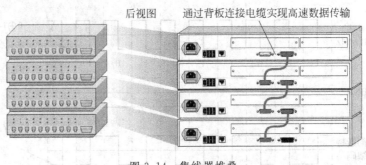

后视图　　　　通过背板连接电缆实现高速数据传输

图 3.14　集线器堆叠

集线器堆叠需要额外的堆叠线缆，堆叠集线器一般有"up"和"down"两个堆叠口，上面集线器的"down"口用堆叠线缆连到下面集线器的"up"口。为了提高堆叠可靠性，往往采用冗余线路堆叠，即最下面集线器的"down"口还会用堆叠线缆连至最上面集线器的"up"口（图 3.14 没有这么做）。理论上来说，几个堆叠起来的集线器可以看做一个集线器，既不会影响中继规则，也不会改变拓扑结构。需要指出的是，并不是所有集线器都有堆叠功能。

相比较而言，集线器级联能实现距离上的扩展（当然主机数量也会增多），而集线器堆叠主要是以太网主机数量上的扩展。不管哪种扩展，和总线型以太网扩展一样，扩展以后的传统双绞线以太网在逻辑上还是一个网络，并且还是一个冲突域，这意味着扩展后的以太网性能会降低，特别是大量堆叠，很可能会导致主机间信号冲突太过频繁以致根本无法正常通信。

3.2.3　以太网帧格式

前面已讲过，以太网上的数据传输单元是一条数据链路层封装的数据信息，即**数据帧**，简称为**帧**。这一节将具体介绍数据帧的封装方式和内容，即**帧格式**。

在介绍帧格式之前，有必要先了解一些相关的背景。

以太网的数据链路层在功能上可以分为上下两个子层，分别是**逻辑链路控制子层**（Logical Link Control，LLC）和**媒体访问控制子层**（Medium Access Control，MAC）。之所以这样做，是因为如本章一开始所提到的，在局域网诞生初期，有多种不同的局域网协议标准，如令牌总线网、令牌环网和以太网等；而支持各协议标准的生产厂商竞争激烈，未能形成统一的标准。IEEE 802 委员会因此被迫制定了多个不同的局域网标准，即 802.4 令牌总线网、802.5 令牌环网和 802.3 以太网等，这些标准内容跟媒体使用控制方式有关，所以被称为媒体访问控制子层。同时，为了让数据链路层能跟上层的网络层采用统一的交互方式，IEEE 802 委员会在前面的基础上又增加了一些同上层交互和链路管理的功能，即 802.2 标准，这就是逻辑链路控制子层。

虽然 IEEE 802 委员会是制定局域网标准的机构，但是第一个以太网标准却不是该机构制定的。以太网是在 1975 年由美国施乐（Xerox）公司研制开发并命名的。5 年之后,数据设备公司(DEC)、英特尔公司和施乐公司联合提出了 10Mbps 以太网的相关标准,该标准称为 DIX V1(DIX 是这 3 个公司名称的第一个字母的联合)。1982 年 DIX V1 标准被修订后称为 DIX Ethernet II,即成为现今以太网的一个标准。DIX Ethernet II 也规定了相应的帧格式。上一段提到,IEEE 802 委员会在各厂商的不同局域网标准之上添加了 LLC 子层,所以就对 DIX Ethernet II 的帧格式作了一点点必要的改动,在 1983 年制定了第一个 IEEE 的 10Mbps 以太网标准,即 802.3 标准。(其实,为了让以太网能跟其他类型的局域网互联,还有两种以太网帧格式)。

因此,严格地说,DIX Ethernet II 标准的局域网才算是真正的以太网,毕竟它是最先出现并被命名的,不过,习惯上人们也将 802.3 标准的局域网称为以太网。后面的介绍也将不会去严格区分它们。

由于不同以太网帧格式的存在,以太网卡厂商生产的网卡一般也都需要支持多种帧格式。但是,到了 20 世纪 90 年代以后,以太网打败了其他竞争对手,取得了绝对的主流地位。这样,原来为了适应多种局域网标准的 LLC 子层其实已没有太大意义,于是现在很多厂商生产的网卡上省去了 LLC 子层的协议,仅剩下 MAC 子层的协议。所以本章在讨论以太网的数据链路层时,也基本不去考虑 LLC 子层了,不过在下面的帧格式介绍中,还是会给出 DIX Ethernet II 和 802.3 两种格式的帧。

1. DIX Ethernet Ⅱ 帧

图 3.15 所示为 DIX Ethernet Ⅱ 的帧格式。各字段解释如下。

(1) **目的 MAC 地址**:6 个字节长度,是接收方主机的网卡物理地址。

(2) **源 MAC 地址**:6 个字节长度,是发送方主机的网卡物理地址。

(3) **类型**:两个字节长度,用于指出被封装的数据字段是上层的哪种数据包。如果该字段是 0x0800 则表示数据字段是 IP 数据包,如果该字段是 0x8137 则表示数据字段装的是 Novell 网(曾经流行的分组网)的 IPX 数据包等。其中 0x0800 和 0x8137 都是十六进制数,即"0x"表示紧跟的数值是十六进制形式的。

(4) **数据**:就是由数据链路层的上一层所交下来的数据,当然该数据在上一层也有特定的封装格式,且已按那种格式封装好,只是到了数据链路层,它就被作为 MAC 帧的数据部分了。该字段最小长度为 46 字节,最大为 1500 字节。至于最小长度为什么是 46 字节,是因为最小帧长是 64 字节(见 3.2.1 小节),这样减去其他字段,数据部分最小就是 46 字节了。对于规定最大长度,一方面是为了避免以太网上出现某一个主机长时间占用总线而其他主机长时间不能发送数据的情况,另一方面也考虑到接收方的数据缓冲区溢出问题。

(5) **FCS:帧检验序列**,4 个字节长度,用于接收方检测收到的整个帧是否出错,一般用一种称为**循环冗余校验码 CRC** 的技术实现。

图 3.15 中还显示了 MAC 帧正式发送前需要先发送的同步字节,包括 7 个字节的前同步码和 1 个字节的帧开始定界符。这个在第 2 章的同步技术中也已提过,所以一般不将它归到 MAC 帧的正式字段。

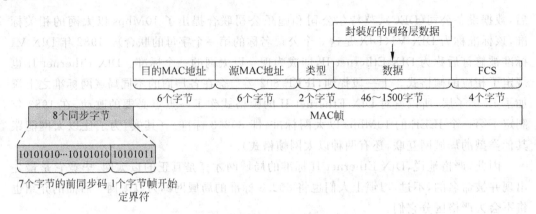

图 3.15　Ethernet II 帧格式

2. IEEE 802.3 帧格式

图 3.16 所示为 IEEE 802.3 帧格式,总体上跟 DIX Ethernet II 的帧格式差不多,但稍有区别,具体有以下几方面。

(1) **长度**:IEEE 802.3 帧将 Ethernet II 帧的类型字段改成了长度字段,即指出该帧数据字段的长度。

(2) **数据**:由于 IEEE 802 委员会在 MAC 层之上又引入了 LLC 层,因此 IEEE 802.3 帧封装的数据字段就不再直接是网络层的数据包了,而是 LLC 层的数据帧,LLC 帧里面封装的数据部分才是网络层的数据(很多时候其实更复杂,不仅仅是网络层数据,这里不再进一步介绍)。LLC 帧的标准编号是 802.2,所以称为 802.2 LLC 帧,其中前 3 个字段都是 1 个字节(如图 3.16 所示),这样 LLC 帧的数据部分长度范围是 43～1497 字节。考虑到 802.2 LLC 帧在以太网中已较少使用,对于其各字段意义不再作介绍。

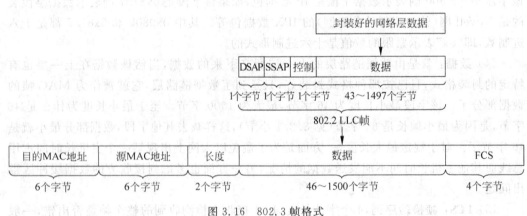

图 3.16　802.3 帧格式

3. 循环冗余校验码 CRC

循环冗余校验码 CRC 是一种广泛使用的有效的差错控制和检测技术,甚至还有纠错功能,只是人们更多的是利用它较强大的检错功能。接下来以具体实例来介绍 CRC 的原理。

首先,有必要介绍一下其中要用到的**模 2 运算**。将模 2 运算符定为"$\oplus$",以一位二进

制为例,模 2 运算规则如下:

$$0\oplus0=0,\quad 0\oplus1=1,\quad 1\oplus0=1,\quad 1\oplus1=0$$

对于上面 4 个式子,大家可以结合正常的加法运算来记忆,其实前面 3 个式子就是一般的加法规则,唯一会觉得奇怪的就是最后一个式子,本来 1 加 1 是 2,只是这里是二进制运算,所以 1 加 1 就是 10,但是模 2 运算要求“光加不进位”,因此 1 加 1 结果就变成了 0。这样的二进制加法也称为**模 2 加**,相应的也有**模 2 减**,特点就是“低位借位,高位不减”。读者可以自己试一下,其实模 2 加和模 2 减的结果是一样的,所以统称模 2 运算。

另外也可以从另一角度来理解和记忆,即模 2 运算就是计算机运算逻辑里面的**异或运算**。异或运算的规则:如果两个相同的二进制位(都是 0 或都是 1)进行异或运算,结果就是 0;相反,两个不同的二进制位(一个是 0 另一个是 1,无前后顺序关系)进行异或运算,结果就是 1。读者可以验证,这跟模 2 运算的效果是一样的。

如果参与模 2 运算的是多位二进制数值,比如 1001 和 1100 进行模 2 运算,那么就**逐位进行模 2 运算**,即:$1001\oplus1100=0101$。

现在正式介绍 CRC 原理。

设要发送的数据是 M＝1011100101,预先设定一个二进制数 P＝110101,然后,在 M 后面添上 5 个 0 得到 2^5M,注意:**添 0 的个数要比给定的 P 的位数少 1**。接着用 2^5M 除以 P,这里的除是**模 2 除**,即在减法部分用模 2 运算。具体演算过程如图 3.17 所示。

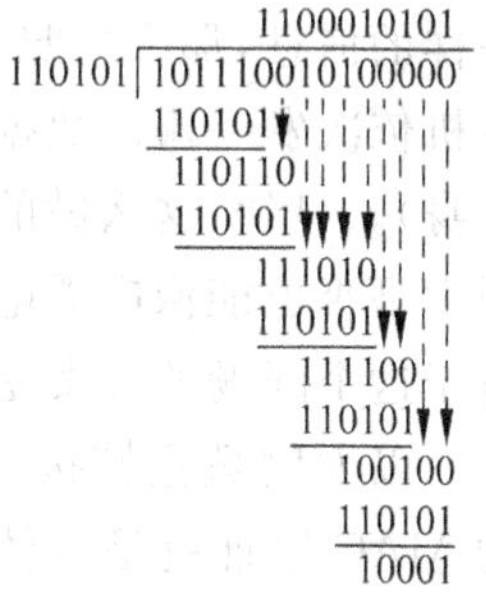

图 3.17　CRC 原理示例

需要注意以下两点。

(1) 在除过程中,具体是商 1 还是商 0 取决于余数的位数是否足够而不是余数是否大于除数。

(2) 假如最后的余数位数不到 5 位,则前面必须用 0 补足 5 位,即**始终保证最终余数位数比除数少 1 位**。本例中余数位数正好,所以无须前面添 0。

运算完之后,将最终的余数 10001 拼接到要发送的数据 M 之后,得到数据串 101110010110001,这个就是最终将发送出去的带校验码的数据。这里的**余数 10001 就是本例要发送数据的校验码**,即 CRC 校验码。

接收方会将收到的数据串 101110010110001 作为被除数,将同样的 P＝110101 作为除数,按照图 3.17 方式进行模 2 除运算。如果运算结果余数为 00000(即为 0),则表明收到的数据就是发送方发送的正确数据;不然,如果余数不为 0,则表明数据在发送过程中已出错,而且,如果出错数据只有一位,还能根据余数的具体值知道是哪一位出了错。但是 CRC 对多位数据出错无法判断。

这里还有以下几点需要指出。

(1) 除数 P 是预先设定的,一旦确定后,一般不再更改,也就是说,不管要发送的数据串 M 是多少,P 是不变的,这意味着校验码位数(比 P 少 1 位)也不会变了。

(2) 发送方和接收方的除数 P 必须是相同的。

(3) 即使接收方经检验运算后,余数是 0,也并不一定说明数据传输中无差错。但是通过精心挑选除数 P 并使 P 有足够的位数,这种概率可以小到忽略不计。

关于除数 P，人们一般以多项式的形式给出。如前面的 P＝110101，对应的多项式写法是：$X^5＋X^4＋X^2＋1$。两者之间的转换关系是 $110101＝2^5＋2^4＋2^2＋2^0＝2^5＋2^4＋2^2＋1$，然后将式中的 2 换成 X 即可（当然，要反过来转换也很简单）。

讲完了 CRC，部分读者可能还觉得跟 MAC 帧中的 FCS 有距离。其实 MAC 帧中的 FCS 就是 CRC 校验码，只是有 4 个字节，即 32 位长度，讲解时为了方便用的是长度为 5 位的情况。上面例子中的除数 P 是 6 位，而在 MAC 帧应用中，这个相应的除数 P 肯定是 33 位。MAC 帧中除了 FCS 之外的部分就是要发送的数据 M，只不过这个 M 比上面例子中的 M 要长很多。

3.2.4 以太网的广播

前面所讲的以太网内的主机通信其实都是**单播**通信，即一台主机发送另一台主机接收，所谓**一对一的数据传输**。假如，现在有一台主机想给以太网上其他所有主机发送一条一样的信息，那么按照单播的做法，只能是先封装帧，然后对以太网上除自身外的每一台主机依次发一遍该数据帧。如果以太网上有 50 台主机，那么就得发 49 遍（除发送给主机本身）。显然，这么做的效率很低。由于帧的数据内容是一样的，很自然地就想到，在以太网中是否也能像广播电台的广播一样，只发送一次，就能将信息送到所有的目的地对象？对于这个问题的答案是肯定的，这就是以太网的广播。

以太网数据帧按照目的 MAC 地址可以分为两类：**单播帧**和**广播帧**。单播帧的目的 MAC 地址就是具体某台主机的 MAC 地址，主机发送单播帧时，就是通常的主机间一对一的数据传输，称为**单播通信**（简称**单播**）。广播帧的目的 MAC 地址不是任何一台主机的 MAC 地址，而是**一个 48 位全是 1 的二进制数据串**，用十六进制表示就是 FF-FF-FF-FF-FF-FF。如果某主机发送了一个广播帧，那么该主机所在以太网上的其他所有主机都会接收该数据帧，也就是一对多的数据传输，称为**广播通信**（简称**广播**）。

为了更好地理解广播，将它和单播对比，如图 3.18 所示。

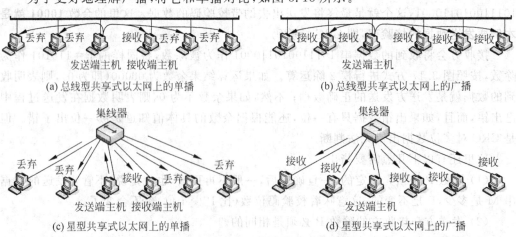

(a) 总线型共享式以太网上的单播

(b) 总线型共享式以太网上的广播

(c) 星型共享式以太网上的单播

(d) 星型共享式以太网上的广播

图 3.18　以太网的单播和广播

两者进一步阐述如下。

（1）对于单播情况：发送端主机发送一个到特定目的主机的单播帧，虽然集线器会以广播的形式将该帧信号转发到其他所有端口，即转发到了其他所有主机，但是根据帧中的目的 MAC 地址，只有对应的目的主机才会接收该帧。所以**共享式以太网上的单播在表象上有点像广播，但实质就是一对一的单播**。

（2）对于广播：发送端主机发送一个广播帧，目的地就是本以太网内所有其他主机。集线器会以广播的形式转发该帧，其他主机检测到这是一个广播帧也都会完整接收，即为真正的广播。

（3）一个共享式以太网在作为一个冲突域的同时，还是一个**广播域**。在一个广播域内，任何一台主机发送广播帧，都能被其他所有主机接收。

其实除了广播，以太网还支持**组播通信**，简单地讲就是可以将数据帧发给特定的若干台主机，这些主机属于一个**组播组**。这里不再作具体要求。

3.3　高速以太网

10Mbps 的以太网的传输速率对局域网的综合应用终究是个瓶颈，构建局域网的本来目的之一就是要使邻近主机间能达到很高的数据传输率。所以以太网不断往更高的速度发展是个必然趋势。到了 20 世纪 90 年代，100Mbps 速度的以太网诞生，在本书中将数据率在 100Mbps 及 100Mbps 以上的以太网称为**高速以太网**。这一节将介绍两种高速以太网：100Mbps 的快速以太网和千兆以太网。为了保护早期的网络投资，高速以太网技术很大程度上保留了传统以太网技术，以便能花尽量少的投资从原有 10Mbps 以太网升级到高速以太网。因此主要介绍高速以太网相对传统以太网的改变和改进的技术。关于这部分内容，读者可以选择性学习，如果对编码原理解释不感兴趣，只需对相关术语和概念有大致了解即可。

3.3.1　快速以太网

1993 年，数据率 100Mbps 的以太网正式问世，习惯上人们将 100Mbps 速率的以太网称为**快速以太网**（Fast Ethernet）。1995 年 IEEE 802 委员会制定了快速以太网的国际标准，编号是 802.3u。从快速以太网开始不再使用同轴电缆作为传输介质，而用的是双绞线和光纤。

用集线器连接的快速双绞线以太网有如下特点。

（1）仍然是一种**共享式以太网**，同样需要采用 **CSMA/CD 协议**。主机间通信仍然是**半双工方式**。

（2）在拓扑结构上，仍然是星型结构或作为其变种的树型结构。

（3）使用和 10Base-T 相同的帧格式，并且保留 64 字节的最小帧长和 1518 字节（包括帧头和帧尾）的最大帧长限制。

（4）由于最小帧长仍是 64 字节，而最小帧长是在整个争用期内所发送的（见 3.2.1 小节中关于帧的长度部分内容），且现在数据率变成了 100Mbps，所以，争用期自然就变成了 $5.12\mu s$（因为 $(64\times8)b\div100Mbps=5.12\mu s$）。也就是说，**快速以太网的争用期是 10Base-T 的十分之一**。

（5）因为争用期 T 降为 $5.12\mu s$，而 $T=2\tau$，τ 是相距最远的两主机之间的信号传播时延，所以 τ 也相应变为 $2.56\mu s$。同时，快速以太网上信号传播速度仍是光速（实际不到光速，但和 10Base-T 时相差无几），这意味着**快速以太网的网络直径也要相应减小到 10Base-T 时的十分之一**（实际中不一定是标准的十分之一）。

（6）仍然要遵循"5-4-3"中继规则。双绞线缆最大长度 100m。

（7）100Mbps 的以太网卡一般也能以 10Mbps 的速度工作。

由上可知，快速以太网保留了对 10Base-T 很大的兼容性。100Base-T 的以太网卡一般也相应地保留了 10Base-T 的功能，并在物理层加入了工作速率自动协商功能，可以和 10Base-T 的以太网卡相连，以 10Mbps 的速率工作，也就是所谓的"10Mbps/100Mbps 自适应网卡"。而快速以太网之所以能达到 100Mbps 的数据率，主要在于物理层改变和双绞线性能的提升。快速以太网具体有 4 种物理层标准：100Base-TX、100Base-T4、100Base-T2 和 100Base-FX。

1. 100Base-TX

100Base-TX 是最流行的快速以太网标准，其技术特点如下。

（1）以五类 UTP 或屏蔽双绞线作为传输媒体，跟 10Base-T 一样，也只用到了 4 对线中的两对。以五类 UTP 传输数据，发送端可以用 125MHz 时钟频率来控制信号发送。

（2）发送数据时，先将数据按照 4B/5B 编码，即每 4 位比特被编码成 5 位比特。由于 4 位比特只有 16 个状态值，而 5 位比特有 32 个状态值，所以 5 位比特还多出 16 个状态值用于传输控制等编码信息（关于 4 比特到 5 比特的具体编码映射不再介绍）。这样编码后，因为每 5 个比特只表示了 4 个比特，因此有效数据信息其实只占了 80%。

（3）经过 4B/5B 编码后，信号按照 BRNZ 编码，然后再进行扰码编码，加扰码是为了信号串中不至于出现太长的连续正电平或连续负电平。

（4）之后为了降低发送到双绞线上的信号的（模拟）频谱能量辐射和信号所占用的双绞线的模拟频带宽度，再对（3）中的信号作"MLT-3"编码（关于 MLT-3 具体规则不再介绍）。

尽管在（3）、（4）中将每 5 位比特串又进行了其他编码，但是每一比特所占的时间宽度没变，依然是一个时钟周期，所以按照 125MHz 的时钟频率，数据率可以达到 125Mbps。然而由于（2）中的 4B/5B 编码，其实每 5 位比特串只有 4 位有效比特信息，这样实际的数据率就是 100Mbps（125Mbps×80%）。关于 100Base-TX 快速以太网能达到 100Mbps 数据率的缘由暂作这样的解释，如图 3.19 所示。

3 个十进制数 0、15 和 2，相应的 4 位二进制表示是 0000、1111 和 0010。然后按照 4B/5B 编码，分别转换成 11110、11101 和 10100，再将这些比特串按照 125MHz 的时钟发送。

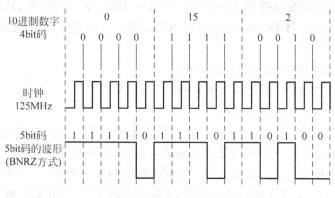

图 3.19　100Base-TX

2. 100Base-T4

100Base-T4 采用三类、四类或五类 UTP 作为传输媒体,这是为了保留已有三类线的布线资源而制定的标准。关于 100Base-T4 快速以太网的 100Mbps 的数据率解释如下。

(1) 线缆中的 4 对导线全部用于传输信号,其中 3 对用于数据传输,剩下一对用于检测信号冲突。

(2) 每对线按照 25MHz 的时钟频率发送数据,每个码元占一个时钟周期,即传输波特率就是 25MBaud,由于采用 8B/6T 编码,每 8 位二进制数编码成一个 6 位的三进制数,因此码元信息量是 8/6,那么每对线比特率就是 33.3Mbps(25MBaud×8/6)。因为 3 对线同时传输,所以总的数据率就是 100Mbps。

3. 100Base-T2

100Base-T2 标准的快速以太网也是以三类、四类或五类 UTP 作为传输介质,但只用到线缆中的两对导线,一对发送数据另一对接收数据。只用三类 UTP 的两对导线传输数据却能达到 100Mbps 的数据率,是因为采用了 PAM5x5 的 5 电平编码方案。该编码方案将每 4 个比特由一个电平表示,即码元信息量是 4,时钟频率是 25MHz,同时也是波特率的大小(25MBaud),因此数据率就是 100Mbps(25MBaud×4bit)。编码具体规则细节相当复杂,不再作介绍。

4. 100Base-FX

100Base-FX 快速以太网以光纤作为传输媒体,可作为局域网高速主干网。传输时用两根光纤,一根用于发送数据,另一根用于接收数据。在信号编码上,100Base-FX 和 100Base-TX 类似。但是由于光纤的优越性能,在不用中继器的情况下,单根光纤的传输距离要比双绞线远得多(具体看光纤的型号和性能指标)。

3.3.2　千兆以太网

千兆以太网也称为**吉比特以太网**。1996 年,吉比特以太网产品问世,1998 年,IEEE 802

委员会正式发布 **1000Base-X** 以太网标准，编号是 **802.3z**。1999 年，IEEE 又发布了另一个千兆以太网标准 **1000Base-T**，编号是 **802.3ab**。这就是千兆以太网的两个物理层标准。

关于千兆以太网的数据链路层技术特点如下。

(1) 若在半双工方式下，仍需使用 CSMA/CD。

(2) 仍使用 10Base-T 的数据帧格式。

(3) 保留 64 字节的最小帧长和 1518 字节的最大帧长。由于传输速率是 1000Mbps 且仍保留 CSMA/CD，因此类似快速以太网的情况，争用期将变为 10Base-T 时的 1/100。但是这样一来，千兆以太网的网络直径（或网络范围）将变得更加小（差不多只有 10m），使得失去了网络的意义。为了解决这个问题，千兆以太网采用了"**载波延伸**"的方法。

(4) 载波延伸的具体做法如下。争用期定为 $4.096\mu s$，即实际最少将发送 512 字节长度的帧，接收方将收到的所有小于 512 字节的帧丢弃。如果发送方要发送的数据确实不到 512 字节，那么在帧后面用特殊字符填充直到满 512 字节。接收方收到长度是 512 字节的帧后，识别出这些填充字符并丢弃，留下真正的有效数据，如图 3.20 所示。

图 3.20 载波延伸示意图

1. 1000Base-X

1000Base-X 可以分为 3 种，即 **1000Base-SX**、**1000Base-LX** 和 **1000Base-CX**。

(1) **1000Base-SX**：只使用多模光纤作为传输媒体，光纤直径可以是 $62.5\mu m$ 或 $50\mu m$，工作波长为 $770\sim860nm$（SX 表示短波长），传输距离为 $220\sim550m$。

(2) **1000Base-LX**：以多模光纤或单模光纤作为传输介质。采用直径为 $62.5\mu m$ 或 $50\mu m$ 的多模光纤时，工作波长范围为 $1270\sim1355nm$（LX 表示长波长），传输距离为 $550m$。用直径为 $9\mu m$ 或 $10\mu m$ 的单模光纤时，工作波长范围为 $1270\sim1355nm$，传输距离为 5km 左右。

(3) **1000Base-CX**：以 150Ω 的屏蔽双绞线 STP（一种高速双绞线铜缆）作为传输介质，但是传输距离只有 $25m$。

光纤和屏蔽双绞线的性能允许有很高的信号传输频率，因此在发送端可以用必要高的时钟频率来发送数据。**1000Base-SX**、**1000Base-LX** 和 **1000Base-CX** 物理层编码都采用 8B/10B 方案，即将每 8 位比特映射成 10 位比特，具体规则不再详细介绍。

2. 1000Base-T

1000Base-T 主要是为了保护五类 UTP 的已布线资源而设计的。关于 1000Base-T 的 1000Mbps 速率解释如下。

（1）利用五类 UTP 线缆上的所有 4 对导线发送数据。线缆最大长度为 100m。

（2）每一对的发送时钟频率是 125MHz。

（3）采用 5 级 PAM 制编码方案。5 级 PAM 制编码使用－2、－1、0、＋1、＋2 共 5 种电平，其中 4 个电平用于信号编码，一个电平用于前向纠错编码。每一个电平代表两位比特，即码元信息量是 2，每个码元占一个时钟周期，即波特率是 125MBaud。

（4）4 对导线总的比特率就是 125MBaud×2bit×4＝1000Mbps。

3. 1000Base-TX

1000Base-TX 是另一种较新的千兆以太网标准，它必须以六类双绞线为传输媒体，因为五类和超五类双绞线的最高传输频率达不到要求。虽然 1000Base-TX 也用到了线缆中所有 4 对导线，但是只用其中两对发送数据而另两对接收数据。

3.4　交换式以太网

从共享式以太网到交换式以太网

前面 3.1 节介绍的 10Base-T 以太网是用**集线器**连接的**共享式以太网**，主机间通信是按照**半双工**的方式进行的。而从 100Base-T 以太网开始，人们更多的是使用另一种新的连接设备——**交换机**（Switch），不过在 3.2 节介绍 100Base-T 时，为了强调和 10Base-T 的兼容性，还是在以集线器连接的情况下来阐述的。当然，**用集线器连接的 100Base-T 仍然是共享式以太网**，主机间通信仍是半双工的，只不过传输速率是 10Base-T 的 10 倍而已。对于作为主干局域网络的千兆以太网，一般已不再用集线器连接，而是用交换机。**用交换机连接的以太网一般就称为交换式以太网**。如图 3.21 所示，要将共享式以太网转变成交换式以太网很简单，只需将连接设备集线器替换成交换机就可以了。虽然从拓扑结构上，交换机替换掉集线器后仍然是一个星型结构，但是在工作机理上，交换式以太网跟共享式以太网有本质上的不同。在 3.2.2 小节中已讲过，从层次归类上，集线器是一个物理层的设备，即它只具备物理层的功能。而这里提到的**交换机是一种数据链路层设备**，即它具备数据链路层和物理层两层功能。集线器和交换机在工作协议层次上的不同就决定了交换式以太网和共享式以太网在工作机理上的本质不同。下面以交换机为核心来介绍交换式以太网。

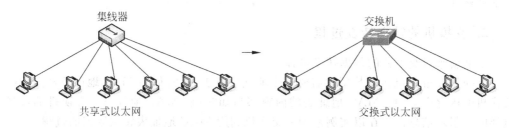

图 3.21　从共享式以太网到交换式以太网

3.4.1 交换机的数据转发

1. 交换机工作层次

在介绍交换机功能时，有必要将它跟集线器进行对比，这对理解共享式以太网和交换式以太网都有意义。首先需要指出的是，交换机有一定的存储空间，可以把它看做是内存空间，因此它具备数据暂存能力。而之前讲的集线器（包括更前面的中继器也一样）基本不具备存储能力。其实那些可编程可网管的交换机还自带（特殊）操作系统和相应软件，所以它们本身就是第 1 章所提到的广度意义上的计算机，属于专用计算机。

交换机转发的数据单位是一个数据帧，这跟集线器转发的是信号单位有着本质的不同。也就是说，交换机先将从发送端主机过来的比特信号收集起来拼成一个帧，然后再转发，而不像集线器那样，收到一个比特就转发一个比特。而且在转发数据时，交换机也不是像集线器那样盲目转发到其他所有端口，而是有目的地从某一个端口转发出去。从协议层次上，这两者对比如图 3.22 所示。

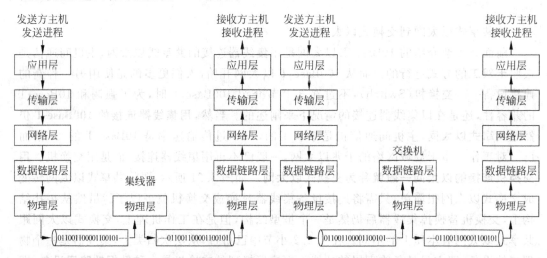

图 3.22 交换机和集线器的功能层次对比

图 3.22 就是交换机和集线器的协议层次的比较（这里是按照五层体系画的）。集线器只识别比特信息，即单个二进制位信号，而交换机不但识别比特信息还能识别数据链路层的帧格式。

2. 交换机的数据转发过程

下面就来看交换机的数据转发过程。

交换机在帮主机转发数据时需要一张地址信息表，通常称为 **MAC 地址表**，它暂存于交换机的内存空间中。MAC 地址表的内容都是如"主机 MAC 地址——交换机端口号"这样的映射对信息。现在以实例来阐述交换机利用 MAC 地址表转发数据的过程。

图 3.23 是交换机转发数据的示例图。图 3.23 中的交换机连接了 4 台 PC 主机，组成一个小型的交换式以太网，当然，在连更多主机时原理还是一样的。为描述方便起见，

70

将这 4 台主机分别称为 PC1、PC2、PC3 和 PC4，它们分别连到了交换机的端口 2、端口 10、端口 16 和端口 24。4 台主机各自的网卡物理地址（MAC 地址）也已标于图 3.23 中。图中的 MAC 地址表就是交换机所存储的关于各主机的地址和所连交换机端口的对应关系。比如表中第一行显示 MAC 地址"00-50-56-C0-00-08"对应的交换机端口是 16，而"00-50-56-C0-00-08"是 PC3 的网卡物理地址，所以这一行信息其实就表示主机 PC3 和交换机的端口 16 相连。

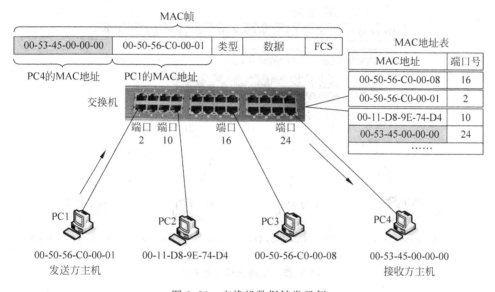

图 3.23　交换机数据转发示例

假如现在在 PC1 要发送数据给 PC4，过程如下。

（1）PC1 会先封装好要发送的数据帧，这个帧的目的 MAC 地址自然是 PC4 的 MAC 地址，而源 MAC 地址就是 PC1 自己的 MAC 地址，如图 3.24 所示。

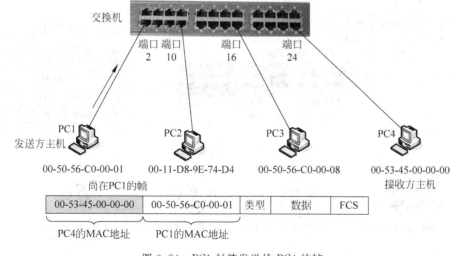

图 3.24　PC1 封装发送给 PC4 的帧

（2）PC1 将封装好的数据帧发往交换机的端口 2，当然具体发送时还是由物理层分比特传送的。

（3）交换机收到 PC1 的信号不会急于转发，而是会收完整个帧的数据信号再决定由哪个端口转发出去，如图 3.25 所示。用一句形象的话说就是"三思而后行"，不像集线器刚接到信号还没弄清楚该转发到哪个端口就盲目转发了（所以它也只能转发到除接收端口外的其他所有端口）。

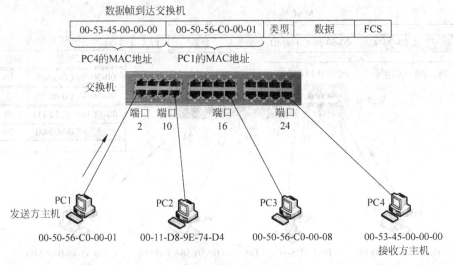

图 3.25　交换机收完数据帧

（4）交换机收完整个帧之后，会利用帧中的 FCS 字段**对该帧进行差错校验。如果校验后发现出错则丢弃该帧不再转发**。如果校验无误，接着会用帧中的目的 MAC 地址去找 MAC 地址表中的对应项，以确定该帧的转发端口。假设本例发送无差错，那么交换机就会按目的 MAC 地址查找 MAC 地址表，最后确定应该将该帧从端口 24 转发出去，如图 3.26 灰色部分所示。

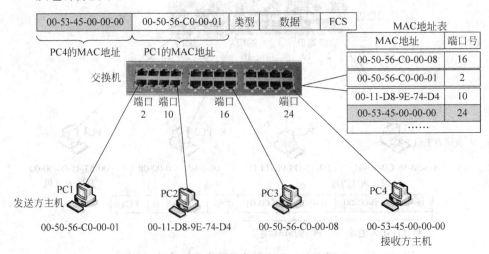

图 3.26　交换机查找 MAC 表确定转发端口

（5）之后就是交换机从端口 24 将帧发给主机 PC4，如此顺利完成转发任务，如图 3.27 所示。

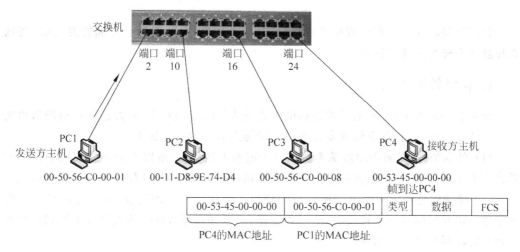

图 3.27　数据帧到达目的地主机 PC4

这就是 PC1 发数据给 PC4 时交换机的工作过程，对于 PC4 回信给 PC1 或者其他主机间通信，都是同样的原理。

根据上面的演示过程，可以看出：PC1 和 PC4 通信时，在 PC2 和 PC3 所连的线路以及相应交换机端口上不会有数据信号出现。也就是说，在 PC1 和 PC4 传输数据的同时，PC2 和 PC3 之间也可以传输数据，即它们的通信线路不是共享的，并不会出现信号冲突。这就是交换式以太网跟用集线器连接的共享式以太网的本质区别。

到这里，可能有读者会问：上面例子中，PC1 在给 PC4 发数据的同时，如果 PC2 正好也发数据给 PC4 会怎么样？

确实，PC1 的帧信号和 PC2 的帧信号不会同时送往端口 24，即不会同时出现在到 PC4 的链路上，因为那样也会引起信号冲突。但是这并不影响 PC1 和 PC2 的正常发送，之前已说了，交换机有内存空间，因此它可以同时接收 PC1 和 PC2 过来的数据帧，然后将这两个帧暂时放于内存，确定了转发端口后，发现虽然都是端口 24，但可以轮流转发这两个帧（如先转发 PC1 的帧再转发 PC2 的帧，或者是相反次序，一般是采用先来先转发的方式，即所谓的**先来先服务算法**）。因此，即使同时 PC3（甚至更多主机）也要发数据给 PC4 也没关系，都是暂存内存后轮流转发，只要在交换机的内存容量之内都不成问题（在网络设计合理的前提下，一般的交换机基本都能适应这种情况）。显然对于这一点，集线器是做不到的，因为它没有交换机的存储能力，一旦接收到信号就进行转发，势必引起信号冲突。

顺便指出一下，早期还有另外一种数据链路层的连接设备，称为**网桥**。在工作原理上，网桥基本和这里的交换机类似，但是网桥的端口一般没有交换机多，大多只有两个端口。

3.4.2　交换机的 3 种数据转发方式

其实交换机在具体实现数据转发时,可以有 3 种方式,分别称为**存储转发方式**、**直通式转发**和**无碎片直通式转发**。

1. 存储转发方式

前一节的介绍中,交换机转发数据的方式是先暂时存储整个帧,经过差错检测后再决定是否转发,这其实就是**存储转发方式**。存储转发方式的特点如下。

(1) **可靠性好**,节省网络线路带宽。因为能有差错检查,所以不会转发无用的帧。如果转发了无用帧,到了接收方经过检查发现有错还是会被丢弃,这样反而浪费线路带宽。

(2) **传输时延较大**。因为交换机检测到第一个信号不立即转发,而是先将整个帧收下来然后再花时间进行差错校验,所以肯定花去一定的时间,这样从发送方主机到接收方主机的传输时延势必也加大了。

2. 直通式转发

所谓的直通式转发是这样一种情况,交换机检测到某主机发来的第一个信号后也不会立即转发,但是不会等到该帧所有比特都接收后才转发,而是等接收了该帧的前 6 个字节(不包括最前面的 8 个同步字节)后就开始转发。按照 MAC 帧的封装格式,最前面的 6 个字节是目的 MAC 地址。也就是说,交换机一旦知道目的主机的物理地址之后即查找 MAC 地址表,找到相应端口后即开始转发该帧。这样,交换机其实是一边在接收一边已在转发了,如图 3.28 所示。

如图 3.28(a)显示的是交换机接收 6 个字节的目的 MAC 地址的阶段,此时只接收(如箭头示);图 3.28(b)显示的是在接收完目的 MAC 地址并查找到转发端口后,即开始边接收边转发阶段。当然严格地说,在接收完目的 MAC 地址后,根据目的 MAC 地址查找 MAC 地址表(以确定转发端口)的时候,交换机也在接收数据帧,只是这个过程很短。

直通式转发方式的特点如下。

(1) **可靠性差**,网络带宽浪费较多。因为直通式转发一旦接收到目的 MAC 地址并确定转发端口后即转发,不能对帧进行差错校验,所以会发送一些不必要的错误帧。同时,如果该交换式以太网还和其他共享式以太网互联的话,由于直通式转发只接收了前 6 个字节即转发,因此免不了会转发一些因发生信号冲突所导致的长度不到 64 字节的残帧(关于残帧见 3.2.1 小节中帧的长度部分内容)。如图 3.29 所示,如果 PC4 发数据给PC5,同时有 PC6 发数据给 PC2,那么两者的信号会在集线器上冲突,但是 PC6 因冲突停发后已发送部分的数据(即残帧)仍会到达交换机。这个特点其实和存储转发方式正好相反。

(2) **传输时延小**。有了前面的缺点,也有相应的优点。正因为交换机接收到 6 个字节并确定转发端口后就立即转发,也不进行差错检测,这样就减少了帧在交换机内存的停留时间,自然也就降低了从发送端主机到目的端主机的发送时延。

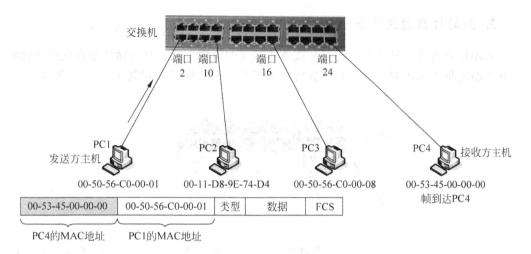

(a) 先接收6个字节的目的MAC地址:

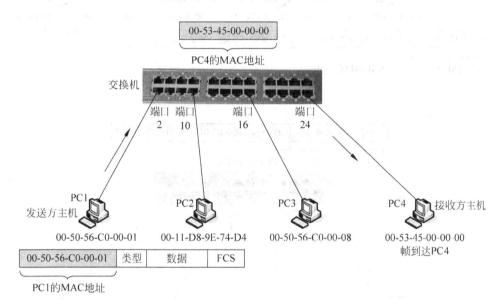

(b) 接收完目的MAC地址查找到转发端口后开始边接收边转发

图 3.28　交换机直通式转发方式

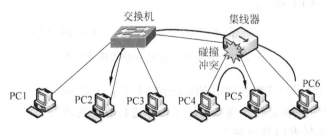

图 3.29　交换式以太网和共享式以太网互联的情况

3. 无碎片直通式转发

无碎片直通式转发是存储转发和直通式转发的折中方式。它的做法是在交换机接收了发送端主机发来的帧的前 64 字节后才开始转发(当然已确定转发端口),如图 3.30所示。

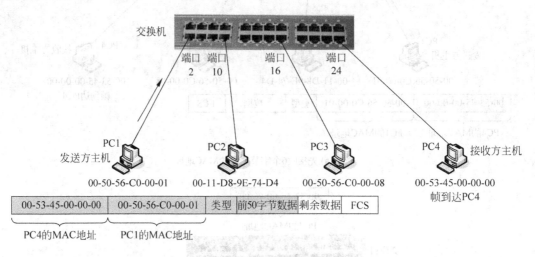

(a) 先接收前64字节

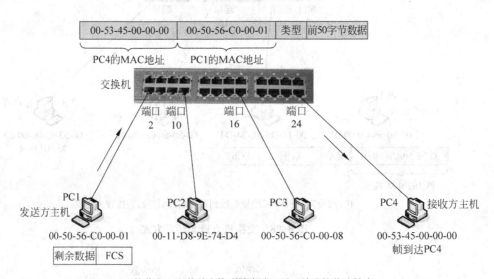

(b) 接收完64字节并查找到转发端口后开始边接收边转发

图 3.30　交换机无碎片直通式转发方式

图 3.30(a)中显示交换机在接收到帧的前 64 字节之前不转发;图 3.30(b)显示交换机在接收完 64 字节并确定转发端口后即开始一边接收一边转发。

无碎片直通式转发的特点如下。

(1) **线路带宽浪费相对直通式转发要少很多,但比存储转发要多。**显然无碎片直通式不会再转发残帧(即碎片),因为它必须先接收 64 字节,而残帧都不到 64 字节。但是由于仍然没有接收完整个帧即转发,因此也无法校验差错,还是可能会转发错误帧。

(2)传输时延小于存储转发式,接近于直通式。这个也很明显,不再赘述。

3.4.3　交换机的地址学习

在前面 3.4.1 小节讲述交换机的数据转发过程时,其实事先假定了交换机内存中已经存储了关于所在以太网络的 MAC 地址表,也就是交换机已经知道了所连主机和对应的交换机端口号。但是事实上,交换机一开始是没有这张 MAC 地址表的(也可以理解为这张 MAC 地址表的内容是空的),因为交换机在连入某个以太网络之前,根本不知道会连接哪些主机,所以也不会知道所连主机是什么 MAC 地址。那么 MAC 地址表的内容是怎么来的呢? 这就是这一小节要介绍的内容。

1. MAC 地址学习

交换机的 MAC 地址表是通过自己学习而获得的,这也是交换机优于集线器的主要地方。现在还是以图 3.23 的以太网络为例,来阐述交换机的 MAC 地址学习过程。

(1)假设交换机刚连入网络,那么它的 MAC 地址表是空的,如图 3.31 所示。

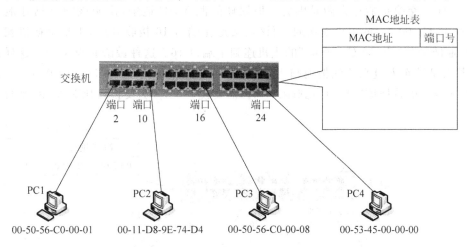

图 3.31　交换机刚连入网络时的 MAC 地址表内容状态

(2)假如现在 PC3 要发送数据给 PC1,封装相应数据帧并发送到(也只能发送到)交换机的端口 16,如图 3.32 所示(这里为图示方便以存储转发方式为例,这并不影响交换机学习机制的一般性)。

(3)收到 PC3 的帧之后,按照前面的数据转发原理,交换机会将其中的目的 MAC 地址"00-50-56-C0-00-01"取出,然后在 MAC 地址表中查找对应项。显然,由于表内容为空,交换机不可能找到,这时候交换机会跟集线器的做法一样,将该帧转发到除端口 16 外的其他所有端口(当然只有 PC1 会接收)。不过在转发之前,交换机还会做一件事,就是将该帧的源 MAC 地址"00-50-56-C0-00-08"也取出来,并且也会在 MAC 地址表中找其对

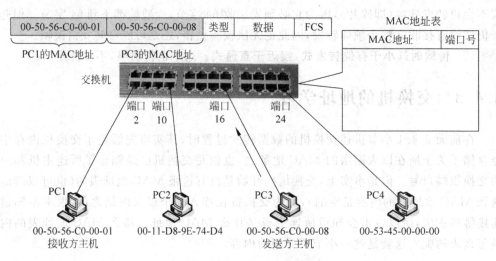

图 3.32　PC3 将发给 PC1 的数据帧发到交换机

应项。当然,现在也不可能找到,于是交换机会将"00-50-56-C0-00-08　16"这样一个映射对信息存入 MAC 地址表(如图 3.33 所示),这就是交换机学习到的第一个 MAC 地址,这个映射对信息就表示网卡物理地址是"00-50-56-C0-00-08"的主机连到了交换机的端口 16。交换机能这么做是因为:根据帧的源 MAC 地址,说明该帧是物理地址为"00-50-56-C0-00-08"的主机发送的,而该帧又是在端口 16 接收到的,于是交换机就认为MAC 地址是"00-50-56-C0-00-08"的主机连到了端口 16。这种做法有点类似于这样的感觉:某人是从东方过来的就把他归为东方人。而这里:源地址"00-50-56-C0-00-08"是从端口 16 进来的就把该地址对应到端口 16。需要说一下,因为交换机比对 MAC 地址表的

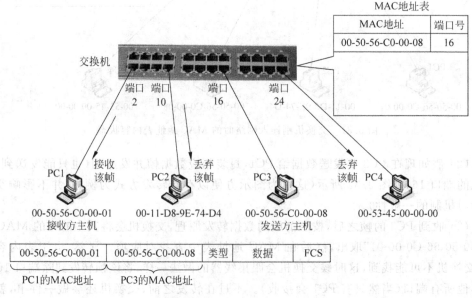

图 3.33　交换机学习到 PC3 的 MAC 地址与对应端口

过程一般用硬件实现,在 MAC 地址表中找源 MAC 地址的对应项和找目的 MAC 地址的对应项往往同时进行,所以其实速度很快。

(4) 之后,假如 PC1 回信给 PC3,当然也封装相应的帧并发送到交换机的端口 2,如图 3.34 所示。

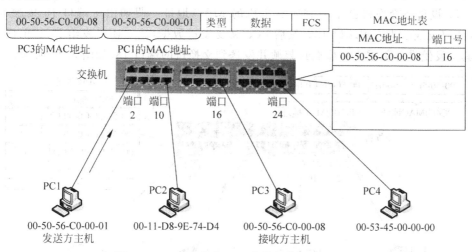

图 3.34　PC1 将发给 PC3 的数据帧发到交换机

(5) 同样道理,交换机收到 PC1 给 PC3 的帧之后,也会取出源 MAC 地址和目的 MAC 地址分别比对 MAC 地址表。只是现在目的 MAC 地址"00-50-56-C0-00-08"能找到对应项,因此可以将数据帧按照对应端口 16 转发出去,不需要再转发到其他所有端口;而源 MAC 地址"00-50-56-C0-00-01"显然找不到,且该帧是在端口 2 收到,于是就在 MAC 地址表中存入"00-50-56-C0-00-01　2"这个信息对,即学习到了第二个 MAC 地址,如图 3.35 所示。

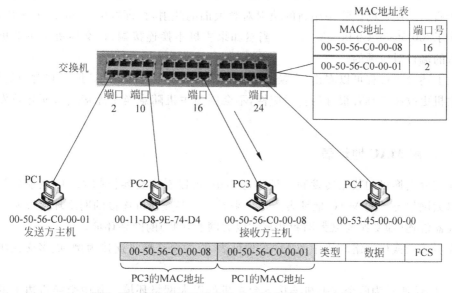

图 3.35　交换机学习到 PC1 的 MAC 地址与对应端口

（6）照此方式进行，一段时间后，只要每一台主机都发送过数据了，交换机将学习到所有主机的 MAC 地址（如 3.4.1 小节中的图 3.23 所示）。从前面的分析可以看出，交换机对某个主机的 MAC 地址的学习是在该主机发送数据时（不用管是发给哪台主机）学的，而不是在该主机接收数据的时候。

（7）设现在交换机已学习完所有主机的 MAC 地址。假如由于端口 16 接触不良，PC3 的双绞线改为连到端口 18。然后 PC3 又要发送数据，比如还是发给 PC1（前面已讲过，其实发给谁并不重要），那么封装帧并发送到交换机的端口 18，如图 3.36 所示。

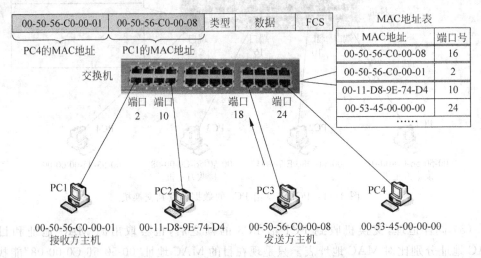

图 3.36　PC3 更换连接端口后再发送数据给 PC1

（8）同样，交换机收到上述数据帧后取出目的 MAC 地址和源 MAC 地址。对于目的 MAC 地址没有问题，照常转发。而对于源 MAC 地址，在查找表中对应项时发现有对应项"00-50-56-C0-00-08　16"，而现在地址"00-50-56-C0-00-08"是在端口 18 收到的，两者发生矛盾。交换机的做法是用新的映射对替换旧的映射对，即"00-50-56-C0-00-08 16"被替换成了"00-50-56-C0-00-08　18"。当然如果主机不换连接端口，交换机是不会更改相应主机的端口对应项的。

从上述分析过程可以看出，交换机不但自学习所连主机的 MAC 地址和对应端口，而且对主机更改端口具有很好的自适应性，不会因为主机随意换了连接端口而导致发错目的地。

2. 理解 MAC 地址表

在前面交换机的数据转发和地址学习当中，可以看到交换机的 MAC 地址表是纯交换式以太网情况下的 MAC 地址表。接下来看一下多交换机连接的网络环境以及交换机和集线器混连（即交换式以太网和共享式以太网的互联）的网络环境。

先看多交换机网络环境中的 MAC 地址表，以两个交换机连接为例，更多交换机同样原理。

图 3.37 所示为两个交换机连接 5 台主机的以太网络环境。其中交换机边上的数字

表示端口号,即交换机 1(Switch1)的端口 1、2 和 3 分别连 PC1、PC2 和 PC3,交换机 2 的端口 1 和 2 分别连 PC4 和 PC5,而两交换机通过各自的端口 10 相连。图 3.37 中还给出了两个交换机的 MAC 地址表。解释如下。

（1）对于交换机 1,它能学习到 PC1、PC2 和 PC3 的 MAC 地址及对应端口（如图 3.37MAC 地址表所示）,而且只要这 3 台主机发送过数据,不管是发给哪台主机的,交换机 1 都将学习到它们的 MAC 地址。这跟前面单交换机环境一样。

（2）跟前面不一样的是,交换机 1 还学习到了没有直接相连的主机 PC4 和 PC5 的 MAC 地址。但是交换机 1 学习 PC4 和 PC5 的 MAC 地址跟学习另外 3 台时不一样,以 PC4 为例,只有当 PC4 向 PC1、PC2 或 PC3 发送数据时,交换机 1 才能学习到它的 MAC 地址,PC5 也是这样,而 PC4 和 PC5 相互之间发送数据时,交换机 1 是不能学习到它们的 MAC 地址的。

（3）另外,对交换机 1 来说,不管是 PC4 还是 PC5,它们发数据给另外 3 台主机时,数据帧都是从交换机 1 的端口 10 进入的,所以在交换机 1 看来,PC4 和 PC5 都连到了它的端口 10,这就是为什么在交换机 1 的 MAC 地址表中,这两台主机的 MAC 地址对应的端口都是 10 的原因。

（4）类似地,对于交换机 2 的 MAC 地址表及其 MAC 地址学习,就得从交换机 2 的角度来考虑,读者可以作为练习自己分析。

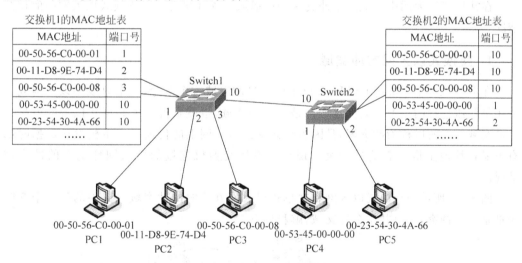

图 3.37　多交换机以太网络环境下的交换机 MAC 地址表

再看交换机和集线器混连的情况,这里以一个交换机连一个集线器为例,设备再多也类似。

图 3.38 所示为交换式以太网和共享式以太网互联时的网络环境。其实该图相对图 3.37 只是将交换机 2 换成了集线器（Hub）,所以这里交换机的 MAC 地址表内容和图 3.37 中交换机 1 的 MAC 地址表内容是一样的。当然,集线器是没法存储 MAC 地址表的。

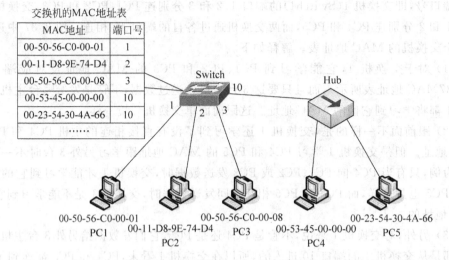

图 3.38　交换机和集线器混连环境下的交换机 MAC 地址表

3.4.4　交换式以太网的冲突域和广播域

在共享式以太网中已提到了冲突域和广播域。现在来看一下交换式以太网中的相关情况。

1．交换式以太网的冲突域

在本章 3.2.1 小节的 CSMA/CD 中已提过冲突域这个概念，一个总线型以太网或一个用集线器连接的星型以太网其实都是一个冲突域，也就是说一个共享式以太网就是一个冲突域。之所以称为冲突域，是因为在共享式以太网上的任何一台主机发送数据时都有可能和其他主机引起信号冲突。现在来看用交换机连接的以太网环境下的冲突域情况。

图 3.39 所示为交换式以太网和共享式以太网互联时的冲突域。其中的每一个椭圆圈都是一个冲突域，总共 4 个冲突域，解释如下。

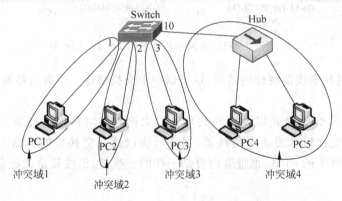

图 3.39　交换式以太网和共享式以太网互联时的冲突域

（1）因为 PC1、PC2 和 PC3 各自直接连到了交换机的端口 1、2 和 3，所以按照前面的交换机原理，这 3 台主机之间不会发生信号冲突，也就是说它们不在一个冲突域上。事实上，PC1、PC2 和 PC3 自成一个冲突域，一般也可以说是交换机的端口 1、端口 2 和端口 3 各自成一个冲突域。

（2）PC4 和 PC5 一起连到了集线器上。这样 PC4 发送数据时很可能 PC5 也正好发送数据，按照集线器原理，两者信号将发生冲突。因此 PC4 和 PC5 是属于一个冲突域的。但是按照交换机的原理，PC4 和 PC5 这两台主机跟 PC1、PC2 和 PC3 这 3 台主机之间是不会发生信号冲突的。这样总共是 4 个冲突域。

（3）据此，称**交换机能分割冲突域**，即将一个以太网络分成多个冲突域。

2. 交换式以太网的广播和广播域

图 3.40 展示了典型以太网环境中主机的单播和广播的例子。

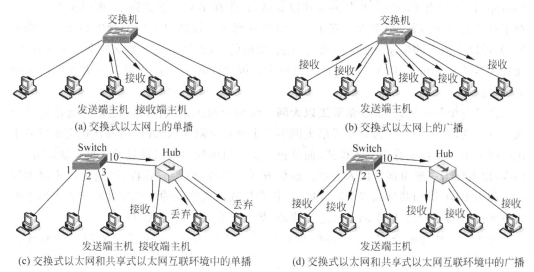

图 3.40　以太网的单播和广播

图 3.40 中各部分解释如下。

（1）图 3.40(a)是纯交换式以太网上的单播。显然，纯交换式以太网上的单播无论在实际效果上还是在转发表象上都是单播。

（2）图 3.40(b)是交换式以太网上的广播。交换机如果收到的是一个广播帧，就不再查找 MAC 地址表，而是直接将该帧转发到除接收端口外的其他所有端口上，其他所有主机也都会接收该广播帧。

（3）对于图 3.40(c)和图 3.40(d)，读者可以结合（1）、（2）以及 3.2.4 小节，自己分析和解释。

（4）从图 3.40 中可以看出，交换机虽然能分割冲突域，但是**不能分割广播域**，用交换机连接的以太网是一个广播域。

3.4.5 全双工以太网

1. 以太网的全双工通信

用交换机替换掉集线器之后还有一个好处就是可以**实现全双工通信**。

在集线器连接的以太网中,虽然双绞线缆多采用一对导线发送数据另一对导线接收数据的方式,发送和接收并不冲突,但是集线器内部线路却没有分开,就只有一条(这跟总线型以太网是一样的,就一条总线)。所以两主机通信只能是半双工的方式。

然而用交换机就不一样了。在交换式以太网上,不但可以让不同主机之间的通信无冲突,而且可以让一对相互通信的主机实现双向同时传输,即全双工通信。不过要实现主机间的全双工通信,光有交换机的支持是不够的,还需要主机网卡的支持。早期的10Mbps 以太网由于网络本身是共享式以太网,只能在半双工方式通信,所以网卡支持全双工也没有意义,所以也多为半双工的 10Mbps 网卡。快速以太网的诞生和交换机的应用,使得以太网上的快速数据交换成为可能,相应的,以太网卡也开始支持全双工模式了,而且大多是 10Mbps/100Mbps 的自适应网卡。因此现在的交换式以太网大多都实现全双工通信。

这里有个新的概念,就是**全双工以太网**。所谓全双工以太网就是主机间通信都是全双工方式的以太网。注意,交换式以太网不一定就是全双工以太网,因为连接交换机的主机的网卡不一定都支持全双工模式,而且很多交换机的端口可以通过设置更改通信方式,同样,以太网卡一般也都可以人为更改通信方式。另外,由于兼容性,快速交换式以太网可以和 10Base-T 的共享式以太网互联,这样交换式以太网上的主机和共享式以太网上的主机通信时,通过两者网卡间的自适应协商,势必以半双工的方式通信。

为了更好地理解全双工以太网,将它和共享式以太网、交换式以太网图例对比如图 3.41 所示。

3 种以太网进一步阐述如下。

(1) 图 3.41(a)是标准的 10Base-T,集线器和主机网卡都是 10Mbps 半双工模式,所以是共享式以太网,需要使用 CSMA/CD。网络总带宽 10Mbps,每台主机分下来的平均带宽只有 1.67Mbps,再考虑到信号的冲突退避时间,其实每台主机的平均带宽远不到1.67Mbps。

(2) 图 3.41(b)是 100Base-T,也是共享式以太网,仍需要使用 CSMA/CD。除了PC3,集线器端口和其他主机的网卡都是 10Mbps/100Mbps 自适应的。集线器端口可以工作在 10Mbps 也可以工作在 100Mbps,但都是半双工方式。而 10Mbps/100Mbps 自适应网卡可以工作在"10Mbps 半双工"、"10Mbps 全双工"、"100Mbps 半双工"和"100Mbps全双工"4 种模式中的任一种,不过由于集线器的关系,全双工是不允许的,所以只有"10Mbps 半双工"和"100Mbps 半双工"两种方式。除 PC3 外的主机之间通信按照100Mbps 速率通信,而这些主机和 PC3 通信时只能按 10Mbps 速率进行。**在速率和双工模式上**,采用能快则快的协商策略。

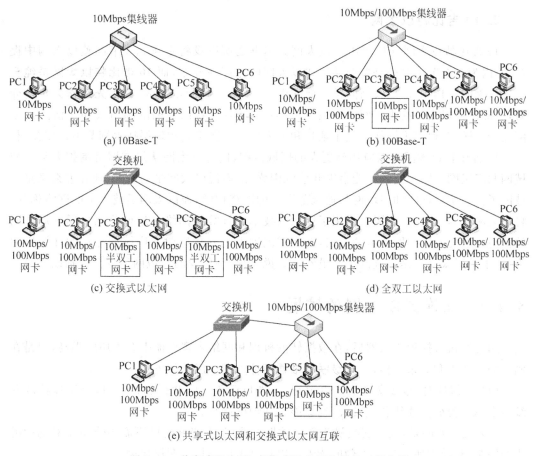

图 3.41　共享式以太网、交换式以太网和全双工以太网

（3）图 3.41（c）是交换式以太网。除了 PC3，交换机每个端口和其他主机的网卡可以工作在"10Mbps 半双工"、"10Mbps 全双工"、"100Mbps 半双工"和"100Mbps 全双工"4 种模式中的任一种。但是主机 PC3 的网卡是早期的 10Mbps 半双工网卡，所以其他主机跟 PC3 通信时只能按照"10Mbps 半双工"的方式。所以这个网络不能算严格的全双工以太网。**如果主机网卡以半双工模式传输，还是需要使用 CSMA/CD 的**。这是因为发送数据和接收数据不能同时进行，所以在发送之前要先检测是否有其他主机发送数据过来。

（4）图 3.41（d）是全双工以太网。所有主机都将按照"100Mbps 全双工"的方式通信。**由于不存在信道争用和信号冲突问题，全双工以太网上的主机其实已不需要 CSMA/CD 了**。假如 6 台主机两两组成 3 对主机，分别相互通信，那么每台主机可以 100Mbps 的数据率发送，并以 100Mbps 的数据率接收，这样网络的总带宽可以达到 600Mbps。将之比较共享式以太网的情况，可见全双工以太网的优越性。

（5）图 3.41（e）是共享式以太网和交换式以太网的一个互联示例。其中各主机之间的通信速率和双工模式，读者可以作为练习自己思考一下。

2. 10 吉比特以太网

10 吉比特以太网，即 10Gbps 以太网。本书之所以没将它在 3.3 节高速以太网中提及，是因为 3.3 节更多的是按照共享式以太网的角度在介绍，而**10 吉比特以太网是纯全双工以太网**。10Gbps 以太网的正式标准于 2002 年 6 月制定完成，**只以光纤作为传输介质**，一般作为以太网的主干网。在数据链路层，10 吉比特以太网的帧格式和之前的以太网完全一样，并保留了同样的最小帧长和最大帧长。至于其物理层技术细节不再作介绍。

10 吉比特以太网可以应用到更大的区域范围，使得以太网从局域网范围扩大到了城域网和广域网范围。读者可能会因此感觉困惑，前面说以太网是局域网，现在怎么又是广域网了？其实局域网和广域网是地域范围上的网络称呼，而以太网是技术上的网络称呼。将以太网归为局域网，是因为采用了以太网技术的计算机网络在地域范围上属于局域网的范畴。但随着以太网技术的发展，在地域范围上能支持组建在广域网范畴的计算机网络了，于是以太网又是广域网了。虽然这么说，但是一般说的广域网很少会包括以太网。

3.4.6 交换式以太网的扩展

用交换机替换掉集线器后，在数据转发机理和网络带宽性能上有了质的提高，但是在网络的扩展上和原来一样，也有**级联**和**堆叠**两种方式。区别如下。

(1) 在级联时，很多交换机做得很智能，端口已不分级联口和扩展口，对于连接的双绞线也不需要分直通线和交叉线，端口能自动识别调整。

(2) 最主要的是，因为交换机工作在数据链路层，在级联时已不需要受"5-4-3"的中继规则限制（对前面所学理解深刻的读者可以自己考虑分析其深层原因）。

(3) 在堆叠中，堆叠交换机的增多不会降低所连主机的平均带宽，因为线路不是争用的。

*3.5 虚拟局域网和无线局域网

3.5.1 虚拟局域网

多个局域网络如图 3.42 所示，图 3.42(a)显示两个交换机分别连了 3 台主机，根据上一节的内容，交换机 1 所连的 3 台主机属于一个局域网络，而交换机 2 所连的 3 台主机也属于同一个局域网络，不过这两个局域网络间是不通的。因此在默认情况下，连到同一个交换机上的所有主机应该都属于同一个局域网络。但是在现实中，人们往往不希望都是这样的，如图 3.42(b)所示，人们可能要求连到同一交换机的主机分属多个局域网络，这里是要求 3 台主机属于一个局域网络，而另 3 台主机属于另一个局域网络，在效果上就像图 3.42(a)中连不同交换机时一样。

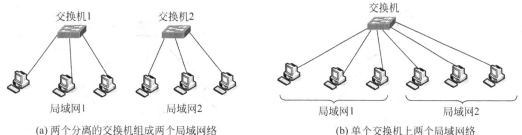

(a) 两个分离的交换机组成两个局域网络   (b) 单个交换机上两个局域网络

图 3.42　多个局域网络

要满足上述的应用要求,人们采用了相应的新技术,即**虚拟局域网**(Virtual Local Area Network,VLAN)技术,它能使连同一交换机的主机分属不同的局域网络,如图 3.42(b),就有两个局域网络。为了跟之前的局域网络有所区别,人们将同一交换机上的各个局域网络称为**虚拟局域网**,而很多时候,人们还会将原来的不采用 VLAN 技术的局域网络称为**物理局域网**。

本书不再对 VLAN 技术作详细的介绍,读者只需知道它能实现图 3.42 的效果就行。其实从实际用户的使用效果来说,虚拟局域网和物理局域网是一样的。如果对于图 3.42(b)的情况不好理解,读者可以想象成交换机被劈成两半的样子,如图 3.43 所示。

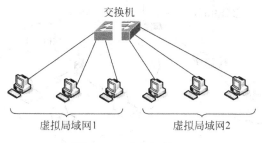

图 3.43　虚拟局域网

顺便指出一下,当今实际的局域网络几乎都用了 VLAN 技术,因此几乎都是虚拟局域网。

3.5.2　无线局域网

前面所讲的局域网络都是以看得见摸得着的物理线路作为传输媒体。然而在现实中有时候可能没有铺设物理线路的条件,如果仍然要组建局域网络,那就需要采用无线传输媒体了。当然既然是局域网,同样需要数据链路层功能。

图 3.44 所示为 5 种无线网络的实例。

(1) 图 3.44(a)是 3 台笔记本通过无线网络适配器直接相连组成一个无连接设备的纯无线局域网。当然可以有更多的笔记本组成更大的无线局域网,而且不一定非用笔记本,只要是带无线网络适配器的主机即可,将这种无线连接模式称为**对等模式**。在逻辑功

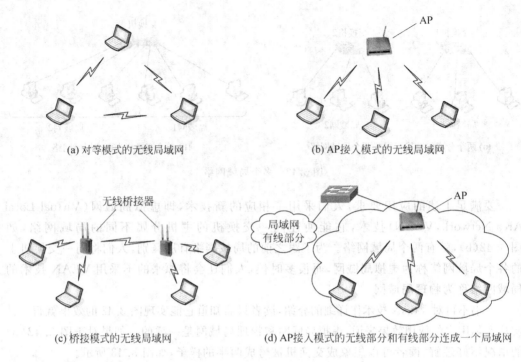

(a) 对等模式的无线局域网　　　　　　　　(b) AP接入模式的无线局域网

(c) 桥接模式的无线局域网　　　(d) AP接入模式的无线部分和有线部分连成一个局域网

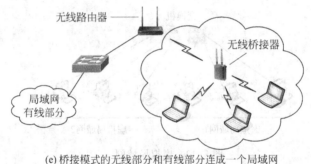

(e) 桥接模式的无线部分和有线部分连成一个局域网

图 3.44　无线局域网

能和原理上,该网络可以看成是一个总线型以太网,只是现在是无线媒体(无线频段),因此也需要有相应的介质访问机制来处理信号冲突。在有线总线型局域网中,采用的是 CSMA/CD 的介质访问机制。由于无线网络适配器不易检测信道冲突,所以无线网络采用了一种稍有区别的介质访问机制,称为**带冲突避免的载波侦听多路访问(CSMA/CA)**。

(2) 图 3.44(b)是用一个称为**无线接入点**的设备连接的无线局域网络。无线接入点又称 Access Point,简称 AP,在功能上可以将它看成一个集线器(Hub),即无线集线器。因此可以将该无线网络看成是一个星型共享式以太网。这种连接模式称为**接入模式**。当然同样需要 CSMA/CA 介质访问机制。

(3) 图 3.44(c)是用两个称为**无线桥接器**的设备所连接的无线局域网络。无线桥接器用于连接多个无线网络,可以看做一个带有 AP 功能的无线交换机。两个无线桥接器分别作为一个无线 AP 连接主机,同时两者又相互桥接,组成更大的无线局域网络。将其中的无线设备用相应功能的有线设备替换掉,可以将这个无线网络看成有线网络形式,如图 3.45 所示。

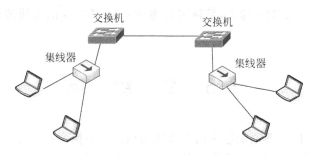

图 3.45 桥接模式的有线网络形式

(4) 图 3.44(d)是无线 AP 连接有线网络和无线网络的例子。类似的也可以将它看成有线网络形式,如图 3.46 所示。

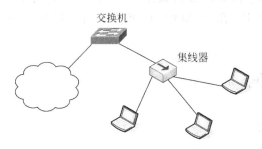

图 3.46 无线 AP 接入模式的有线网络形式

(5) 图 3.44(e)是**无线路由器**用无线方式连接无线桥接器并用有线方式连接交换机的例子。这里的无线路由器包含 AP 功能、无线桥接功能和路由功能。关于路由器及其功能在后面的章节中会有讲述,这里只是为了展示用桥接方式来互联有线网络和无线网络的例子。不考虑路由器的路由部分,替换掉无线设备,可以将该网络看成纯有线连接的网络形式,如图 3.47 所示。

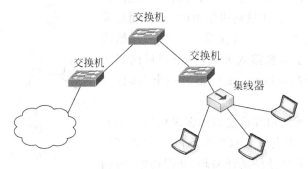

图 3.47 无线路由器用无线和有线连接的有线网络形式

关于上面各无线网络的通信机理,读者可以利用对应的有线网络形式来理解。

关于无线局域网的数据链路层帧格式这里不再作详细介绍(和以太网帧格式不一

样）。而在物理层，主要有 11Mbps 的 802.11b、54Mbps 的 802.11a 和 54Mbps 的 802.11g 这 3 个标准。另外还有一个就是在最近的 2009 年 9 月 11 日刚刚由 IEEE 标准委员会批准通过的 802.11n 标准，号称最高能达到 600Mbps 的无线传输速度，被称为下一代的无线网络。

*3.6 令 牌 网

在局域网领域，除了前面的以太网和无线局域网，还有一种令牌网。然而由于其相对昂贵的价格和组网的不方便，已在激烈的竞争中被淘汰了。虽然如此，令牌网曾经也在局域网领域占有一席之地，甚至一开始在网络性能上还高于早期以太网。

实际的令牌网大致又可分为 IEEE 802.5 标准的**令牌环**、IEEE 802.4 标准的**令牌总线**和 IEEE 802.8 标准的**光纤分布式接口 FDDI** 这 3 类网络。其中，FDDI 很多时候被归到城域网 MAN 领域，在 20 世纪 90 年代中期曾用作一些校园网和企业网的主干网。

3.6.1 令牌环网

1. 令牌环网标准

图 3.48 是令牌环网的图例，令牌环网的基本拓扑结构是环型拓扑，这个拓扑结构是逻辑拓扑结构，实际的令牌环网在物理形态上经常是星型结构。其实，令牌环网最早是由 IBM 公司开发的，而 IEEE 802.5 标准和 IBM 令牌环网完全兼容，但 IEEE 802.5 标准对具体使用的传输介质和网络物理拓扑结构并没有做出规定，所以可能有两个局域网络的传输介质和（或）物理拓扑不相同，但它们都是 IEEE 802.5 标准的令牌环网。

令牌环网上传输的数据单位也是帧，但格式跟以太网帧不一样。令牌环网上的主机对环路的使用跟传统以太网也不一样，不是通过随机争抢的方式，而是采用按次序轮流使用的方式。这就是 3.1 节一开始讲的：传统以太网属于**随机接入**方式，而令牌环网属于**受控接入**方式。令牌环网中，帧只能沿一个方向（绕圈）传输。

实际的令牌环网的物理传输媒体多采用四类的非屏蔽双绞线 UTP 或四类屏蔽双绞线 STP。在物理层的信号编码上采用差分曼彻斯特编码，基带传输，传输

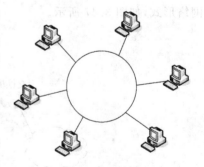

图 3.48 令牌环网

速率可达 16Mbps。从速率上来看，令牌环要比早期的 10Mbps 的以太网快很多，而且不会出现线路争用和信号冲突。

2. 令牌环网数据传输

令牌网上的帧有 3 种类型,分别是**信息帧**、**令牌帧**和**异常中止帧**。信息帧就是一般的装有数据信息的帧;令牌帧其实是没有数据信息的空壳帧;异常中止帧是用于清除线路信息的特殊帧。如图 3.49 所示。

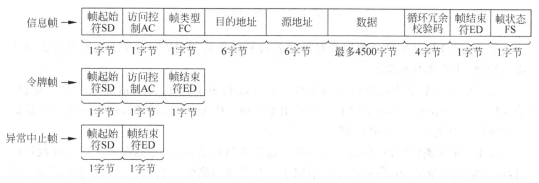

图 3.49　令牌环网帧类型

对于异常中止帧不再作具体介绍。

令牌帧很多时候简称为令牌。令牌环网上的主机想发送数据必须先获得令牌(帧),然后往令牌(帧)中添加要发送的数据信息,也就是将令牌帧变成了信息帧,之后发送该信息帧。信息帧绕令牌环网一圈后,重新回到发送方,此时接收方主机应该已接收该帧,发送方将该信息帧中的数据信息删掉,也就是将它还原为令牌帧,再送出令牌(帧),以便让其他想发送数据的主机获得。如此循环往复。

现在以图 3.50 为例,并结合令牌帧格式来阐述 PC1 向 PC4 发送令牌帧的过程,传输方向按图 3.50 中的曲线箭头所示,图 3.50 中还给出了主机的 MAC 地址,本例的令牌环网也是以 MAC 地址作为帧的目的地址和源地址(这一点跟以太网一样)的。

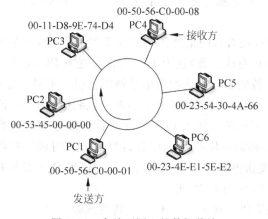

图 3.50　令牌环网上的数据传输

(1) 假如现在 PC1 获得了令牌(帧),且 PC1 也正好有数据要发送,目的地是 PC4。那么 PC1 就封装如图 3.51 所示的令牌数据帧。

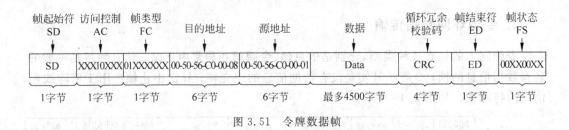

图 3.51 令牌数据帧

① SD 和 ED 分别是令牌帧的起始定界符和结束定界符,至于具体的值因为还涉及编码问题,这里就不再细述。

② AC 是 1 个字节的访问控制字段。从左往右第 4 位是 1,表示这是一个信息帧。第 5 位是 0,表示令牌环网上没有出现因出差错而不断循环兜圈的帧,这一位是用于维护令牌环网。其他 6 位暂不作解释。

③ FC 是帧类型字段,也是 1 个字节。这里前两位是 01,表示这是一个一般的数据信息帧(如果这两位是 00,表示这是一个用于控制管理网络的控制信息帧,同时其余 6 位将指出具体是哪一种控制信息帧,关于控制信息帧不再细述)。

④ 目的地址 00-50-56-C0-00-08:PC4 的 MAC 地址。

⑤ 源地址 00-50-56-C0-00-01:PC1 的 MAC 地址。

⑥ 数据字段,最长 4500 字节,最短无限制(读者可考虑一下:为何令牌环网无须限制最短数据长度,而以太网却有这个限制)。

⑦ 4 个字节的 CRC 校验码字段,这个跟以太网帧是一样的。

⑧ FS 是帧状态字段,长度为 1 个字节,不过只用到了其中 4 位。发送方会将最前面的两位置成 00,第 5 和第 6 位纯粹是最前面两位的复制(这么做是因为 FS 字段不在 CRC 校验范围,传输出错没法检测,所以复制一份以提高可靠性)。

(2) PC1 将封装好的上述数据信息帧发送到 PC2,PC2 接收到该帧,查看目的地址,发现不是发给自己的,于是就直接将它转发到 PC3。同样 PC3 也会将该帧直接转发到 PC4。

(3) PC4 收到该帧,查看目的地址后确定是发给自己的,于是就将该帧的帧状态 FS 字段的第 1 和第 5 位(从左往右数)置为 1,以告诉发送方 PC1 已检测到该帧。当 CRC 校验显示没有出错,就准备复制一份该数据信息帧给自己。但具体是否复制还得看 PC4 当前数据缓存大小,如果数据缓存空间能容下该帧,再将该帧的 FS 字段的第 2 和第 6 位置为 1,以告诉 PC1 已收下该帧。如果 PC4 当前的数据缓存不足以容下该数据信息帧,那么就将 FS 字段的第 2 和第 6 位置为 0,以告诉发送方暂时没法接收该帧(虽然已检测到该帧),其实意味着让发送方减缓帧发送速度。假设这里 PC4 足够接收该帧,那么将转发修改状态后的帧给 PC5,如图 3.52 所示。

(4) PC5、PC6 将跟 PC2 和 PC3 一样直接转发该帧。

(5) 数据信息帧重新回到 PC1。PC1 检查帧状态 FS 发现是 11XX11XX,表明 PC4 已检测到并正常收下该帧,于是 PC1 就将缓存中的该帧的备份删除,并将该帧还原为令牌(帧)。信息帧还原为令牌帧就是将访问控制 AC 字段的第 4 位(从左往右数)置为 0,同

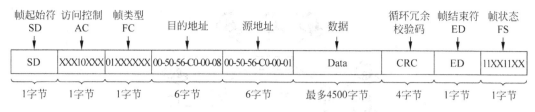

帧起始符 SD	访问控制 AC	帧类型 FC	目的地址	源地址	数据	循环冗余 校验码	帧结束符 ED	帧状态 FS
SD	XXX10XXX	01XXXXXX	00-50-56-C0-00-08	00-50-56-C0-00-01	Data	CRC	ED	11XX11XX
1字节	1字节	1字节	6字节	6字节	最多4500字节	4字节	1字节	1字节

图 3.52 修改状态后的帧

时删除从 FC 到 CRC 的所有字段以及最后的 FS 字段,只剩下 SD、AC 和 ED 这 3 个字段,即 PC1 接着将发送图 3.53 所示的令牌(帧)给 PC2,这意味着 PC1 暂时不能发送数据了,即使还有数据未发送也得暂时释放出令牌。

(6)接下来,如果 PC2 想发送数据就像 PC1 一样发送数据,如果没有数据想发送就将令牌转给 PC3,如此往复。

3. 令牌环状态

上述的数据传输过程其实是在 6 台主机(PC1~PC6)都开机运行的前提下进行的。假如有某台主机没有开机运行,令牌环网会自动跳过该主机,实际上变成一个只有 5 台主机

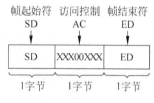

图 3.53 令牌帧

相连的令牌环网,比如图 3.50 中的 PC2 没有开机,那么令牌环就会是如图 3.54 所示情况。

但是,如果是主机运行出现故障的话,就会影响整个令牌环网的数据通信。比如图 3.50 中的主机 PC2 出现故障,信号从 PC1 传到了 PC2,而 PC2 没有反应,不做接下来的相应动作(包括转发数据信息),那么 PC3 将收不到信息,这样意味着整个网络的环路在 PC2 处断掉了,因此也就无法进行正常通信了,如图 3.55 所示。

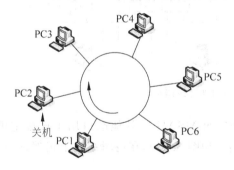

图 3.54 有主机关机时的令牌环网

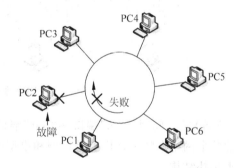

图 3.55 有主机运行故障时的令牌环网

4. 一个令牌环网实例

前面的图 3.48 其实是令牌环网的一个逻辑模型,图 3.56 是 IBM 标准的一个实际令牌环网的示例。

其中主机没有直接连到主环路上,而是连到了被称为**多站访问单元**(Multi-Station Access Unit,MSAU)的连接设备上,MSAU 相互之间再连成一个主环路。关于 MSAU 和主机的连接以及 MSAU 之间的连接情况如图 3.57 所示。

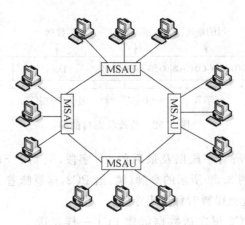

图 3.56 一个 IBM 令牌环网

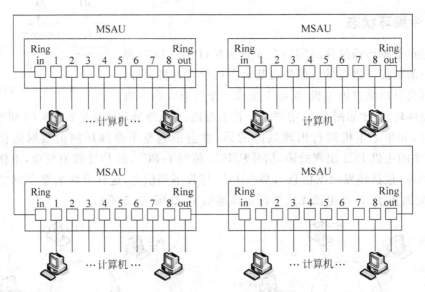

图 3.57 IBM 令牌环网物理连接图示

    MSAU 之间通过"in"端口和"out"端口相连,而 MSAU 中其他端口用于连接主机。虽然整个网络在物理结构上是环型和星型的结合(如图 3.55),在逻辑结构上仍然是一个环型拓扑结构。

3.6.2 令牌总线

    图 3.58 所示为令牌总线网。其中总线使用的**传输介质是 CATV 的 75Ω 的宽带同轴电缆**(即有线电视线缆),传输速度可达 10Mbps。图 3.55 在物理结构上是一个总线型网络,但是在逻辑结构上却是一个环型局域网络,如图中虚线所示,按 A→B→D→E→F→A 方向构成一个环形,其中主机 C 未开机运行。在对总线的介质访问机制上,也采用令牌环标准,所以称该局域网络为**令牌总线**。令牌总线的标准编号是 IEEE 802.4。

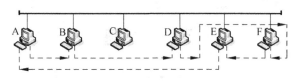

图 3.58 令牌总线网

由于物理结构不是环型,所以令牌总线网比前面纯粹的令牌环网要多一些对主机的连接控制技术(是一些算法),具体的技术细节这里不再阐述。

3.6.3 FDDI

图 3.59 是光纤分布式接口 FDDI 网络的示意图。图中的工作站主机通过 FDDI 集中器设备连到网络上,FDDI 集中器是类似前面令牌环网中 MSAU 的设备。FDDI 范围跨度较大,能达几千米甚至几十千米,所以也常被归到城域网 MAN 的范围讨论。FDDI 诞生于 20 世纪 80 年代末,在 20 世纪 90 年代一度作为一些校园网和企业网的主干网使用,较为流行。但是 FDDI 产品价格昂贵,随着百兆以太网的问世,使用 FDDI 的人越来越少,FDDI 现在差不多已绝迹。

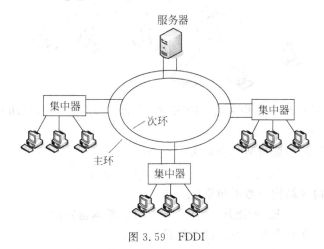

图 3.59 FDDI

FDDI 相关标准编号是 IEEE 802.8,特点简述如下。

(1) 以光纤作为传输介质。

(2) 环型拓扑结构,但是有两条分开独立的光纤环路,一条主环路,一条次环路。正常情况下,用主环路传输数据信息,但主环路故障时改用次环路来传输数据,这样有较好的可靠性。

(3) 物理层采用二级编码,即先按 4B/5B 编码,再用不归零反相编码 NRZ-I 进行编码,关于编码具体细节不再详述。FDDI 数据传输速率可达 100Mbps。

(4) 在介质访问机制上也采用令牌控制技术,和令牌环网类似。FDDI 帧格式和 IEEE 802.5 的令牌环网帧格式也非常接近。

习　题

一、选择题

1. 下列采用随机接入技术的局域网是(　　　)。
A. 令牌环网　　　B. 令牌总线　　　　C. 传统以太网　　　D. FDDI

2. 以下哪种网络以双绞线作为传输介质?(　　　)
A. 10Base-2　　　B. 10Base-T　　　C. 10Base-F　　　D. 10Base-5

3. 10Base-T的网络拓扑结构是(　　　)。
A. 星型　　　B. 总线型　　　　C. 环型　　　　D. 树型

4. 下列哪个设备可以分割冲突域?(　　　)
A. 以太网交换机　B. 调制解调器　　　C. 中继器　　　D. 集线器

5. 下面图示的以太网络有几个冲突域?(　　　)
A. 1个　　　B. 2个　　　　C. 4个　　　　D. 6个

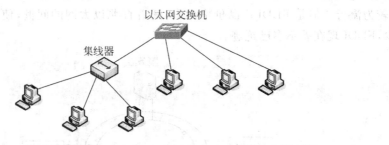

6. 按照OSI/RM体系结构来看,IEEE 802标准定义了(　　　)层功能。
A. 1　　　B. 2　　　C. 3　　　D. 4

7. 数据链路层的数据封装单位称为(　　　)。
A. 帧　　　B. 比特　　　C. 分组　　　D. 报文

8. 局域网的协议结构一般不包括(　　　)。
A. 物理层　　　B. 网络层　　　C. 数据链路层　　　D. 介质访问控制层

9. 下列肯定工作在全双工方式的网络是(　　　)。
A. 传统以太网　　B. 10吉比特以太网　C. 快速以太网　　D. 交换式以太网

10. 局域网中下列哪个设备不能识别和处理帧?(　　　)
A. 网卡　　　B. 网桥　　　C. 以太网交换机　D. 集线器

11. 以太网主机的网络接口卡地址是长度为(　　　)位的二进制。
A. 8　　　B. 16　　　C. 32　　　D. 48

12. 以太网上主机发送的广播帧的目的MAC地址是(　　　)。
A. 00-00-00-00-00-00　　　　B. 11-11-11-11-11-11
C. FF-FF-FF-FF-FF-FF　　　　D. 00-00-00-FF-FF-FF

13. 以太网交换机的每一个端口可以看做一个(　　　)。
A. 阻塞域　　　B. 管理域　　　C. 广播域　　　D. 冲突域

14. 以太网交换机接收到数据帧,如果该帧的目的 MAC 地址在 MAC 地址表中找不到,则(　　)。

A. 把以太网帧复制到所有的端口

B. 把以太网帧单点传送到特定端口

C. 把以太网帧发送到除本端口以外的所有端口

D. 丢弃该数据帧

15. 传统以太网中的争用期 T 是指(　　)。

A. 主机发送数据前监听信号持续的时间

B. 主机边监听边发送所持续的时间

C. 主机检测到信号冲突的最短时间

D. 检测到信号冲突后主机需等待的时间

16. 下列哪种情况需要使用交叉双绞线?(　　)

A. 集线器和集线器级联

B. 交换机和交换机级联

C. 主机和主机之间直连

D. 主机和交换机相连

二、填空题

1. 以太网的介质访问控制技术称为_____,可以将它简单地概括为_____、_____、_____、_____。

2. 交换机之所以能将 MAC 帧转发到正确的端口,是因为有_____表,而该表中的每一项内容是关于_____和端口的对应关系。

3. 以太网网络接口卡的地址又称为_____、_____等。

4. 以太网帧的最大长度是_____字节,最小长度是_____字节,若主机或交换机收到长度小于最小长度的帧,会将它_____。

5. 集线器上连的主机越多,每台主机得到的传输带宽会_____;交换机上连的主机越多,则每台主机得到的传输带宽将_____。

6. 以太网 MAC 帧的最后一个字段帧校验序列 FCS 用的是_____技术。

三、问答题

1. 举例说明共享式以太网、交换式以太网和全双工以太网的特点和区别。

2. 比较以太网和令牌环网的优劣,并指出令牌环网淘汰的原因。

3. 简述传统以太网和快速以太网最主要的技术差别。

4. 指出下列 3 种无线网络的接入模式。

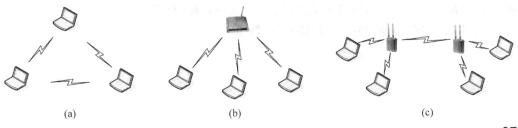

(a)　　　　　　　　　　(b)　　　　　　　　　　(c)

5. 指出下列几个网络各是什么拓扑结构。

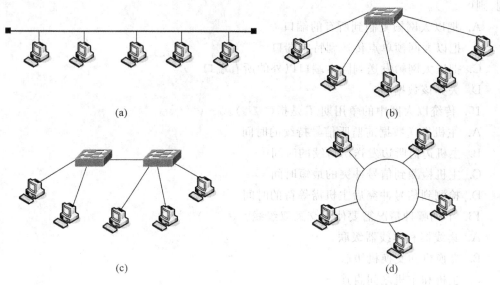

(a)

(b)

(c)

(d)

6. 指出以太网限制最小帧长的原因。

7. 根据下图描述 PC3 给 PC5 发送 MAC 帧的过程。

MAC地址表

MAC地址	端口
00-11-A0-BC-73-18	9
00-40-A3-6B-82-56	1
00-11-D8-9E-8A-C2	6
00-2A-38-61-86-A0	2
00-50-D1-34-7D-90	3

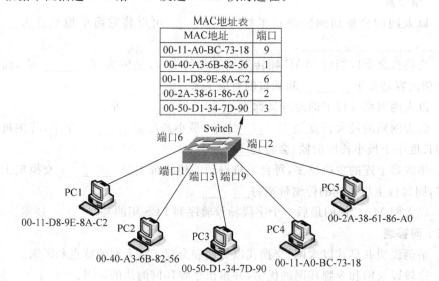

8. 根据上面问答题 7 的图示,描述交换机学习到图中的 MAC 地址表的过程。

9. 要发送数据串 1001011,现采用 CRC 检错技术对它实行差错控制,采用的生成多项式是 $P(X) = X^4 + X + 1$,试确定添加冗余码后实际传输的数据。

10. 以实例阐述"冲突域"和"广播域"的概念。

第4章 广 域 网

学习目标：

1. 知道广域网的功能；
2. 知道广域网的各种数据封装；
3. 知道广域网上的数据传输过程；
4. 理解广域网的层次结构。

本章导读：

第3章的局域网主要讲述较小范围内的主机间的数据通信方式。本章要讲的广域网则是用于远距离数据通信的网络，**广域网的功能和目的就是让相距很远的各主机实现相互间的数据传输**。从 TCP/IP 的角度来说，广域网的结构层次都属于 TCP/IP 的网络层以下的层次；但是从 OSI/RM 的观点来看，人们一般将后面将要介绍的 ARPANET 和 X.25 这两种网络的最高层归属于网络层。特别是 ARPANET，其实就是 Internet 的前身，TCP/IP 就是在它上面开发试验出来的，所以，不管在当时用 OSI/RM 的功能结构来划分，还是在演变成 Internet 后用 TCP/IP 的功能结构来定位，它的最高层次都是网络层。不过，对其他广域网络建议用 TCP/IP 的层次结构来定位，将它们看成 TCP/IP 网络层的下层，只相当于数据链路层和物理层，也就是说**将它们看成和局域网的地位一样**，这么做更有利于理解 TCP/IP 体系对计算机网络结构的定位(本书的内容也是按照 TCP/IP 这个层次思路来组织的)。广域网也有多种连接和数据传输技术，当然这些技术都是服务于远距离通信的。本章将以几种典型的广域网为例子来阐述广域网技术。

*4.1 ARPANET

4.1.1 ARPANET 组成

ARPANET 示意图如图 4.1 所示。ARPANET 诞生于 20 世纪 60 年代末 70 年代初，算是最早的计算机网络，也就是说，按照现在的定义，计算机网络一开始就是广域网的形式。

(1) IMP 是接口消息处理器，由小型计算机担任。IMP 是早期称法，后来也称为**分组交换节点 PSN**。

(2) IMP 之间距离很远，通过租用电话公司的 56kbps 速率的远程线路相互连接。

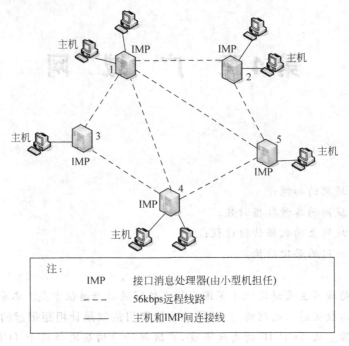

注：		
	IMP	接口消息处理器(由小型机担任)
	- - -	56kbps远程线路
	———	主机和IMP间连接线

图 4.1　ARPANET 图示

（3）IMP 之间线路连接是冗余的，也就是说，要把数据从一台 IMP 传输到另一台 IMP 可以有多条路径可以走。比如要从编号是 1 的 IMP（见图 4.1）去往编号是 5 的 IMP，可以先经编号是 2 的 IMP 再到编号是 5 的 IMP，也可以先经编号是 4 的 IMP 再到编号是 5 的 IMP。这种连接是出于网络的健壮性考虑的，一段线路断了不会影响整个网络的连通性，这种网络的拓扑结构称为**网状拓扑**，几何拓扑图如图 4.2 所示。

（4）主机和 IMP 一般距离很近，往往在同一个房间内，它们之间可以通过很短的线路相连。

（5）在功能角度上，这里的 IMP 很多时候被称为广域网络的**节点**。**各节点互联后构成一个通信子网**。最初的 ARPANET 只有 4 个节点，分别设在美国的 4 所高等院校，即加州大学洛杉矶分校（UCLA）、斯坦福研究院（SRI）、加州大学圣巴巴拉分校（UCSB）以及犹他大学（UTAH）。

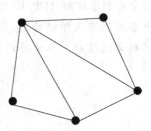

图 4.2　网状拓扑

（6）ARPANET 有它当时自己的体系结构，如果对照 OSI/RM 参考模型来看，IMP 之间互联组成的通信子网可认为包括最低的 3 个层次：网络层、数据链路层和物理层。但是 ARPANET 的网络层不叫网络层，而称为**分组层**，分组层采用**存储转发的数据报交换**。在连接 IMP 的主机上有更多的功能层次。关于数据链路层，在 IMP 和 IMP 之间传输时采用有可靠保证的 **IMP-IMP 协议**；主机和 IMP 之间传输时采用有可靠保证的**主机-IMP 协议**。物理层主要是串行接口标准以及 56kbps 速率下的电气和规程特性。

（7）除了 ARPANET 通信子网协议软件之外，还有保证两端主机间可靠通信的**主机-主机协议**。

4.1.2 ARPANET 通信

ARPANET 算是最早的分组交换网络，从具体的技术细节来说，ARPANET 早已成为历史，但是它所体现的分组交换思想和数据报服务原理对之后的网络技术具有深远的影响，当今的互联网络就是采用了数据报服务的分组交换技术。下面来简要描述一下 ARPANET 网上的主机间传输数据的过程，如图 4.3 所示。

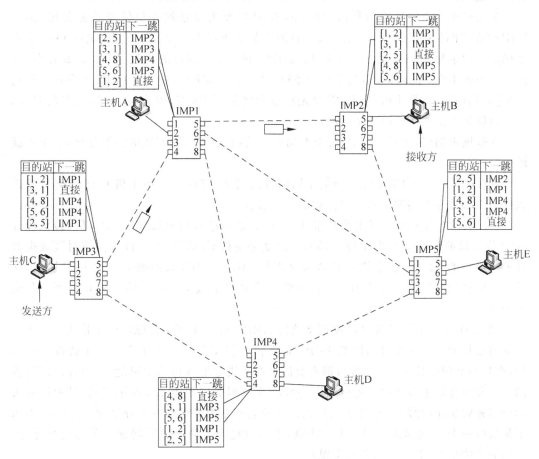

图 4.3　ARPANET 通信

这里以由 5 个 IMP 连接而成的广域网络为例，各 IMP 通过自身的物理端口跟其他 IMP 和主机相连。

（1）IMP1 的端口 2 连主机 A，IMP2 的端口 5 连主机 B，IMP3 的端口 1 连主机 C，IMP4 的端口 8 连主机 D，IMP5 的端口 6 连主机 E。

（2）IMP1 的端口 5 和 IMP2 的端口 1 相连。

(3) IMP1 的端口 4 和 IMP3 的端口 5 相连。

(4) IMP1 的端口 8 和 IMP4 的端口 1 相连。

(5) IMP1 的端口 6 和 IMP2 的端口 2 相连。

(6) IMP2 的端口 8 和 IMP5 的端口 1 相连。

(7) IMP3 的端口 8 和 IMP4 的端口 4 相连。

(8) IMP4 的端口 5 和 IMP5 的端口 4 相连。

在分组层,各主机的地址是一种**分级地址**,如主机 A 在分组层的地址就是[1,2],其中的 1 表示编号是 1 的 IMP,2 表示端口,也就是说主机 A 连在 IMP1 的端口 2。这是一种两级地址。

分组层中主机间传输数据时,相应的 IMP 需要为发送端主机转发数据分组,由于 IMP 间连成网状拓扑形式,因此到某个目的主机去可以有多条路可以走,这样 IMP 还需要确定其中最短的一条路。这个体现在 IMP 的(关于到目的主机去的)**路由表**中,如图 4.3 中的 IMP1 的路由表,其中有一条就是"[2,5] IMP2",表示从 IMP1 要发送数据到主机[2,5](其实就是主机 B)去,需要先将数据转发到 IMP2(因为主机[2,5]连在 IMP2 上),也就是所谓的**下一跳**地址(设备)。

在数据链路层,主机和 IMP 有类似局域网的物理地址,物理地址并不分级,属于**平面地址**。

现在主要考虑 ARPANET 通信子网部分的功能,以图 4.3 中主机 C 向主机 B 发送数据为例来描述上述网络的数据传输的大致过程。

(1) 主机 C 生成要发送的数据报文(或称数据消息),假如长度是 3200 位(最长允许 8063 位),目的地址是主机 B,即[2,5],源地址是主机 C,即[1,2]。该报文被封装成类似数据链路层的数据格式,主机 C 将该报文发给 IMP3,IMP3 采用的是主机-IMP 协议,这是一种可靠数据传输协议,IMP3 收到主机 C 发送来的报文后需要给主机 C 返回一条确认消息。

(2) IMP3 将主机 C 发来的该报文改成 ARPANET 上可以传输的分组格式。由于一个分组最长允许是 1008 位,因此 IMP1 需要将该报文至少分成 4 份。现在就按 4 份来分,都是 800 位的长度。3 个分组都需要添上源主机地址和目的主机地址,另外还需要指出 3 个分组在原来报文中的先后次序关系,3 个分组类似如图 4.4 所示形式(其中还有表示分组先后次序的编号,分别是 0、1、2、3,以及表示是否是最后一个分组的标志位,1 表示不是最后一个,0 表示是最后一个。注意,本例只是为了简单说明问题原理而这样标注,实际的 ARPANET 不一定如此实现)。

(3) 之后,IMP3 就按次序发送这 4 个分组。

(4) 对于第一个分组,IMP3 根据分组的目的主机地址([2,5])查找 IMP3 自己的路由表,以确定应该转发到哪里。显然根据路由表(见图 4.3),目的主机是[2,5]的分组对应的下一跳是 IMP1。

(5) 于是 IMP3 会将第一个分组通过端口 5(因为和 IMP1 相连)转发给 IMP1。但是 IMP3 在转发该分组之前,先按照 IMP-IMP 协议将分组封装成 ARPANET 的数据链路层数据格式(类似于帧),添上 IMP1 的物理地址(作为目的地址)。

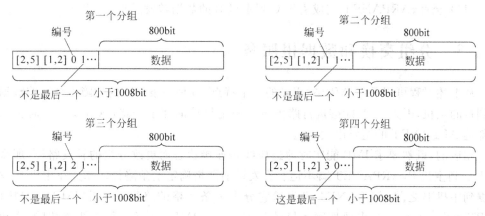

图 4.4　ARPANET 分组

（6）IMP1 收到 IMP3 这个数据链路层数据帧（封装着第一个分组）之后，需要向 IMP3 返回一个确认消息帧（表示已接收）。如果 IMP1 不返回确认消息，IMP3 将在一个固定时间间隔之后再发送一遍这个帧（直至收到 IMP1 的确认）。

（7）之后，IMP1 将帧中封装的第一个分组取出来（拆封），类似于 IMP3，IMP1 也会根据分组的目的主机地址和 IMP1 自己的路由表来确定下一跳转发地址。显然下一跳应该是 IMP2，那么 IMP1 也像刚才 IMP3 一样再将第一个分组封装进帧中，当然现在帧的目的物理地址肯定是 IMP2 的物理地址了。

（8）在 IMP1 向 IMP2 发送帧（封装着第一个分组）的时候，IMP3 可以向 IMP1 发送第二帧（封装着第二个分组）。

（9）接着，IMP2 收到 IMP1 发来的帧（含第一个分组）之后，取出封装着的第一个分组。由于这个分组不是最后一个分组，因此 IMP2 将先暂存该分组。

（10）之后的第二分组和第三分组都会类似地到达 IMP2，IMP2 都会先暂存起来。

（11）关于第四个分组，假设这时 IMP3 到 IMP1 的这条远程租用线路突然故障了，那么，IMP3 会重新寻求一条到主机[2,5]的最短路径（至于具体怎么做不再详述）。从图 4.3 中可知，从 IMP3 到主机 B 可以走"IMP4→IMP1→IMP2→主机 B"，也可以走"IMP4→IMP5→IMP2→主机 B"。不管哪一条路径，IMP3 关于到目的主机[2,5]的下一跳都是 IMP4，于是，IMP3 将调整自己的路由表，变成如图 4.5 所示内容（看黑体字部分）。

目的站	下一跳
[1,2]	IMP1
[3,1]	直接
[4,8]	IMP4
[5,6]	IMP4
[2,5]	**IMP4**

图 4.5　更新后的 IMP3 的路由表

（12）因为 IMP4 关于到目的主机[2,5]的下一跳是 IMP5，这样，第四个分组其实将走"IMP4→IMP5→IMP2"路径。

（13）等 4 个分组都到达 IMP2 之后，IMP2 就会将这个分组按照它们原来的先后次序重新拼接起来，还原为主机 C 发送的初始报文。

（14）最后，IMP2 根据自己的路由表和报文目的主机地址[2,5]来确定下一跳，路由表显示"直接"，表示目的主机和 IMP2 是直接相连的，于是 IMP2 就从相应端口 5 将报文发给主机 B。IMP2 到主机 B 之间的通信跟主机 C 到 IMP3 的通信类似。

(15) 至此,ARPANET 完成主机 C 到主机 B 的数据转发过程。

4.1.3 分组交换和数据报服务

从上述过程可以看出 ARPANET 的一个特点,就是一条线路的故障不会影响数据传输到目的主机,因为 IMP 能够进行路由重定向走另外的冗余线路(这其实是当时美国国防部建 ARPANET 的主要出发点)。

相应的,既然要求 IMP 能实时地适应线路连接状态而更改分组的转发路径,那么从主机 C 到主机 B,ARPANET 就不适合在发送前严格确定整条路径。比如在主机 C 发送数据到主机 B 之前,ARPANET 事先给它分配一条严格的路径——沿"IMP3→IMP1→IMP2"走向,这样,一旦出现如刚才描述的 IMP3 到 IMP1 的远程租用线路故障,主机 C 到主机 B 的数据通信就将失败。

但是,IMP 对数据分组的转发服务是一种尽最大能力的转发服务,并不能保证分组最终能送到目的地,IMP 可能会因为线路拥塞或 IMP 缓存不足(缓存不足是由于缓存中堆积过多未发送的分组而导致)而丢弃部分分组。这里还有必要澄清一下,虽然 IMP 会因为网络拥塞而丢弃部分分组,但是 IMP 一旦将分组封装成帧传输给下一个 IMP,这个过程是有保证的数据传输。也就是说,在单段线路上的帧传输是有保障而可靠的,但是要跨多段线路的分组就不是可靠传输,而尽最大能力交付。例如,上面例子中的第三个分组被封装成帧从 IMP3 到 IMP1 传输时是可靠的,但是到了 IMP1 之后,如果 IMP1 到 IMP2、IMP4 和 IMP5 的所有远程线路都出现数据堵塞(不是故障),那么该分组很可能被丢弃。

像 ARPANET 广域网上这种对数据分组的传输不采用固定路径且采用最大能力交付的非可靠传输方式,称为**无连接的数据报传输**。由于 ARPANET 是为远程主机间提供通信服务的,因此将 ARPANET 对主机的这种分组交换服务称为**无连接的数据报服务**。

因为在 ARPANET 的分组层上采用的是无连接的数据报服务,所以为了保证连在 ARPANET 上的远端主机间可靠通信,还需要相应的协议软件,就是**主机-主机协议**,它规定了在两个远端主机间进行可靠通信的相关技术标准或方法,这是在主机上需执行的技术或方法,如图 4.6 所示。

图 4.6 主机-主机协议

对于连在 ARPANET 上的主机来说,ARPANET 就像一条数据通道。按照前面的描述,如果主机 A 向主机 B 发送报文,该报文在 ARPANET 中会被分成多个分组,可能某个分组在某个 IMP 上遇到拥塞问题而被丢弃,连接主机 B 的 IMP 在一定时间内等不到所有的分组就会将其他所有分组也丢弃。这样意味着报文不能成功送达目的主机 B,而 ARPANET 对此并不负后续责任。于是,发送端主机需要自己来完成可靠传输,比如主机 A 在等待一段时间后没有得到主机 B 的回应,就认为报文已丢失,接着就再发送一遍之前的报文,直到主机 B 返回确认为止,这个做法类似两个相邻 IMP 间的帧传输方式(也是有可靠保证的)。

这里再强调一下,上述通信实例的描述过程中,主要是体现 ARPANET 的分组交换技术和数据报服务,且其中有些描述细节只是为了阐明问题的需要,实际的 ARPANET 的实现远比这里描述的复杂得多。

另外,ARPANET 也早已成历史。当时的 ARPANET 的实践者很快发现 ARPANET 不适合跨越多个(种)网络运行,导致了更多的对相关协议的研究工作,之后诞生了 TCP/IP 协议模型,ARPANET 也渐渐演变为当今的 Internet。所以关于这部分 ARPANET 广域网的介绍,读者只需领会其中的基本思想和原理即可。

*4.2　X.25 网

4.2.1　X.25 技术

在 ARPANET 最初发展的若干年中,一些国家级的电话公司也在开始为用户提供交互式的远程计算机数据传输业务,这就是 X.25 网连接业务。

图 4.7 是 X.25 网的示意图,当中的"网络云"部分就是由电话公司的交换机相互连接而成的通信子网,拓扑结构也是网状结构(注意,这里的交换机不同于局域以太网交换机)。其中的 PSE 是电话公司的通信子网内部分组交换机,不直接和用户主机相连,用户

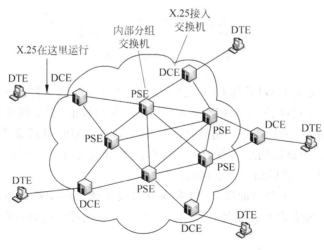

图 4.7　X.25 网示意图

主机和电话公司的 X.25 接入交换机直接相连。处于用户端的主机（或路由器）一般被称为**数据终端设备**（Data Terminal Equipment,DTE），而和 DTE 直接相连的交换机被称为**数据电路端接设备**（Data Circuit-terminating Equipment,DCE）。

X.25 网就是 X.25 分组交换网，它是 20 世纪 70 年代按照国际电报电话咨询委员会 CCITT（现在已被改组为国际电信联盟的电信标准化部门，即 ITU-T）制定的 X.25 建议书（协议）所实现的计算机广域网络。

其实，**X.25 协议只是规定了 DTE 和 DCE 之间的通信方式**，而对 DCE 和 DCE 之间的数据传输并没有作任何定义，即没有规定数据在 X.25 通信子网内部如何传输，如图 4.8 所示。当时 X.25 的通信子网是电话公司的模拟交换网络（类似于公共语音电话交换网），而 DTE 和 DCE 之间则是数字传输。

图 4.8　X.25 协议涉及范围

X.25 协议体系包含了 3 个层次，即**分组层**、**数据链路层**和**物理层**（如图 4.9 所示），功能上和 OSI 参考模型的最低 3 层对应。

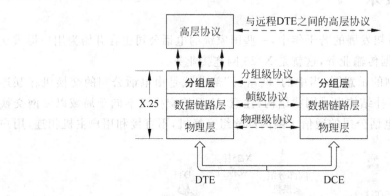

图 4.9　X.25 协议层次结构

（1）物理层：定义了 DTE 和 DCE 之间的电气接口以及建立物理的信息传输通路的过程。可采用 X.21 建议、X.21bis 建议和 V 建议等接口标准（相关细节不再详述）。

（2）数据链路层：采用平衡型链路访问规程 LAPB，LAPB 是**高级数据链路控制规程HDLC**（一种广域网数据链路层协议）的一个子集，它定义了 DTE-DCE 链路上的帧传输过程及帧格式（具体过程后面还将举例描述）。

（3）分组层：定义了分组的格式，以及在分组层实体之间交换分组的过程。另外还定义了如何进行流量控制和差错处理等规程。关于分组层技术内容后面也将以实例作进一步阐述。

4.2.2 X.25 网通信

现在举例描述主机间通过 X.25 网进行数据传输的过程。

1. 虚电路 VC

X.25 和 ARPANET 不一样,远端主机之间要通信必须先建立一条固定走向的传输路径,该路径称为**虚电路**(Virtual Circuit,VC)。虚电路有点像打电话时两个远端电话机之间的连接电路,在通信过程中,这条路是保持着的。从协议层次上,虚电路属于 X.25 的分组层技术。

根据建立的时机不同,虚电路可以分为**交换式虚电路**(Switched Virtual Circuit,SVC)和**永久虚电路**(Permanent Virtual Circuit,PVC)。交换式虚电路是在主机要通信时才临时建立的,主机通信完毕即释放(断开)虚电路。永久虚电路则是不管主机间有没有通信都始终连着的。所以,通过 PVC 传输数据的主机在通信时省去了建立和释放虚电路的过程,而在传输数据时,不管是用 PVC 还是用 SVC 都是一样的。

下面先来看一下 SVC 的建立和释放过程。

如图 4.10 所示,假如现在主机 A 想跟另一端的主机 C 通信,那么就需要先建立一条从主机 A 到主机 C 的虚电路,这个过程有点像一部电话机向另一部电话机拨号呼叫的过程。图 4.10 中每台主机有一个 X.25 服务商分配的 X.25 地址,它的长度可变,最长可以有 14 个十进制数,类似于电话号码的意义。

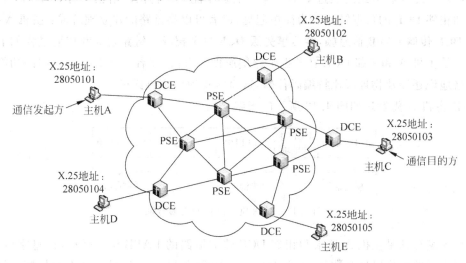

图 4.10　准备建立 SVC

虚电路建立过程如下。

(1) 主机 A 产生一个**呼叫请求分组**,目的地是主机 C。这个呼叫请求分组中需要指出被呼叫主机 C 的 X.25 地址 28050103(就像打电话前要拨的对方的电话号码),需要指定打算使用的**逻辑信道标识符 LCI**。LCI 用于主机 A 标识虚电路编号,可取 1～4095 中的数值,假设本例主机 A 取的是 4090。另外,分组中还要有个字段指出该分组的类型,像当前这个分组类型上属于**呼叫建立分组**。

(2) 该分组在发送给和主机 A 相连的 DCE 之前,还得封装到数据链路层的 LAPB 帧中,如图 4.11 所示。

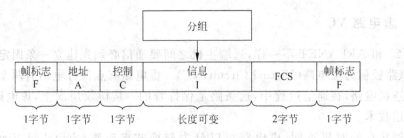

图 4.11 X.25 分组是 LAPB 帧的信息字段

LAPB 帧格式以**帧标志**字段作为帧的起始和结束。其中**地址**字段指出链路相邻设备的物理地址(这里就是和主机 A 直接相连的 DCE 的地址)。**控制**字段指出该帧是一个一般的**信息帧**(LAPB 帧有 3 种类型:**信息帧、监督帧和无编号帧**),并给出该帧的编号(表示它是所发送的第几个帧,这里编号应该是 0)以及接收方 DCE 的确认编号(表示已收到对方多少编号的帧,这里因为对方还没发过帧,所以不需要)。**信息**字段就是分组层的分组。FCS 就是帧检验序列,功能和原理跟以太网帧的 FCS 一样,只不过这里只有 2 个字节。

(3) 主机 A 将分组封装进 LAPB 帧之后还不能立即将帧发给相邻的 DCE,而是先要建立和相邻 DCE 的数据链路。为简单起见,读者可以将链路的建立理解成:**主机 A 要跟相邻 DCE 传输 LAPB 信息帧,需要事先跟 DCE 打个招呼**。链路建立和传输过程如下(这个过程是主机 A 和相邻 DCE 在数据链路层所做的事情,或者说是数据链路层的功能,当然严格地说还涉及物理层比特编码传输,这里对物理层不再详述)。

① 主机 A 先发送如图 4.12 所示的**无编号帧**。

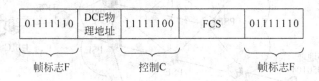

图 4.12 请求建立链路的无编号帧

该无编号帧是主机 A 请求和相邻 DCE 建立链路的 LAPB 帧,它没有信息字段。这里控制字段的 8 位二进制数是 11111100,最前面两位 11 表示这是一个无编号帧,当中第 5 位的 1 表示要求对方 DCE 做出立即响应,而第 3、4、6、7、8 位的组合起来的 11100 表示**请求对方建立链路**。

② 相邻 DCE 收到主机 A 的上述这个无编号帧之后,假如可以和主机 A 建立传输链路来接收数据帧,那么 DCE 就发回一个如图 4.13 所示的无编号响应帧。

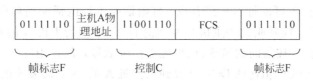

01111110	主机A物理地址	11001110	FCS	01111110

图 4.13　和主机 A 相邻的 DCE 的无编号响应帧

如图 4.13 所示,控制字段是 11001110,第 3、4、6、7、8 位组合起来是 00 110,表示**可以(和主机 A)建立传输链路**。DCE 发送完该帧之后,即进入**链路建立状态**,随时等待主机 A 发送信息帧。

③ 主机 A 收到相邻 DCE 的无编号响应帧之后,也进入链路建立状态。

④ 之后,主机 A 就可以发送前面图 4.11 中封装着分组的信息帧了。

⑤ DCE 接收到主机 A 的信息帧之后,由于它自己没有数据要发送给主机 A,因此 DCE 需要专门发送一个**监督帧**给主机 A 作为确认,表示已收到刚才的信息帧。其他情况下,当 DCE 也有数据要发给主机 A 时,那么 DCE 可以在发给主机 A 的信息帧中,通过控制字段的确认编号来**顺带**给主机 A 作确认,不需要专门发监督帧。

⑥ DCE 将主机 A 发来的信息帧中封装的分组取出来,剩下的事情是 DCE 分组层的任务了。

(4)到这里为止,和主机 A 相邻的 DCE 已收到主机 A 的分组了。该 DCE 查看分组中的内容,发现这是主机 A 对远端主机 C 的一个呼叫。之后本 DCE 会将该呼叫请求分组转换成 X.25 网内部的数据封装格式,不过这个格式和转换属于 X.25 通信子网内部技术标准,不属于 X.25 协议内容,具体实现取决于提供 X.25 远程连接服务的电话公司。

(5)接着,本 DCE 向远端主机 C 转发呼叫,其实是呼叫到了和主机 C 相连的远端 DCE。中间会涉及路由转发,比如走的是如图 4.14 中的虚线剪头所示路径。

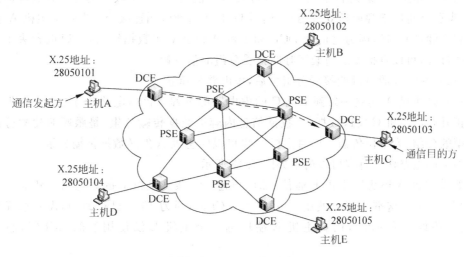

图 4.14　X.25 虚呼叫

109

为简单起见,读者可以将本步骤看成:打电话时本地电话交换局向目的端电话交换局传送呼叫的过程。能呼叫到和主机 C 相连的 DCE,是因为主机 A 的呼叫分组中有目的主机 C 的 X.25 地址(按前面的描述,该地址类似电话号码的作用)。

(6) 现在,和主机 C 相连的 DCE 已收到从主机 A 的 DCE 转发来的虚电路连接呼叫。因为该呼叫内容用的是 X.25 网的内部封装格式,所以和主机 C 相连的 DCE 需要再将它转换成 X.25 协议的分组格式。该 DCE 转换生成的分组称为**入呼叫分组**(**类型上也属于呼叫建立分组**),分组中的呼叫地址仍然是主机 C 的 X.25 地址 28050103,但是**使用的逻辑信道标识符 LCI 就不再是主机 A 端使用的 LCI 了**,假设这里取 LCI 值是 10。也就是说,主机 C 端使用的 LCI 和主机 A 端使用的 LCI 不一样。

(7) 产生入呼叫分组后,跟主机 C 相连的 DCE 将该分组再发送给主机 C。这个情况跟前面步骤(2)、(3)中主机 A 发送分组给相邻 DCE 类似:该分组也得封装成 LAPB 信息帧,而且发送该信息帧之前也得先建立(从 DCE 到主机 C 的)链路等。

(8) 主机 C 收到入呼叫分组后,假如同意建立虚电路,那么就生成一个**呼叫接受分组**(**类型上也属于呼叫建立分组**)。该分组使用的 LCI 就是入呼叫分组中使用的 LCI,根据步骤(6),这个 LCI 就是 10。也就是说,主机 C 就用这个编号 10 来表示跟主机 A 的虚电路,其实也意味着用这个 10 来表示目的主机 A。

(9) 生成呼叫接受分组后,主机 C 将该分组发送给和它相连的 DCE。同样,这个过程和刚刚步骤(7)中 DCE 发送分组到主机 C 的情况类似,稍有不同的是,现在主机 C 和相邻的 DCE 之间的数据链路已经建立,所以可以省去数据链路建立的过程,直接发送 LAPB 信息帧(信息帧中封装着呼叫接受分组)。

(10) 呼叫接受分组到了跟主机 C 相连的 DCE 之后,该 DCE 再将此分组转换成 X.25 网内部数据格式,然后该数据沿之前的原路返回至主机 A 这端的 DCE。

(11) 主机 A 这端的 DCE 还原出呼叫接受分组,将其中的逻辑信道标识符 LCI 改成主机 A 这端使用的编号值,根据步骤(1),该 LCI 值是 4090,更改后的分组称为**呼叫连接分组**(**类型上也属于呼叫建立分组**)。然后 DCE 再将此呼叫连接分组发送给主机 A,这个过程和步骤(9)一样,因为之前此 DCE 和主机 A 已建立了数据链路,所以也省去了建立链路的过程,可以直接发送封装了呼叫接受分组的信息帧。

(12) 主机 A 收到呼叫接受分组之后,虚电路就建立了。

这就是主机 A 建立一条到主机 C 的虚电路的过程。该虚电路建立之后,主机 A 可以真正开始向主机 C 发送数据了,数据信息内容以**数据传输分组**(**是跟呼叫建立分组不同类型的分组**)为单位传输。同时主机 C 也可以向主机 A 发送数据传输分组。

整个虚电路建立过程可以简单如图 4.15 所示。

如果主机 A 还想跟主机 E 通信,那就再建立一条到主机 E 的虚电路。建立过程类似,只是主机 A 这端不能再使用 4090 作为 LCI 值,因为 4090 已被使用,需要选择另外一个值,假设取为 4080,而在主机 E 端也选一个主机 E 没使用过的 LCI 值,假如取为 20。

需要强调的是,LCI 值只具有本地意义,本地 LCI 值跟虚电路另一端的 LCI 值无关。比如从主机 A 到主机 C 的虚电路,主机 A 用 LCI=4090 来识别它,而主机 C 用 LCI=10

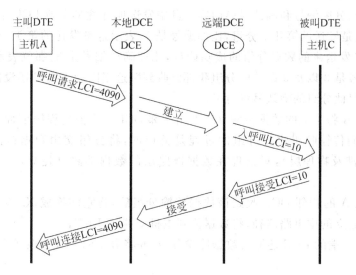

图 4.15 X.25 交换虚电路 SVC 的建立过程

来识别它。关于这一点后面会有进一步理解。

现在,主机 A 建立了两条虚电路:一条是到主机 C 的,本地 LCI 是 4090;另一条是到主机 E 的,本地 LCI 是 4080。而反过来也可以说:主机 C 有一条到主机 A 的虚电路,该虚电路的(主机 C 端的)本地 LCI 是 10;主机 E 也有一条到主机 A 的虚电路,该虚电路的(主机 E 端的)本地 LCI 是 20。两条虚电路如图 4.16 所示。

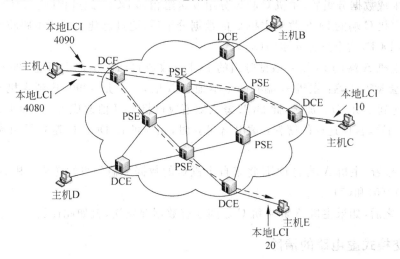

图 4.16 虚电路和 LCI

2. X.25 数据传输

现在结合图 4.16 来看一下主机 A 和主机 C 的数据传输过程(不考虑主机分组层以上的数据封装处理)。

(1) 主机 A 生成要发送给主机 C 的数据传输分组。该分组中除了数据信息内容外,

111

还有发送地址、分组编号和确认号等内容。其中发送地址就是本地 LCI 值 4090；分组编号指出该分组是发送的第几个分组，比如编号是 1，表示这是发送的第 1 个分组；确认编号是对主机 C 发送来的数据分组的成功确认，比如确认编号是 3，那就表示告诉主机 C：“你发来的编号是 3 以及 3 以前的分组我都已收到”，这里因为主机 C 还没向主机 A 发过数据分组，所以此分组的确认号没意义。

（2）主机 A 将生成的数据传输分组发给相邻 DCE。这个过程跟前面建立虚电路时主机和 DCE 间传输呼叫建立分组的过程是类似的，将分组交由数据链路层封装并传输（当然也会涉及物理层），只是现在数据链路层的数据链路已建立，省去了链路建立过程。

（3）主机 A 的相邻 DCE 收到该数据传输分组后，将它转换成 X.25 网内部数据格式，并通过已建立的虚电路路径，将数据传到主机 C 端的 DCE。

（4）主机 C 端的 DCE 还原出数据传输分组，并将分组的 LCI 值改成主机 C 端的 LCI 值，即为 10。

（5）然后，主机 C 端的 DCE 将 LCI 值是 10 的数据分组发给主机 C，这个过程同刚刚的步骤（2）。

（6）接着，主机 C 也生成要发送给主机 A 的数据传输分组，地址就是本地 LCI 值 10。同样，该数据分组也有自己的分组编号，表示是主机 C 发送的第几个数据分组（显然主机 C 的数据分组编号和主机 A 的数据分组编号是独立不相干的）；分组中还有对主机 A 发来的分组的确认编号（显然这个确认编号跟主机 A 的分组编号有关）。

（7）生成数据分组后，主机 C 将该分组发送给相邻 DCE，此过程同步骤（2）和（5）。

（8）主机 C 端的 DCE 收到主机 C 的数据分组后，通过已建立的虚电路将它路由到主机 A 端的 DCE，这个过程同步骤（3）。

（9）主机 A 端的 DCE 将数据分组的 LCI 值改成自己的本地 LCI 值，即 4090。这里读者可能会觉得迷惑：主机 A 端有两个本地 LCI 值，一个是 4090（连到主机 C），另一个是 4080（连到主机 E）。那么，此 DCE 怎么知道应该将 LCI 值改成 4090，而不是 4080 呢？关于这个问题，暂作这样的解释：虚电路建立时，相应的各 DCE 也建立了两端 LCI 值的映射关系。

（10）接着，主机 A 端的 DCE 将来自主机 C 的数据传输分组发送给主机 A，这个过程同步骤（2）、（5）和（7）。

（11）之后，如果主机 A 和主机 C 之间还有数据要发送，就如此往复。

3. 交换式虚电路的清除

主机 A 和主机 C 通信完毕后，如果在较长一段时间内无数据发送，已建立的虚电路将被清除释放。清除过程可用任何一端主机（DTE）发起，具体过程类似虚电路的建立过程，这里不再详述。

需要指出的是，如果主机已释放所有的虚电路，那么主机就可以断开和相邻 DCE 的数据链路。数据链路的断开过程类似于数据链路的建立过程，也属于 X.25 协议的数据链路层功能。如果主机还至少存在一条到远端主机的虚电路连接，那么就没必要断开和相邻 DCE 的数据链路。比如主机 A,到主机 C 的虚电路释放后,如果还要和主机 E 通信,就不会清除到主机 E 的虚电路连接,当然也将继续使用和相邻 DCE 的数据链路。

4. 关于 X.25 网的内部通信问题

前面已经讲过,X.25 协议只规定了 DTE 和 DCE 之间的通信交互方式,对 X.25 网内部如何传输并没有规定。对此,可能会有读者觉得很迷惑:定义一个广域网络居然可以不定义自身内部传输特征?

关于这个问题,建议读者先将 X.25 网和主机之间看成如图 4.17 所示形式。

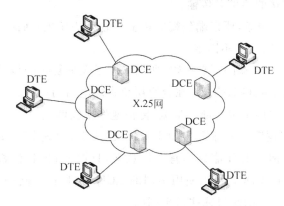

图 4.17 X.25 网和主机

将 X.25 网按照从主机的角度来定义。在主机看来这个网络有如下特点。

(1) 能为它们提供远程数据传输。

(2) 要想通过这个广域网络传输数据到远端主机,必须按照一定的方式和操作规程来做(这个方式和规程就是 DTE 和 DCE 之间的传输方式,即 X.25 协议)。

显然,只要满足上述这两个特征的所有广域网络,在主机看来都是一样的(因为主机看不到广域网络内部)。主机或者说主机用户就将满足这两个特征的广域网络称为 X.25 网,而不管其内部具体是怎样的。也就是说,X.25 这个称呼定义应该从主机的角度来理解。

打个比方,有这样一个机器设备:如果把苹果放进去,盖上盖子,通电后按一下开关按钮,从机器的一个口中就会流出苹果汁来。说出这样的特征后,读者应该都已猜到这个机器应该是榨汁机了。显然,榨汁机这个定义也是从使用它的用户角度来定义的,至于榨汁机内部如何工作,使用者不会关心。

其实,X.25 网为主机提供远程连接服务时只是提供了一种**服务接口**。注意,这里的接口不仅是指物理上的,更主要是逻辑上的。如果读者学过软件工程中的面向对象与分析的话,可能会更好理解,若将这里的 X.25 网作为对象理解的话,多少有点**封装**的味道。

顺便再提一下,上一节的 ARPANET,由于当时开发的主机-IMP 协议和主机-主机协议过于复杂,以至于之后几乎没有厂商生产能跟 IMP 配套连接的接口板和相关设备,这样使得新主机无法连入 ARPANET。于是美国国防部通信署开发了基于 ISO 标准 X.25 的 IMP 的接口,也就是说,将 IMP 和主机相连的接口改成 X.25 协议标准的接口,主机和相邻 IMP 间就按照 X.25 协议标准进行传输。这意味着,从主机的角度看 ARPANET 其实就是一个 X.25 网了(虽然 ARPANET 内部还是按照数据报传输而非虚电路传输)。

通过以上的介绍,对 X.25 作一下小结。

(1) DTE 设备(比如主机)想用 X.25 跟远程 DTE 设备(比如主机)通信,需要先申请建立一条端到端的固定路径,该路径称之为虚电路。将电话公司提供的远程连接服务称为**虚电路服务**,它是属于**面向连接的可靠传输服务**,不同于 ARPANET 的数据报服务,数据报服务是属于无连接的不可靠传输。

(2) 因为是虚电路服务,所以端到端的传输路径是固定的;而在 ARPANET 的数据报服务中,分组的传输路径并不固定。

(3) X.25 要保证端到端的可靠传输,所以采用了大量复杂的传输确认机制。在数据链路层负责单段链路上帧传输确认;在分组层负责虚电路两端的分组传输的确认。由于大量确认数据的传输占用了很大部分带宽,传输速率比较低。

(4) DTE 设备用逻辑信道标识符 LCI 来代表(或识别)虚电路,即对 DTE 来说,LCI 值就是虚电路编号。但是 LCI 值只具有本地意义,只被 DTE 和相邻 DCE 共享,虚电路另一端的 DTE 及其相邻 DCE 可以使用不同的 LCI,换句话说,同一条虚电路,在两端的 DTE(及其 DCE)看来,它的编号往往是不同的。

(5) 关于 DTE 的 X.25 地址,它的作用类似于电话号码,是在主叫 DTE 建立交换式虚电路 SVC 时使用的,用它来识别远端被叫 DTE。当 SVC 建立之后,将不再使用 X.25 地址,而是用 LCI 来识别远端 DTE。这意味着在永久虚电路 PVC 中,不需要 X.25 地址。

最后再指出一下,X.25 也已成为历史,关于上述对 X.25 协议的介绍和阐述,读者只需领会其中的主要原理即可。

*4.3 帧 中 继

4.3.1 帧中继技术

X.25 网大约运行了 10 年左右的时间,由于它过于复杂的差错控制机制影响了传输带宽的提高,随着低误码率的传输信道的出现和主机性能的提升,X.25 逐渐满足不了主机间通信对带宽的要求。到了 20 世纪 80 年代,X.25 开始被**帧中继**网络所取代。

帧中继网络可以看成是 X.25 的简化版,原因如下。

(1) 它省去了 X.25 中复杂的确认机制。

(2) 在协议层次上也比 X.25 少了一层,只相当于 OSI 的最下面两层:数据链路层和物理层,如图 4.18 所示。

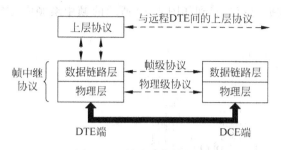

图 4.18　帧中继协议层次

（3）帧中继对远程主机间的连接仍然采用虚电路服务，只是 X.25 中用于识别虚电路的逻辑连接标识符 LCI 在帧中继中变成了**数据链路连接标识符 DLCI**，且 DLCI 不再是分组层的地址（因为已没有分组层），而变成了数据链路层的地址。**DLCI 的可取范围也比 LCI 小，为 0～1023**，也就是说，若换成二进制，**DLCI 是长度为 10 位二进制数**。

（4）帧中继的虚电路也可分为交换式虚电路 SVC 和永久虚电路 PVC，但是在现实中用的较多的是 PVC。

（5）和 X.25 一样，帧中继也将用户设备（主机或路由器）称为 DTE，将用户端提供帧中继接入服务网络设备称为 DCE，且帧中继协议也只规定了 DTE 和 DCE 之间的通信方式，对帧中继通信子网内部如何实现没有规定。

4.3.2　帧中继传输

现在举例说明主机间利用帧中继通信的过程。

如图 4.19 所示，主机 A 和主机 C 间已建立了一条帧中继的永久虚电路 PVC，同时，主机 A 还有一条到主机 E 的 PVC，两条 PVC 的各本地 DLCI 已标于图中。以主机 A 跟主机 C 通信为例，阐述帧中继数据传输过程。

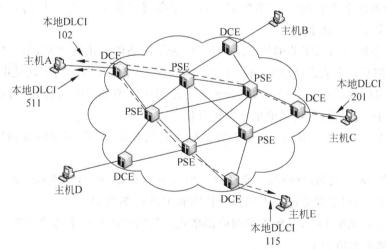

图 4.19　帧中继 PVC 传输

（1）主机 A 将数据内容封装到如图 4.20 所示的**帧中继帧**中（严格地说，帧里封装的是上层数据格式）。

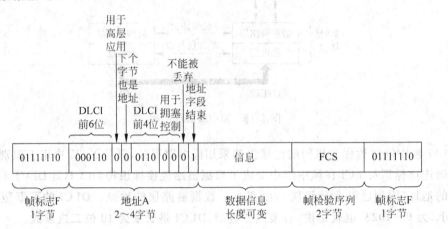

图 4.20 帧中继帧（按 LAPF 格式封装）

帧中继帧有几种不同的封装格式，不过差别不太大，这里用的是按照**数据链路层帧方式接入协议（LAPF）**的格式封装的帧中继帧（对各种帧中继封装有兴趣的读者可参阅其他相关资料）。对其中的各字段解释如下。

① 首尾两个**帧标志**和帧检验序列 **FCS**，这两部分跟 X.25 中 LAPB 帧的相关字段是类似的。

② **信息**字段就是所封装的上层数据包，长度可变。

③ **地址**字段一般是 2 个字节（该帧就是 2 个字节），但可以根据需要扩展到 3 个或 4 个字节。因为主机 A 端用 DLCI＝102 表示到主机 C 端的虚电路，将十进制 102 转换成 10 位二进制就是 0001100110，但前 6 位 000110 和后 4 位 0110 是分开放在两个字节中的（如图 4.20 所示）。

④ 上面地址字段中，第一字节的第 7 位用于高层协议应用，第 8 位的 0 表示相邻下一个字节也是属于地址字段。

⑤ 地址字段中第二字节的第 5、6 两位 00 表示网络没有出现拥塞，第 7 位的 0 表示在出现网络拥塞时不能丢弃该帧，第 8 位的 1 表示相邻下一字节不属于地址字段（即本字节是地址字段的最后一个字节），注意和地址字段第一字节的第 8 位比较，可以看出地址字段每一个字节的最后一位是地址字段扩展位。

（2）生成上述帧中继帧后，主机 A 将该帧发送给相邻 DCE（需要涉及物理层编码和同步）。

（3）相邻 DCE 收到该帧后，**不需要向主机 A 发送确认**，然后将该帧转换成帧中继网内部数据格式，通过已建立的虚电路路径传输到主机 C 端的 DCE。

（4）主机 C 端的 DCE 从帧中继网内部格式的数据中恢复原来的帧中继帧，并将其中的 DLCI 改成本地值 201。

（5）然后该 DCE 将帧发送给主机 C，这个过程同步骤（2）。

（6）反过来，主机 C 向主机 A 发送数据跟前面 5 个步骤类似，不再赘述。

由于省去了复杂的确认过程，帧中继在传输速率上要比 X.25 快得多。再回顾一下对上述通信过程的描述，分析其特点会发现：**帧中继就像是一个广域范围的局域网**。

其实，帧中继协议中还有用于管理 PVC 的功能，就是**本地管理接口 LMI 协议**，对此本书不再作详细介绍。

另外，帧中继经常以 **ATM 广域网**（也常将 ATM 归为城域网）作为内部交换网。ATM 即**异步传输模式**，是一种高速交换网路，曾经一度被预测有极大的市场，但其技术细节相当复杂，价格相对昂贵，现在的事实并非如当初的预测，本章不再对其作详细介绍。

4.4　点对点广域网

前面介绍 ARPANET、X.25 和帧中继的过程中，这些广域网都是定位成一个单独的网络的，它们有一个共同点，就是主机的数据经过它们可以到达多个远端目的主机，而且在传输过程中会经过多个交换（路由）设备和多段线路。

本节介绍另一种特殊的广域网络：**点对点广域网**。虽然也被称为网络，但它其实只是一条连接两台主机（一般是路由器）的远程租用线路而已，如图 4.21 所示。

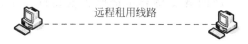

远程租用线路

图 4.21　点对点广域网

在协议层次上，点对点广域网也只有相当于 OSI 的最下面两层：数据链路层和物理层。

现在，点对点广域网最常用的数据链路层协议就是**点对点协议 PPP**（Point-to-Point Protocol），它主要被设计用来在支持全双工的同步或异步链路上进行点到点之间的数据传输，传输的数据单位是 **PPP 帧**。

PPP 主要由以下 4 部分组成。

（1）**链路控制协议 LCP**：主要用于建立拆除和监控 PPP 数据链路。

（2）**一套网络层控制协议 NCP**：用于协商在该数据链路上所传输的数据包的格式与类型。

（3）**PPP 扩展协议**：主要用于提供对 PPP 功能的进一步支持。

（4）**安全验证协议 PAP 和 CHAP**：提供用于网络安全方面的连接验证。

在主机间真正开始传输数据 PPP 帧之前，需要先建立数据链路，这个跟 X.25 网中的 DTE 和 DCE 之间传输 LAPB 数据帧类似，只是具体细节不一样。X.25 的 DTE 和 DCE 间通过交换无编号 LAPB 帧来建立数据链路，而点对点广域网的两端主机通过 PPP 帧中封装 LCP 分组、NCP 分组等来建立数据链路（注意，虽然有称呼 LCP 分组和 NCP 分组，但其实并没有分组层,因为点对点广域网没有分组层)。

下面介绍一下 PPP 帧的格式,如图 4.22 所示。

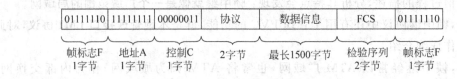

图 4.22 PPP 帧格式

和帧中继帧类似,PPP 帧也是无确认机制的。各部分含义如下。

(1) 首部和尾部**帧标志**以及**帧检验序列**和帧中继帧是一样的。

(2) **信息**字段就是封装的上层数据内容。

(3) **地址**字段永远是 0xFF(表示广播)。

(4) **控制**字段永远是 0x03(表示无编号,不进行确认)。

(5) **协议**字段指出信息字段封装的上层数据包协议,如可以是 IP 数据包、IPX 数据包等(关于 IP 数据包会在第 5 章讲述)。

将 PPP 帧跟 X.25 的 LAPB 帧和帧中继帧比较,可知 **PPP 帧其实没有指定目的(物理)地址**,这是点对点广域网的一个特征,因为点对点广域网就只有一条链路,其实也无所谓物理地址。

至于物理层,点对点广域网既支持异步链路也支持同步链路,具体看实际租用的链路。

习 题

一、选择题

1. 以下提供数据报传输服务的广域网是( )。

A. ARPANET   B. X.25   C. 帧中继   D. ATM

2. 帧中继网的协议层次有( )层。

A. 1   B. 2   C. 3   D. 4

3. 帧中继网的 DCE 用( )标识一条到另一端 DCE 的虚电路。

A. IP 地址   B. 硬件地址

C. 数据链路连接标识符   D. DCE 设备地址

4. 下列网络的数据链路层需要对帧传输进行确认的是( )。

A. 以太网   B. 帧中继   C. 令牌环网   D. X.25

5. ARPANET 网络的分组层关于主机的编址采用的是( )地址。

A. 平面   B. 二   C. 三   D. 四

二、填空题

1. ARPANET 硬件组成主要有称为_____的网络设备和它们之间的远程租用线路。

2. ARPANET 的网络拓扑结构属于_____。

3. X.25 和帧中继定义的都只是_____和_____之间的传输标准。

4. 广域网根据为主机提供远程连接服务的技术不同可分为两类服务：_____和_____。

5. 帧中继的虚电路可分为_____和_____。

6. PPP 协议在层次结构上属于_____层，它的基本封装帧称为_____。

三、问答题

1. 阐述广域网 PVC 和 SVC 的异同。

2. 叙述广域网虚电路服务和数据报服务的异同。

3. 指出 ARPANET 的网络拓扑结构相对于局域网的星型、树型和环型结构有什么优点。

4. 看下图回答问题。

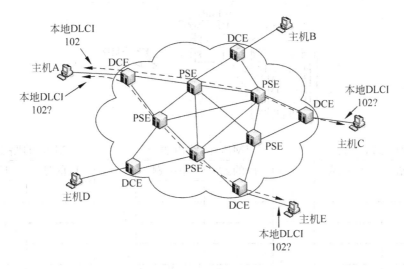

上图是一个帧中继网示意图,图中有两条永久虚电路:一条从主机 A 到主机 C(也可以反过来说),另一条从主机 A 到主机 E。其中,主机 A 到主机 C 的永久虚电路在主机 A 端的 DLCI 值是 102。

(1) 主机 A 到主机 C 的永久虚电路在主机 C 端的 DLCI 值是否也是 102? 为什么?

(2) 主机 A 到主机 E 的永久虚电路在主机 E 端的 DLCI 值能否取 102? 为什么?

(3) 主机 A 到主机 E 的永久虚电路在主机 A 端的 DLCI 值能否取 102? 为什么?

5. 为下列 ARPANET 的剩余 3 个 IMP 填入路由表内容。

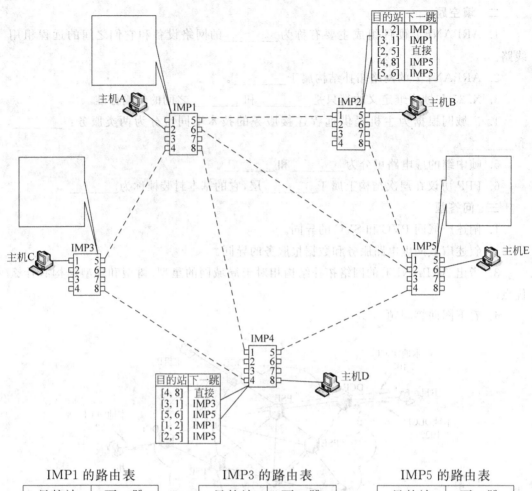

目的站	下一跳
[1, 2]	IMP1
[3, 1]	IMP1
[2, 5]	直接
[4, 8]	IMP5
[5, 6]	IMP5

目的站	下一跳
[4, 8]	直接
[3, 1]	IMP3
[5, 6]	IMP5
[1, 2]	IMP1
[2, 5]	IMP5

IMP1 的路由表

目的站	下一跳

IMP3 的路由表

目的站	下一跳

IMP5 的路由表

目的站	下一跳

6. 简述点对点广域网在拓扑结构上的特殊性。

第 5 章 网际互联

学习目标：

1. 掌握 IP 地址和网段概念；
2. 掌握 ARP 协议原理，了解 RARP 协议；
3. 了解 IP 数据包的格式；
4. 理解子网掩码，了解 VLSM 和 CIDR；
5. 理解路由器对 IP 分组的转发原理；
6. 了解 ICMP 协议。

本章导读：

第 3 章和第 4 章分别介绍了局域网和广域网，由于各自环境条件的不同，导致技术上有较大差异。而因为技术上的不兼容，所以历来人们一直都称这两种网络是相互异构的。第 4 章的 ARPANET 中已有提及，ARPANET 的实践者不久就发现，要连接不同的计算机网络，需要另外开发能连接异构网络的相关协议和技术。这就是现在 TCP/IP 体系中的网络层，也就是本章的主要内容。这一章将计算机网络的连接和通信范围扩展到了多个网络的环境，接下来将介绍的协议和技术都是围绕**如何实现多网络互联和通信**这个任务的，建议读者在学习这一章时始终有这个意识。TCP/IP 的网络层常称为网际层，又被称为 IP 层，即以其中最主要的 IP 协议来命名。不过 IP 层的互联功能不只是在 IP 协议，还有 ARP、RARP、ICMP 和 IGMP 等其他几个协议的作用，下面依次来作介绍（其中对因特网组管理协议 IGMP 本章没有作介绍）。

5.1 网际协议

由多个异构网络相互连接而成的计算机网络一般称为**互联网络**，其实可以认为是**网络的网络**。为了能在跨过多个网络上有效地传输计算机数据需适当的通信规则和方法，当今使用的最重要的网络间连接通信的规则和方法就是**网际协议**（Internet Protocol，IP），它涉及"IP 数据包格式"、"IP 地址"、"子网掩码"和"IP 数据包转发"等内容。

5.1.1 IP 数据包

图 5.1 是一台 PC 的 IP 数据包在网络上传递的过程。该网络是包含多个网段的互

联网络。IP 数据包是一种网络层的传输数据,是按照一定格式组织的字节串。图 5.1 中由 R1、R2 和 R3 所标注的设备都是**路由器,它是一种很重要的网络层连接设备,是 TCP/IP 的网络层设备,也是异构网络间的互联设备。**从广义地讲,路由器也是一种计算机,属于专用计算机(相对于通用计算机),这一点和交换机是类似的,但是在专用功能上路由器和交换机是不太一样的。关于路由器的工作机理将在下面介绍。

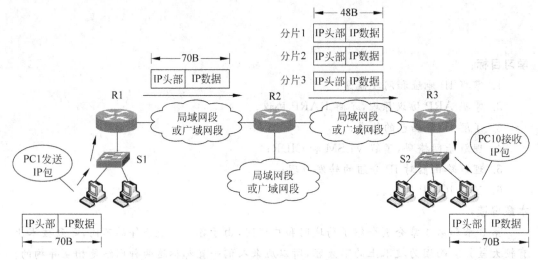

图 5.1　互联网上的数据

从 PC1 发送一个 IP 数据包到 PC10 接收到这个 IP 数据包,需要下列过程。

(1) PC1 将 IP 数据包经本地交换机 S1 发到路由器 R1。

(2) R1 转发此 IP 数据包经过中间网段到路由器 R2。

(3) 由于 R2 和 R3 之间的网段要求限制传输的 IP 数据包长度在 48 字节以内,所以 R2 将原 IP 数据包分成了 3 部分,并且分 3 次经过中间网段送到路由器 R3。

(4) R3 将收到的 3 个小 IP 数据包经过交换机 S2 分别转发到目的地 PC10。

(5) PC10 将收到的 3 个小 IP 数据包重新拼合成 PC1 发送时的初始 IP 数据包。

为了让这个互联网络能圆满完成上述 5 个步骤的数据传输转发任务,需要解决一系列的问题。下面先给出 IP 数据包格式,如图 5.2 所示。

IP 数据包又称为 IP 分组,分为 IP 首部和 IP 数据部分,就像一封信包括信封和信纸。图 5.2 IP 分组的图示是以 32 位(4 个字节)一行的形式来显示的。接下来根据 IP 数据包格式来分析讨论图 5.1 数据传输中涉及的问题。

(1) **关于目的地址**。路由器用 IP 地址来识别 IP 分组的目的地,即图 5.1 IP 分组中的目的 IP 地址用来标志目的地。目前用的 IP 地址是长度为 32 位的二进制数字串。

(2) **关于"网段"或"网络"的概念**。IP 地址是 32 位的二进制数字串(这是 IPv4 版本),它分为两部分,即网络号和主机号,或分别称为网络 id 和主机 id,就如同电话号码分为区号和座机号。如果两个 IP 地址网络号相同则称处于"同一网段"或"同一网络",反之则说处于"不同网段"或"不同网络",就像两个电话号码区号相同就说是同一地区的,区号不同则在不同地区。至于 IP 地址的网络 id 和主机 id 如何划分,后面再详细阐述。

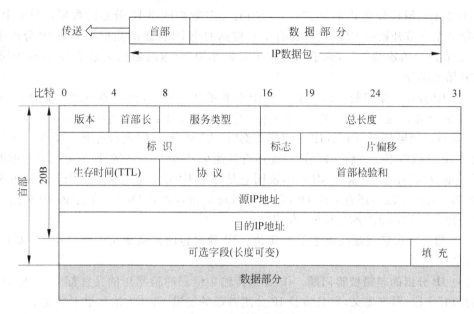

图 5.2　IP 数据包格式

（3）**IP 分组的总长度的确定**。它是指 IP 分组首部中的“总长度”字段，单位是字节，如果总长度的值是 70，就是说这个 IP 分组总长（包括首部和数据）70 个字节。“总长度”字段有 16 位，这样该字段最大值是 $2^{16}-1$，因此 IP 分组最大差不多算是 64KB。

（4）**不同的 IP 数据包区分问题**。在 IP 首部中有个 16 位的“标识”字段，不同的 IP 分组，该“标识”字段不同。

（5）**IP 分片归属问题**。如图 5.1 中，PC10 怎么确定 3 个小 IP 数据包原来确实是属于同一个 IP 数据包的？这是由 IP 分组中的“标识”字段来解决的。分出来的 3 个 IP 分组的首部字段中，“标识”字段都是相同的，也就表明这 3 个 IP 分组原来是同一个 IP 分组的，比如“标识”字段数值都是 1000，这个 1000 也是原来未分离前的 IP 分组的标识数值。类似的，假如 3 个小的 IP 分组还嫌太大而需要再分成多个更小的 IP 分组，那么那些更小的 IP 分组首部的“标识”数值也都是 1000。

（6）**IP 分片重组顺序问题**。现在考虑上面 3 个小的 IP 分组在 PC10 端重新拼接组合时的顺序问题。显然，重新拼合时必须按照分离时的顺序，就像玩拼图游戏，拼的位置不对，就不再是原来的图形。3 个小 IP 分组在原来 IP 分组中的位置用 IP 首部中的“片偏移”字段来给出。

例如，以图 5.1 为例说明如下：

① 本来原来 IP 数据包总长 70 字节，其中首部假如 20 字节，那么数据部分 50 字节。

② 现在分成 3 个 IP 分组，需要将数据分成 3 部分，如 20B、18B 和 12B 这 3 部分，然后 3 部分数据分别加首部。注意首部不能分，就像假如写信内容太多，一个信封装不下所有信纸时，需要多用几个信封来装，所以分开的只是信的内容。

③ 数据分好后，假如原来的顺序是 20B 在最前面，18B 在中间，12B 在末尾，那么等重新拼合时也需按这样的顺序，这在 3 个小的 IP 分组的首部字段“片偏移”中须给出。

④ 3 个片偏移分别是 0、20、38,表示拥有 20B 数据的小 IP 分组的数据是原来 IP 分组中第 0 个字节开始的连续部分,拥有 18B 数据的小 IP 分组的数据是原来 IP 分组中第 20 个字节开始的连续部分,而最后拥有 12B 的小 IP 分组的数据是原来 IP 分组中第 38 字节开始的部分。

(7) **IP 分片数量问题**。解决了 3 个 IP 分片的拼合顺序,还需要知道原来的 IP 分组共有多少分片。这个在 IP 首部的 3 位"标志"字段中给出,其中一位是 MF(More Fragment)。如果其中一个小 IP 分组的首部"标志"MF=1,则表示这个小 IP 分组的数据在原来 IP 分组中不是最后一部分,后面还有其他小 IP 分片。显然,那个带 12B 数据的小 IP 分组的首部"标志"中就有 MF=0,说明它是原来 IP 分组中的最后一个。顺便说明一下,首部"标志"字段中还有一位 DF(Don't Fragment),如果 DF=1 表示该 IP 分组不允许被分片。3 位"标志"字段剩下一位没用。

(8) **目的端主机对源头端主机的定位**。IP 数据包的发送源头由首部中的"源 IP 地址"给出。

(9) **IP 分组的差错校验问题**。IP 分组传输中错误的检测用的是首部中 16 位的"首部检验和"字段,顾名思义,它只检验 IP 分组首部的差错,具体方法这里不做要求了。

(10) **IP 分组的生存时间**。路由器转发失误可能导致 IP 数据包在网络路由器之间循环兜圈转发。为解决这个问题,IP 分组首部中使用了 8 位的"生存时间"(Time To Live)字段。PC1 发送初始 IP 分组时会在首部中给定一个 TTL 值,比如 128,之后 IP 分组每到达一个路由器,该路由器会将此 TTL 值减 1,再作其他处理后转发给下一路由器。当某个 IP 分组首部中的 TTL 值变为 0 时,将被收到它的路由器丢弃而不再转发给其他路由器,这样就避免了 IP 分组出现无限兜圈循环的问题。

(11) **关于对路由器转发 IP 分组的特殊要求**。如果某个 IP 分组很紧迫,那么在 IP 首部的 8 位"服务类型"字段中的某一位会有指示。早期这个字段用得不多,像现在互联网上发送的在线语音和视频数据就需要高的实时性和低的时延,一般会利用 IP 首部的"服务类型"字段。该字段具体情况这里不做要求了。

除了上面讨论中涉及的 IP 分组首部的字段外,还有如下几个字段。

(1) **版本**:4 位长度,指出该网际协议的版本,现在是版本 4,不过版本 6(即 IPv6)也已开始使用。

(2) **首部长**:4 位,因为首部还可能有下面的"可选字段",所以需指出 IP 首部的长度,单位是"4 字节",即如果该字段值是 5,则表示首部长度是 5×4 字节=20 字节。

(3) **可选字段**:用于其他控制,这里不要求了。由于 IP 首部长度要求是 4 个字节的倍数,所以如果加的可选字段长度不是 4 个字节的倍数,后面需要额外填充空字节补足,如图 5.2 所示。

5.1.2 IP 地址

1. 关于 IP 地址的问题

全球非常多的企事业单位都有自己的内部局域网络,同时又通过各自的边界路由器(如图5.3所示)接入 Internet。在互联网上通信的所有主机和路由器都有自己的 IP 地址。当今互联网上的主机数量之庞大早已超出人们在 Internet 诞生之初时的想象。

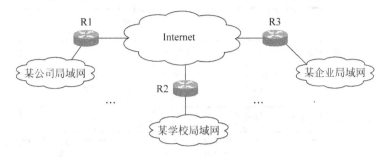

图 5.3　Internet 和接入 Internet 的企事业局域网

之前已有提过,目前的 IP 地址是 32 位的二进制数字串,现在需要具体知道 IP 地址的情况。

(1) IP 地址的网络号和主机号是怎么划分的?

(2) 当今互联网如此之庞大,按照数量其实 32 位的 IP 地址早已不够分配了,就像随着电话用户越来越多,电话号码也在时不时地升位。但是 32 位的 IP 地址现在却还在使用,这又是怎么回事?

2. IP 地址及表示

IPv4 版本的 IP 地址都是 32 位的二进制串。将来流行的 IPv6 的 IP 地址是 128 位。

由于 32 位二进制书写不便也不易看懂,人们通常将它写成所谓的"点分十进制"的形式,即把 32 位二进制看成 4 部分 8 位的二进制,将每 8 位二进制转换成十进制,然后在这 4 个十进制之间用句点隔开,如图5.4所示。

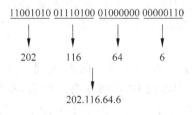

图 5.4　点分十进制书写示例

11001010011101000100000000000110 → 202.116.64.6

3. 分类的 IP 地址

分类 IP 地址的 net-id 和 host-id 划分如图5.5所示。

分类 IP 地址的特点如下。

(1) IP 地址的类别由其前 4 位决定,图5.5已很清楚表示。

(2) A、B、C 3 类 IP 地址的网络号分别占 1 个、2 个、3 个字节(图5.5灰色部分),当然剩下部分就是它们的主机号长度。一般单个计算机或路由器的 IP 地址都是属于

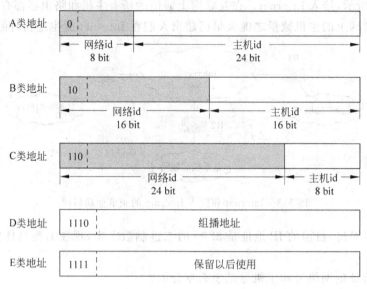

图 5.5 分类 IP 地址的 net-id 和 host-id 划分

这 3 类之一。

（3）D 类是组播 IP 地址，用于组播用途，这里不作细述。E 类地址留作今后使用。

4. 特殊 IP 地址

在所有 A、B、C 3 类 IP 地址中，并不是所有的 IP 地址都可以分配给单个计算机或路由器，有一部分是专门留作特殊用途的，如下所示。

（1）网络 id 全是 0 的或者主机 id 全是 0 的 IP 地址。通常把某个 IP 地址的主机号改成 0 来代指该 IP 地址所在的网段，如一个 C 类 IP 地址 192.168.1.2，将主机号改成 0，则变成 192.168.1.0，就用这个"192.168.1.0"来代指网络号是"192.168.1"的网段，一般又将它称之为**网络地址**。

（2）网络 id 全是 1 的或者主机 id 全是 1 的 IP 地址。某个主机向本网段的所有主机同时发送同一个 IP 数据包称为**本地 IP 广播**或**有限广播**，本地 IP 广播用的目的 IP 地址是 32 位全是 1 的 IP 地址。某个主机向其他某个网段上的所有主机同时发送同一个 IP 数据包称为**定向 IP 广播**，其目的 IP 地址的网络号即为那个目的网段的网络号，而主机号的所有二进制位全是 1。

（3）第一个字节值是 127 的 IP 地址是本地回环测试地址，即 127.0.0.1～127.255.255.254 范围的 IP 地址，这里显然按照（1）和（2）没有包括 127.0.0.0 和 127.255.255.255。

具体意义如表 5.1 所示。

5. 私有 IP 地址

私有 IP 地址又称为内部 IP 地址或保留 IP 地址。Internet 上的 IP 地址要求是唯一的，即不允许有两个主机或路由器用同一个 IP 地址，而这样的 IP 地址是需要向**因特网名**

字和号码指派公司 ICANN(Internet Corporation for Assigned Names and Numbers)缴费申请的(中国用户向亚太网络信息中心 APNIC 申请)。

表 5.1　一般不分配给单个计算机或路由器使用的特殊 IP 地址

net-id	host-id	用作源地址	用作目的地址	代 表 意 义
0	0	可以	不可以	本网段上的本主机
net-id	0	不可以	不可以	一般代指网络号是"net-id"的网段
0	host-id	可以	不可以	本网段上的主机号是"host-id"的主机
全 1	全 1	不可以	可以	向本网段所有主机广播的 IP 地址(路由器不会转发)
net-id	全 1	不可以	可以	对网络号是"net-id"的网段上所有主机广播的 IP 地址
127	任何数	可以	可以	用作本地软件回环测试之用

如果每台接入 Internet 的主机都要求是不一样的 IP 地址,那么现在 32bit 的 IP 地址早用完了。为了延缓 32 位 IP 地址的耗尽趋势,**互联网工程任务组** IETF 保留了一部分 IP 地址。各地的公司或单位机构若想组建自己的内部局域网,可以将这些 IP 地址分配给内部主机,同时,需要为单位直接连入 Internet 的路由器花钱申请一个全球合法 IP 地址。

这种情况下,显然不可避免地会出现不同单位机构的内部主机使用了相同的 IP 地址。如果单位的内部主机想跟外面因特网上的主机通信,需要经过单位的路由器的网络地址转换(NAT),以避免内部主机跟外面主机的 IP 地址冲突。NAT 技术能让一个单位内部随意使用那些保留的 IP 地址而无须考虑其他单位是否也使用了这些保留 IP 地址。这样保留的 IP 地址可以被不同单位重复使用而无须花钱申请,这就延缓了 IP 地址耗尽的趋势。关于 NAT 将在 5.5 节作介绍。

表 5.2 给出了 IETF 保留的 IP 地址范围。

表 5.2　保留 IP 地址

00001010000000000000000000000001～00001010111111111111111111111110
即 10.0.0.1～10.255.255.254
10101100000100000000000000000001～10101100000111111111111111111110
即 172.16.0.1～172.31.255.254
11000000101010000000000000000001～11000000101010001111111111111110
即 192.168.0.1～192.168.255.254

5.1.3　子网掩码

1. 网络规划和 IP 地址分配问题

某个职业技术学院本来是一所大学的二级学院,其行政办公网所用的是一个内部分类 B 类网段 172.18.0.0,即所有办公主机都在一个网段。后因办学需要,该二级学院独立出来成为一所高职院校,自然拥有了自己下设若干二级学院的资格,如图 5.6 所示(这里的 R1 看成一个具有路由功能的 3 层设备)。

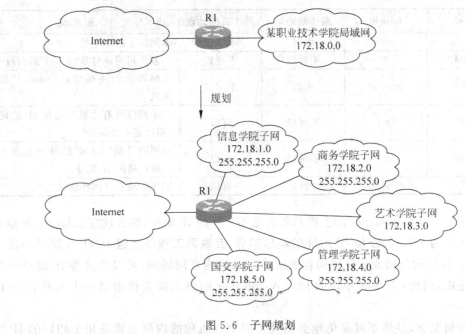

图 5.6　子网规划

在默认分类 IP 地址中,各 IP 地址的网络号和主机号的位长度已根据其类别确定,且在使用中不能再更改,比如上述 B 类地址 172.18.0.0,它的网络号就是前 16 位,而主机号就是后 16 位。

假设上述职业技术学院的行政办公网原来总共有 200 台计算机,现在独立以后,每个新的二级学院要求自成独立网段,即会是 5 个行政办公网段。因此,除 172.18.0.0 之外,还需要再加 4 个分类网络地址分配给二级学院。但是这样做,会发现很浪费 IP 地址。

现在希望:不另外耗费新的 IP 地址,仍然用原来的 172.18.0.0 网段地址,同时还要实现二级学院 5 个网段。

2. 子网掩码

为了充分利用 IP 地址,对上面的例子有一个解决办法,就是**划分子网**,即在分类网段基础上再划分子网段,也就是上面的 5 个二级学院分别是 5 个办公子网。下面是一种划分办法。

200 台主机只用一个 B 类网络地址 172.18.0.0。这里将该 B 类地址的 16 位主机号的前 8 位留作**子网号**,剩下的 8 位作为新的主机号。这样最多允许有 $2^8-2=254$ 个子网(一般子网号也不用全 0 和全 1 的),显然这个数量足够上面分 5 个子网的要求。而每个子网可以有 $2^8-2=254$ 台主机,对各二级学院也已够用。

现在 IP 地址节省了,但这里有个新的问题,就是子网号的位数怎么明确表示,因为它不像默认分类地址,只要看 IP 地址前面的 4 位就知道是哪类 IP 地址,也就知道了网络号位数和主机号位数。上面将 16 位主机号分成了 8 位子网号和 8 位新主机,其实在满足上述学院需求(5 个子网)的情况下,可以有多种划分,如原 16 位主机号分成前 7 位子网号和后 9 位新主机号,或者分成前 5 位子网号和后 11 位新主机号等。为了能明确表示子网号位数(当然相应的也确定了新的主机号位数),引入**子网掩码**的概念。

子网掩码是一个 32 位的二进制串,前面一般是连续的二进制数 1,接着就是连续的二进制数 0,具体 1 的个数和 0 的个数取决于子网划分。

还是以上面的例子为例,网段 172.18.0.0 按照 8 位子网号和 8 位主机号来划分子网,那么原来网络号位数加子网号位数就是 16+8=24 位,这些信息可以用下面的子网掩码表示:

$$1111111111111111\ 1111111100000000$$
$$24 \text{ 个 } 1$$

即前面连续 24 个 1,接着连续 8 个 0,转换成点分十进制表示就是 255.255.255.0。有了这个子网掩码,就很清楚地知道,原来 B 类网段 172.18.0.0 划分子网后,子网号位数是 8(24-16),还剩下 8 位主机号。也可以这么理解:划分子网后,各子网的主机 IP 地址的网络号不再是原来的前 16 位,而是变成了前 24 位(加上了子网号位数);同时,主机号也不再是原来的后 16 位,而变成了只是最后 8 位。

这样,对于上面的例子,5 个二级学院的办公网可以分别用下面 5 个子网地址。

信息学院:

172.18.1.0(10101100 00010010 00000001 000000000),子网掩码 255.255.255.0。

商务学院:

172.18.2.0(10101100 00010010 00000010 000000000),子网掩码 255.255.255.0。

艺术学院:

172.18.3.0(10101100 00010010 00000011 000000000),子网掩码 255.255.255.0。

管理学院:

172.18.4.0(10101100 00010010 00000100 000000000),子网掩码 255.255.255.0。

国交学院:

172.18.5.0(10101100 00010010 00000101 000000000),子网掩码 255.255.255.0。

显然,按照子网掩码,它们变成了 5 个(子)网段。至此已完成引例中的任务。

子网掩码如图 5.7 所示。

引入子网概念后,为了统一起见,对于默认的分类 IP 地址网络,如果没有划分子网,也给它一个对应的子网掩码,称为**默认子网掩码**。比如 B 类网段 172.18.0.0 没有划分子网,即主机号还是原来的 16 位,其实它的子网号位数就是 0,那么它的子网掩码其实就是 255.255.0.0。3 类 IP 地址的默认子网掩码如下。

A 类 IP 地址的默认子网掩码为 255.0.0.0。

B 类 IP 地址的默认子网掩码为 255.255.0.0。

C 类 IP 地址的默认子网掩码为 255.255.255.0。

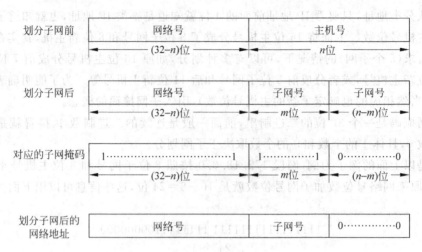

图 5.7 子网掩码

3. 变长子网掩码（VLSM）

上面的例子中,在 B 类地址 172.18.0.0 基础上划分的 5 个子网有相同的子网掩码,即 255.255.255.0。因此,5 个子网的 IP 地址都只有 8 位长度的主机号。如果在分类 IP 地址基础上只能按一种子网掩码划分子网,那么还是有一定的局限性。

为了能更充分地利用 IP 地址,允许对分类 IP 地址按照多个子网掩码来划分子网段。比如上面的信息学院 172.18.1.0(255.255.255.0)还希望再自己组建 3 个子网段,那么在 172.18.1.0(255.255.255.0)基础上,可再留出 3 位主机号用作子网号,而只留下 5 位主机号,即可以认为网络号变成了 27 位,主机号变成了 5 位。这样子网掩码就应该是 11111111111111111111111111100000(27 个连续的 1),即 255.255.255.224。信息学院 3 个子网地址可如下分配。

信息学院子网 1:

172.18.1.32(10101100 00010010 00000001 001000000),255.255.255.224。

信息学院子网 2:

172.18.1.64(10101100 00010010 00000001 010000000),255.255.255.224。

信息学院子网 3:

172.18.1.96(10101100 00010010 00000001 011000000),255.255.255.224。

对初始的 B 类地址 172.18.0.0 在划分子网时用了两个子网掩码。第一个子网掩码 255.255.255.0 分出了 5 个二级学院;而第二个子网掩码 255.255.255.224 又分出了信息学院的 3 个子网。如果其他学院有需要也可以继续划分子网。

这种在划分子网时不用单个固定子网掩码,而是用多个子网掩码的情况,称为**变长子网掩码 VLSM**(Variable Length Subnet Mask)。

在 VLSM 基础上,人们又引入了**无分类编址方法**,其正式名字是**无分类域间路由选择 CIDR**,即取消了分类地址,而 IP 地址的网络号一般改称为**网络前缀**,即

IP 地址::=｛〈网络前缀〉,〈主机号〉｝

IP 地址采用**斜线记法**,如 172.18.2.60/24,表示该 IP 地址前 24 位是网络前缀(相当于原来子网掩码前 24 位是 1),而后 8 位是主机号。

现在常将用子网掩码表示的网段或地址块改用简单的网络前缀表示法。比如,B类(子)网段 172.18.2.0 和对应的子网掩码 255.255.255.0,可以简单表示成 172.18.2.0/24,如图 5.8 所示。

(子)网段 172.18.2.0 和相应子网掩码 255.255.255.0

172.18.2.0/24

图 5.8　子网掩码和网络前缀

5.1.4　IP 数据包转发流程

1. 路由器分组转发问题

如图 5.9 所示,R1、R2 和 R3 这 3 个路由器连接了 5 个 IP 网络(段),从左向右分别是网络 172.18.20.0/24、网络 172.20.0.0/16、网络 172.16.33.0/24、网络 172.30.0.0/16 和网络 192.168.30.0/24。

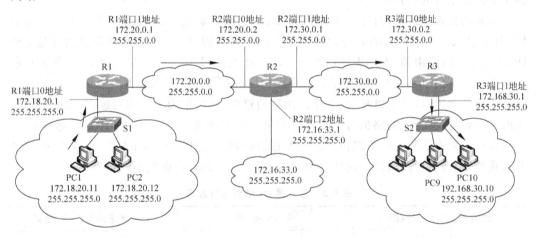

图 5.9　IP 数据包的转发流程

(1) R1 的端口 0 连网络 172.18.20.0/24,其实是该网络的(默认)网关,端口 IP 地址是 172.18.20.1,子网掩码当然是 255.255.255.0。

(2) R1 的端口 1 连网络 172.20.0.0/16,端口 IP 地址是 172.20.0.1。

(3) R2 的端口 0 也连网络 172.20.0.0/16,端口 IP 地址是 172.20.0.2。

(4) R2 的端口 1 连网络 172.30.0.0/16,端口 IP 地址是 172.30.0.1。

(5) R2 的端口 2 连网络 172.16.33.0/24,端口 IP 地址是 172.16.33.1。

(6) R3 的端口 0 也连网络 172.30.0.0/16,端口 IP 地址是 172.30.0.2。

(7) R3 的端口 1 连网络 192.168.30.0/24,其实是该网络的(默认)网关,端口 IP 地址是 192.168.30.1。

在网络 172.18.20.0/24 上有一台主机 PC1 能通过中间的各路由器向网络 192.168.30.0/24 上的一台主机 PC10 成功发送一个 IP 分组。

图 5.9 中,当 PC1 向 PC10 发送 IP 数据包时,中间的路由器必须有能力将这个 IP 数据包成功送到目的地,人们会很直观地想到,各路由器应该知道到所有网络的所有主机的行走路径,然而,每个路由器对于这个互联网络上的每一台主机都存储一条到该主机的路径会耗费该路由器相当大的存储开销,那么存在以下问题。

(1) 路由器是怎么存储关于到目的主机的路径的?

(2) 路由器又是怎么实现 IP 分组转发任务的?

2. IP 数据包转发流程

现在以上面 PC1 向 PC10 发送 IP 分组为例,较详细地阐述 IP 分组的转发流程。

(1) 路由表

首先指出,路由器帮主机转发传递 IP 数据包是依据自己存储的一张路由转发表来进行的,但是该路由转发表上存储的主要不是关于到某个特定主机的转发路径,而主要是关于到某个网络(段)的转发路径(之所以说"主要",是因为路由器也会存储若干较少的关于到某个特定主机的转发路径)。

能够这样做,是因为对于某个路由器来说,这已足够它完成转发任务。比如路由器 R1,让它转发一个最终目的地是 PC9 或 PC10 的 IP 分组,R1 所要做的动作显然都是将该 IP 分组转发到路由器 R2,因为 PC9 和 PC10 都在网段 192.168.30.0/24(如图 5.9 所示),至于剩下的事不需要 R1 管了。这样路由器的存储任务显然会大大减轻。

下面先列出 R1、R2 和 R3 这 3 个路由器的路由表(这里为了说明问题,列出的只是简化的路由转发表,真正的路由转发表要比它复杂些),如表 5.3～表 5.5 所示。通常将 IP 分组从一个路由器到另一个路由器的转发称为转跳。至于这些路由转发表、各路由器是怎么获得的,或者说路由器的这些路由转发表是怎么来的,这里先不做要求。

表 5.3 路由器 R1 的路由转发表

目的地主机所在网络	子 网 掩 码	下一跳路由器的 IP 地址
172.18.20.0	255.255.255.0	直接交付,端口 0
172.20.0.0	255.255.0.0	直接交付,端口 1
172.30.0.0	255.255.0.0	172.20.0.2
172.16.33.0	255.255.255.0	172.20.0.2
192.168.30.0	255.255.255.0	172.20.0.2

表 5.4 路由器 R2 的路由转发表

目的地主机所在网络	子 网 掩 码	下一跳路由器的 IP 地址
172.18.20.0	255.255.255.0	172.20.0.1
172.20.0.0	255.255.0.0	直接交付,端口 0

目的地主机所在网络	子 网 掩 码	下一跳路由器的 IP 地址
172.30.0.0	255.255.0.0	直接交付,端口 1
172.16.33.0	255.255.255.0	直接交付,端口 2
192.168.30.0	255.255.255.0	172.30.0.2

表 5.5　路由器 R3 的路由转发表

目的地主机所在网络	子 网 掩 码	下一跳路由器的 IP 地址
172.18.20.0	255.255.255.0	172.30.0.1
172.20.0.0	255.255.0.0	172.30.0.1
172.30.0.0	255.255.0.0	直接交付,端口 0
172.16.33.0	255.255.255.0	172.30.0.1
192.168.30.0	255.255.255.0	直接交付,端口 1

（2）IP 数据包的转发

现在结合上面的路由转发表来一步一步地描述 IP 分组从主机 PC1 发送到主机 PC10 接收的较为详细的流程。

① 主机 PC1 发送 IP 数据包,当然目的 IP 地址肯定是 PC10 的 IP 地址 192.168.30.10（如图 5.9 所示）,源 IP 地址自然是 172.18.20.11。

② 该 IP 分组先到达路由器 R1 的地址是 172.18.20.1 的端口 0（这里为了针对性说明问题,忽略交换机转发和数据链路层的处理,下同）。

③ R1 取出该 IP 分组的目的 IP 地址 192.168.30.10,将它和自己的路由转发表的每一项（行）进行对比。

a. 用目的地址 192.168.30.10 和**第一行**的子网掩码 255.255.255.0 进行逐位二进制相与运算（效果上其实正好跟逐位相乘一样）,如图 5.10 所示,按照子网掩码先将 192.168.30.10 的网络号取出来（即 192.168.30）,然后将主机号变成 0,于是就得到 192.168.30.0,其实就是网络（段）192.168.30.0 的网络地址。将所求得的网络地址 192.168.30.0 和第一行的网络地址 172.18.20.0 作比较,显然并不相等,说明这一行不是关于这个目的 IP 地址所在网络的,转而看路由转发表的下一行。

```
192.168.30.10 →   11000000101010000000111100001010
255.255.255.0 →  • 11111111111111111111111100000000
                  ──────────────────────────────────
                  11000000101010000000111100000000
                                    ↓
                  192.168.30.0
```

图 5.10　二进制相与运算

b. 还是用目的地址 192.168.30.10 做类似 a 的二进制相与运算,只不过子网掩码换成了**第二行**的,结果是 192.168.0.0,显然和第二行的网络地址 172.20.0.0 也不相同,继续比较路由转发表的下一行。

c. 以此类推,很显然,只有 R1 的路由转发表的**最后一项**（行）是要找的路由转发表项,这一项的下一跳转发指令是 172.20.0.2,意思是将该 IP 数据包转发到路由器 R2 的 IP 地址 172.20.0.2,即路由器 R2 的端口 0。

d. 至此,R1 已完成任务,剩下的事是 R2 的了。注意,在这个转发中,IP 分组的目的 IP 地址和源 IP 地址其实都没变过,但 R1 会将该 IP 分组首部中的 TTL 减 1。

④ 路由器 R2 在端口 0 收到该 IP 数据包后,会像路由器 R1 一样在自己的路由转发表中找合适的转发指令项,显然也应该是路由转发表中的最后一项,于是 R2 就会将该 IP 数据包转发到路由器 R3 的端口 0(172.30.0.2)。

⑤ 同样,路由器 R3 也会根据自己的路由转发表最终将该 IP 数据包从自己的端口 1 转发出去,这样 PC10 就能收到 PC1 的 IP 数据包了。

3. VLAN 间的连接和 IP 分组转发

图 5.9 中显示的是路由器连接几个物理网段的情况。在 3.5 节已经讲过虚拟局域网 VLAN,它的一个特点是两台在不同 VLAN 网段上的主机却可能连在同一台交换机上。

需要指出的是,VLAN 网段虽然是用了 VLAN 技术实现,但在 TCP/IP 的网络层来看,其实就是 IP 网段。也就是说,从 IP 网络的角度来说,物理网段和 VLAN 网段是一样的,只是 VLAN 网段因为用到了 VLAN 技术,使得连同一交换机的各主机可能属于不同(VLAN)网段。不同 VLAN 网段之间要想通信也需要路由器连接,如图 5.11 所示。

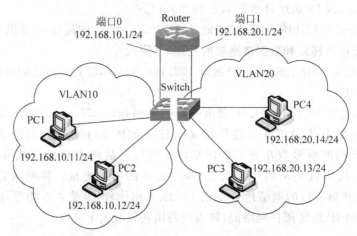

图 5.11 路由器连接 VLAN 的情况

交换机上划分了两个 VLAN,可以看成交换机被分成了两个交换机(只是为了理解上的方便和直观)。路由器的两个端口分别连接这两个 VLAN,所以在 VLAN 互联网络环境中,IP 数据包的转发过程跟前面的描述是类似的。

当在交换机上划分的 VLAN 网段数量较多时,如果用路由器的一个端口连一个 VLAN 网段是不可行的,因为路由器跟交换机不一样,它的端口很少。这种情况下,有一种单臂路由技术,就是路由器和交换机之间只连一根线,但是在逻辑上把这根线当成多根线使用。具体技术细节这里不再阐述。

细心的读者可能已发现,如果把上面交换机上所连的所有主机都归到同一个

VLAN,那么,在物理连接形态上,VLAN 网段和物理网段也几乎没什么区别了。而在当今企事业单位自己的局域网络中也经常是这么做的。

各单位的局域网络一般采用以太网技术,而且不只有一个网段,而是很多个网段连接而成的较大规模的网络,每个网段其实都是 VLAN 网段。而且**在跨多个以太网段的连接中,用的更多的是另外一种以太网连接设备——三层交换机**。之所以称为三层交换机,是因为**这种以太网交换机还有第三层(网络层)的部分功能**,即也有类似路由器的 **IP 路由转发功能**。因此它也能连接多个 VLAN 网段,如图 5.12 所示。

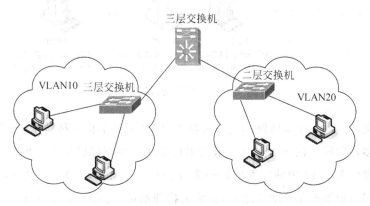

图 5.12　三层交换机连接 VLAN 示例

图 5.12 所示为三层交换机连接两个 VLAN 网段的示例(当然连接更多个 VLAN 网段也是类似)。相应的将之前使用的**最高层次只到第二层(数据链路层)功能的以太网交换机称为二层交换机**。

虽然三层交换机也具有类似的网络层的 IP 路由转发功能,但是三层交换机一般只用在多个以太网段之间的连接中,**不能用在以太网和帧中继等广域网之间的互联**。也就是说三层交换机不能连接两个异构网络,而路由器是能做到的。

至于用三层交换机连接的网络环境中 IP 数据包的转发过程,跟使用路由器时的情况类似,这里不再赘述。

5.2　地址解析协议

5.2.1　物理地址和 IP 地址的问题

地址解析协议如图 5.13 所示。

如图 5.13 所示,路由器 R1 右边连接的是一个局域网段 192.168.1.0/24。

在多个网络(段)组成的互联网络中,主机和路由器以网络层的 IP 地址来标识自己。但是,在一个广域网或者单个局域网内部,各物理实体(包括多种交换机和主机等)都会以另一种地址来标识自己。由于广域网和局域网的技术有较大区别,因此它们的内部地址

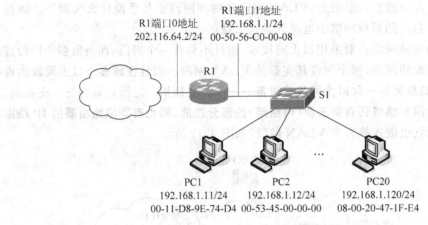

R1端口1地址
R1端口0地址   192.168.1.1/24
202.116.64.2/24   00-50-56-C0-00-08

PC1   PC2   PC20
192.168.1.11/24   192.168.1.12/24   192.168.1.120/24
00-11-D8-9E-74-D4   00-53-45-00-00-00   08-00-20-47-1F-E4

图 5.13　地址解析协议 ARP

机制会有很大不同；而且局域网不止一种技术，广域网也不止一种技术，所以这样的地址形式其实有多种多样。而这种地址一般大多可归属于数据链路层的地址。

现在只考虑图 5.13 中的以太局域网络（段）192.168.1.0/24。在这个网络中的主机在数据链路层的地址都是 MAC 地址，也称为物理地址，它是一个 48 位的二进制串，一般写成十六进制的形式，为清晰起见，每两个十六进制间用短线隔开（如图 5.13 所示）。连接这个以太网络的路由器 R1 的右边端口 1 也是一个以太端口，除了 IP 地址外也有一个 MAC 地址。

IP 数据包是第三层网络层的数据格式，它要被第二层数据链路层作为数据部分封装进数据链路层的数据格式。如以太网的数据链路层数据格式是 MAC 帧，将 IP 数据包作为数据部分，在前面添上 MAC 帧首部及在后面添上 MAC 帧尾部以后就变成 MAC 帧，就好比现在 IP 数据包变成了信纸，而 MAC 帧首部和尾部变成了信封。

在图 5.13 中，如果主机 PC1 想发送一个 IP 数据包给主机 PC2，须将该 IP 数据包封装到一个 MAC 帧，而在这个 MAC 帧中需要指出目的主机的 MAC 地址，也可以算是内部网络（段）的主机标识。

同样，如果路由器 R1 收到一个从外面来的 IP 数据包，它的目的 IP 地址是 PC20 的 IP 地址 192.168.1.120，那么按照上面的"IP 数据包转发"，R1 应该将该 IP 数据包从端口 1 直接交付转发。前面"IP 数据包转发"中为了重点说明问题，其实忽略了路由器 R1 直接交付的一些细节，就是 R1 还需要先知道主机 PC20 的 MAC 地址，然后将该 IP 数据包封装成 MAC 帧以后再传给主机 PC20。

现在的问题是主机 PC1 怎么根据主机 PC2 的 IP 地址知道主机 PC2 的 MAC 地址；或者路由器 R1 怎么根据主机 PC20 的 IP 地址知道主机 PC20 的 MAC 地址。即以太网中的主机（包括连接以太网的路由器）怎么根据本地网络（段）的另外某个 IP 地址来获知该 IP 地址的主机对应的 MAC 地址。

5.2.2　地址解析

为了完成上面本网络(段)邻居主机的 IP 地址到 MAC 地址的转换而采用的标准化了的技术就是地址解析协议(Address Resolution Protocol)。下面以主机 PC1 要向主机 PC20 发送一个 IP 数据包为例来阐述 ARP 协议的工作原理。

(1) 主机 PC1 已准备好了要发送给主机 PC20 的 IP 数据包,显然这个 IP 数据包的目的 IP 地址肯定是 192.168.1.120。但是现在 PC1 还不知道 PC20 的 MAC 地址,所以要先获取 PC20 的 MAC 地址。

(2) PC1 先向本地网络(段)发送一个特殊的 MAC 帧,称为 **ARP 请求帧**,之所以特殊是因为这个帧的目的 MAC 地址是一个 48 位全是 1 的 MAC 地址,这个地址是以太网段数据链路层的广播地址。这个帧会被 PC1 所在网络段的所有主机接收下,但是只有主机 PC20 会有响应,因为 PC1 用这个帧的内容大致表达了这样的意思:"我是 IP 地址是 192.168.1.11 的主机,我的 MAC 地址是 00-11-D8-9E-74-D4,请问这个网段上谁的 IP 地址是 192.168.1.120,我想知道你的 MAC 地址。"

(3) 当 PC20 收到这个 ARP 请求帧之后,看了帧的内容,显然知道是 PC1 在问它,它就会对 PC1 有响应,会向 PC1 发送一个 **ARP 响应帧**。而这个帧是一个普通单播帧,它的目的 MAC 地址填的是 PC1 的 MAC 地址,因为 PC20 在之前那个 ARP 请求帧中已经知道了 PC1 的 MAC 地址。这个 ARP 响应帧其实是对 PC1 的回答,大致意思是:"我就是 IP 地址是 192.168.1.120 的主机,我的 MAC 地址是 08-00-20-47-1F-E4。"除了 PC20,该网段其他主机是不会响应 PC1 的,它们显然也知道 PC1 不是在问自己。

(4) PC1 收到 PC20 的 ARP 响应帧之后就知道了 PC20 的 MAC 地址,然后可以用单播帧封装 IP 数据包发送给 PC20 了。

(5) PC1 知道了 PC20 的 MAC 地址之后,还会将 PC20 的 IP 地址和 MAC 地址的对应关系存储在自己特定的内存空间里,这部分内存空间称为 **ARP 缓存**(这里为了容易理解暂作这样的定义)。即 PC1 会存储 192.168.1.120　08-00-20-47-1F-E4 这样的地址对,这是为了以备后用,因为很可能 PC1 一会儿还要再跟 PC20 通信。

(6) 但是如果以后 PC1 和 PC20 一直不通信,超过一定时间,这个地址对会在 PC1 的内存中自动删除,一般这个超时时间默认不超过 10 分钟,当然若 PC1 总能在这个超时间隔内跟 PC20 通一次信,那是不会丢失的。

(7) PC1 一旦丢失了关于 PC20 的 ARP 缓存信息,想再跟 PC20 通信时,就必须再次发送 ARP 请求帧了。

(8) 当然,如果 PC1 要跟本地网段其他主机通信也是类似,所以在 PC1 的 ARP 缓存中可能会有关于本网段其他多个主机的 ARP 信息。

这里顺便提及一下,和 ARP 协议对应的还有一个 **RARP 协议**,即逆地址解析协议,主要应用于无盘工作站,无盘工作站通过自己的 MAC 地址来获取自己的 IP 地址时(这里暂时这么解释)需要用到 RARP。由于现在无盘工作站应用较少,这里不再细述 RARP。

5.3 因特网控制报文协议

5.3.1 互联网络连通性管理的问题

图 5.14 所示为在主机 PC1 上用 ping 命令探测主机 PC20 的 3 个实例。

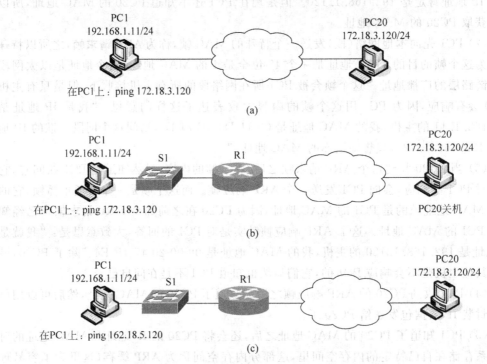

图 5.14 因特网控制报文协议 ICMP

(1) PC1 和 PC20 有网络互联,PC20 处于开机状态,且 PC1 上用 ping 命令探测的 IP 地址就是 PC20 的 IP 地址。这种情况下,PC1 会得到类似"Reply from 172.18.3.120: bytes=32 time<1ms TTL=128"这样的结果,表示从 172.18.3.120 主机有回复信息返回。

(2) 图 5.14(b)中,除了 PC20 处于关机状态外,其他情况同情况(1)。此时,PC1 会得到"Request timed out."这样的结果,表示"请求超时"。

(3) 图 5.14(c)中,几乎和情况(1)相同,除了 PC1 用 ping 命令探测的 IP 地址是162.18.6.120 外,在路由器 R1 的整个路由表中,没有关于这个 IP 地址及其所在网络的路由表项。这时,PC1 会得到"Destination host unreachable."这样的结果,表示"目标主机不可达"。

上述的 ping 命令是在探测主机间连通性的应用,一般不算是主机间的有效数据通信。现在有如下问题。

（1）在情况（1）中，PC20 会返回给 PC1 一个确认在线的信息，即那个成功回复是 PC20 发送的；但是在后面两种情况中，显然不会有主机对 PC1 有回应，那么，"请求超时"和"目标主机不可达"是谁发送回来的？

（2）这种网络状态信息在 TCP/IP 中如何表示和传送？

5.3.2　ICMP 报文及应用

现在简要回答上面的问题，具体的细节部分这里不做要求。

（1）对于 PC1 上显示"Request timed out."的情况，就是请求超时，常常是由互联网络上某个路由器发送过来的。而对于"Destination host unreachable."的情况，一般是图中路由器 R1 或其他互联网络上某个路由器的行为，某个路由器因为找不到去目的主机的路径，就返回给 PC1"目标主机不可达"的信息。

（2）在 TCP/IP 中，负责这种网络状态信息的技术就是因特网控制报文协议 ICMP。

① ICMP 报文的封装层次如图 5.15 所示。

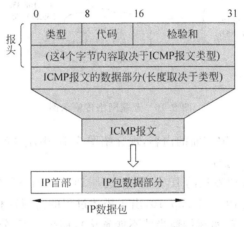

图 5.15　ICMP 报文格式

显然，从图 5.15 可看出，ICMP 报文要发送，还得封装进 IP 数据包。在协议层次上，还是将 ICMP 归于网络层，但是同在网络层，它要比 IP 协议高，因为 ICMP 报文由 IP 数据包封装。ICMP 报文总的分为两大类，即 **ICMP 询问报文**和 **ICMP 差错报告报文**。

② 以图 5.14 中 3 个实例为例，在 PC1 上输入"ping 172.18.3.120"并按回车键后，即向 PC20 发送探测报文，该报文就是属于 ICMP 询问报文中的 **ICMP 回送请求报文**，之后显示"Reply from 172.18.3.120：bytes＝32 time＜1ms TTL＝128"表示收到 PC20 回复，PC20 的回复报文属于 ICMP 询问报文中的 **ICMP 回送回答报文**。

③ 对于图 5.15 中的后两个实例，除 PC1 探测时还是发送 ICMP 回送请求报文外，回复过来的报文都属于 ICMP 差错报告报文；请求超时情况称为时间超时差错报告报文，目标主机不可达情况属于终点不可达差错报告报文的一种。

④ 其实 ICMP 报文具体细分种类相当多,应用内容也较多,这里就不做详细讲述。

5.4 互联网络传输示例

图 5.16 是一个局域网和广域网通过路由器互联的示例。其中的广域网用的是帧中继网,显然,这里跟 DCE 相连的路由器就属于 DTE 设备了(第 4 章中的 DTE 设备是主机)。

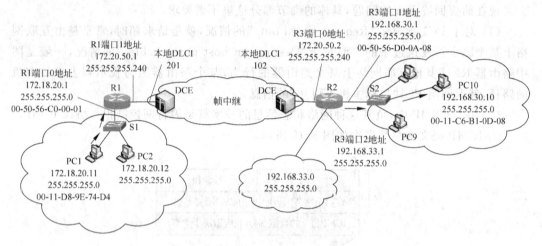

图 5.16 互联网络传输示例

为了更好地让读者理解前面的内容,现介绍图 5.16 中左端的 PC1 向右端的 PC10 发送一个 IP 数据包的大致过程。

(1) 首先,PC1 生成要发送的 IP 数据包(这是 PC1 的网络层功能),当然目的 IP 地址自然是 PC10 的 IP 地址 192.168.30.10,出于描述过程的清晰性和简洁性,这里不考虑 IP 分组首部的其他字段细节(实际传输当然不能省略),那么该 IP 分组就是如下形式:

源 IP 地址	目的 IP 地址	数据
172.18.20.11	192.168.30.10	

(2) **PC1 需要将该 IP 分组封装到以太帧(MAC 帧)中**(这是 PC1 的数据链路层功能),以太帧中需指定目的 MAC 地址。因为该 IP 分组的目的 IP 地址和 PC1 的 IP 地址属于不同网段,所以 PC1 需要将此 IP 分组交给本地网关转发,而本地网关就是路由器 R1 的端口 0 的地址 172.18.20.1。这样,以太帧的目的 MAC 地址就是路由器 R1 的 MAC 地址。假如 PC1 的 ARP 缓存中没有关于 172.18.20.1 到路由器 R1 的 MAC 地址的映射关系,那么 PC1 就需要先启动 **ARP 解析协议(ARP 解析进程)**,来获取路由器 R1 的 MAC 地址(这个一般归属于网络层功能)。然后 PC1 就可以封装 IP 分组到以太帧中,即如下形式:

目的 MAC 地址	源 MAC 地址	类型值	源 IP 地址	目的 IP 地址	数据	FCS
00-50-56-C0-00-01	00-11-D8-9E-74-D4	0x0800	172.18.20.11	192.168.30.10		

其中,类型值 0x0800(十六进制)表示帧中封装的是 IP 数据包。目的 MAC 地址 00-50-56-C0-00-01 就是路由器 R1 的 MAC 地址,源 MAC 地址 00-11-D8-9E-74-D4 自然是 PC1 的 MAC 地址。各 MAC 地址在图 5.16 中也已给出。

(3) 之后,PC1 就将上述以太帧发到交换机 S1,当然这个过程会涉及物理层的位编码传输和同步等技术。**交换机 S1 检查帧检验序列 FCS 确定无差错后再查找自己的 MAC 地址表**(这个是交换机的数据链路层功能),将该帧转发到路由器 R1 的端口 0(涉及交换机物理层功能)。

(4) 路由器 R1 收到交换机 S1 发来的以太帧并确定帧无差错后,**取出里面的 IP 数据包,即解封**(这可以归到 R1 的数据链路层功能)。通过检查 IP 包的差错校验字段确定 IP 包首部无差错后,R1 再**根据其中的目的 IP 地址查询自己的路由表**(这是 R1 的网络层功能),确定下一跳地址应该是 172.20.50.2/28(因为网段 192.168.30.0/24 和路由器 R2 相连,如图 5.16 所示),对应的转发端口就是端口 1(限于篇幅,路由表具体内容图 5.16 中没有给出)。当然,路由器 R1 还会对 IP 首部做些其他修改,比如,生存时间 TTL 会减 1 等(后面的路由器 R2 也一样)。

(5) 由于路由器 R1 端口 1 所连的是帧中继网,端口 1 的数据链路层封装也就是帧中继帧格式。本地数据链路连接标识符 DLCI 值是 201(图 5.16 中也已示出),所以路由器 R1 会将 IP 分组封装到如下的帧中继中:

为简单起见,这里的地址字段中没有给出拥塞控制等信息。

(6) 接着,路由器 R1 将封装着 IP 数据包的帧中继帧发送到相邻的 DCE,该 DCE 再通过帧中继内部网将帧传输到路由器 R2 端的 DCE。

(7) 和路由器 R2 相连的 DCE **更改帧中的 DLCI 值为 102**,如下所示:

然后,将该帧发送给路由器 R2。

(8) 路由器 R2 收到上述帧中继帧并确定帧无差错后,**取出里面的 IP 数据包**。检查 IP 首部校验和无误之后,再**根据其中的目的 IP 地址查询 R2 自己的路由表**,确定下一跳地址应该是从自己的端口 1 直接转发(因为网段 192.168.30.0/24 和自己的端口 1 相连)。

(9) 因为路由器 R2 端口 1 连的是以太网,所以又得将 IP 数据包封装到以太帧中。根据 IP 数据包首部,目的主机 IP 地址是 192.168.30.10(就是 PC10),假如路由器 R2 的

ARP 缓存中也没有关于 IP 地址 192.168.30.10 到对应 MAC 地址的映射关系项(也就是说 R2 还不知道 PC10 的 MAC 地址),那么路由器 R2 也将先**启动 ARP 解析进程**,来获得 PC10 的 MAC 地址,之后再将 IP 数据包封装到以太帧中,如下所示:

目的 MAC 地址	源 MAC 地址	类型值	源 IP 地址	目的 IP 地址	数据	FCS
00-11-C6-B1-0D-08	00-50-56-D0-0A-08	0x0800	172.18.20.11	192.168.30.10		

其中,目的 MAC 地址 00-11-C6-B1-0D-08 就是 PC10 的 MAC 地址,源 MAC 地址 00-50-56-D0-0A-08 就是路由器 R2 的 MAC 地址。

(10) 封装好并路由器 R2 就将上述以太帧发给交换机 S2,**交换机 S2 检查帧无差错后,再根据帧中的目的 MAC 地址查询自己的 MAC 地址表**,确定转发端口,将该帧发送给 PC10。

(11) PC10 收到以太帧并确认该帧无差错之后,取出其中的 IP 数据包,再检查 IP 首部校验和,如果无差错,即完成该 IP 数据包的接收,得到如下的 IP 数据包:

源 IP 地址	目的 IP 地址	数据
172.18.20.11	192.168.30.10	

这就是 PC1 初始发送的 IP 数据包。也就是说,IP 数据包除了 TTL 和首部校验和等字段在经过互联网络时会改变,其他基本不变,当然,如果经过帧中继网时需要将 IP 数据包分片,那么会有较大改变,本例出于简单考虑,没涉及要分片的情形。

5.5　网络地址转换

在 Internet 迅速扩展的今天,如果每台主机都分配一个全球唯一的 IP 地址的话,那么长度是 32 位的 IP 地址早就用尽了。那么为什么现在还能继续使用 32 位的 IP 地址呢? 这主要是由于采用了在 5.1.2 小节中已提到过的**网络地址转换**(Network Address Translation,NAT)技术。

现在,每一个企事业单位的内部网络中,每台主机一般使用的都是**私有 IP 地址**(关于私有 IP 地址的范围见 5.1.2 小节),对于私有 IP 地址的使用,各单位是自主分配的,不需要考虑其他单位是否也在使用这部分私有地址,只需要保证自己单位内部不出现 IP 地址重复就行了。但是,能够这么做是需要 NAT 技术作前提保证的,不然肯定会跟其他单位的 IP 地址出现冲突。

下面来看一下 NAT 技术,如图 5.17 所示。

图 5.17 左边是一个某单位内部局域网络,这里为了简单起见,只给出了一个网段 4 台主机,各主机使用的是 C 类私有 IP 地址段 192.168.20.0/24。它们通过一个路由器设备接入 Internet 服务提供商 ISP 的网络进而连入 Internet,这种位置的路由器称为单位的**边界路由器**。路由器左边端口 0 连单位内部网络,地址是私有地址 192.168.20.1/24,右边端口 1 连入 Internet,该端口使用的是一个全球 IP 地址 201.20.50.1(这个端口一般是

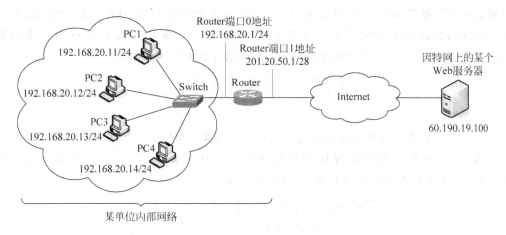

图 5.17　NAT

广域网端），假如**该单位还从 ISP 那边分得两个全球 IP 地址** 201.20.50.2 和 201.20.50.3。图 5.17 中最右边是一台 Internet 上的 Web 服务器，地址是 60.190.19.100。

假如内部主机 PC1 想访问 60.190.19.100 上的 Web 内容，就涉及 PC1 和 Web 服务器的通信，但这个过程是有路由器参与的，见下面的过程（由于 NAT 涉及的是 IP 地址转换，所以没考虑网络层以上的数据封装问题，直接考虑 IP 数据包）。

（1）PC1 生成要发给 Web 服务器的 IP 数据包，目的 IP 地址当然是 60.190.19.100，源 IP 地址就是 192.168.20.11，数据部分假设是表达了想查看 Web 服务器某个页面的意思，如下所示（没考虑 IP 首部其他字段）：

源 IP 地址	目的 IP 地址	数据
192.168.20.11	60.190.19.100	

（2）PC1 将该 IP 数据包先发送到单位的边界路由器（严格地说，这个过程得涉及数据链路层封装以及物理层的编码和同步等技术过程，最后到路由器后再解封，这里是一种简明的提法）。

（3）边界路由器会将该 IP 数据包的源 IP 地址转换成从 ISP 那边分得的其中一个全球 IP 地址 201.20.50.2，即 IP 数据包变成如下形式：

源 IP 地址	目的 IP 地址	数据
201.20.50.2	60.190.19.100	

并且，路由器会在一张 **NAT 转换表**中填入这样一项：

内部本地地址	内部全局地址
192.168.20.11	201.20.50.2

（4）然后路由器将改了源 IP 地址之后的 IP 数据包发送到 Internet 上，Internet 会将该 IP 数据包路由到 Web 服务器 60.190.19.100。

（5）Web 服务器获悉收到的 IP 数据包中的相关网页请求后，产生自己的 IP 数据包，

143

将相关网页数据装到自己的 IP 数据包中。当然使用的目的 IP 地址肯定是 201.20.50.2（因为它收到的数据包中的源 IP 地址就是 201.20.50.2），源 IP 地址自然是 Web 服务器自己的 IP 地址 60.190.19.100，如下所示（数据部分有相关网页内容）：

源 IP 地址 60.190.19.100	目的 IP 地址 201.20.50.2	数据

（6）Web 服务器将该数据包通过 Internet 发到那个单位的边界路由器。边界路由器查询 NAT 转换表后，将收到的 IP 数据包中的目的 IP 地址 201.20.50.2 改成内部主机 PC1 的 IP 地址 192.168.20.11，即 IP 数据包变成了：

源 IP 地址 60.190.19.100	目的 IP 地址 192.168.20.11	数据

（7）接着，路由器将改了目的 IP 地址以后的 IP 数据包发送给内部主机 PC1。

（8）如果主机 PC1 还想继续访问 Internet 上的其他资源，仍然按照前面类似的过程进行，**路由器还是用全球 IP 地址 201.20.50.2 作为 PC1 在单位网络外的身份代表**。

同样，如果内部网络中还有其他主机想访问 Internet 上的资源，单位的边界路由器可用剩下的全球 IP 地址 201.20.50.3 以及端口 1 的地址 201.20.50.1 作为内部主机在外网的身份代表。相应的，在路由器的 NAT 转换表中也会增加对应的转换项。

不过，该路由器能供内部主机转换的全球 IP 地址只有 3 个，所以每个时刻只能供 3 台主机同时访问外网，若有第 4 台主机想要访问外网，必须等其中一台主机和外网的通信结束之后才能进行，因为当有主机不再访问外网时会释放其中一个全球 IP 地址。

显然，这样的 NAT 有较大的局限性，那么有没有不限制同时访问外网主机数量的 NAT 技术呢？回答是肯定的，那就是用**带端口映射的 NAT**，一般简称为 PAT。现在一般各企事业单位的局域网内的主机都能同时访问 Internet，就是采用了 PAT 技术。由于 PAT 涉及运输层的端口，本章就不再进一步阐述其细节。

习　题

一、选择题

1. 下列是合法 IP 地址的是（　　）。

A. 198.40.301.11　　　　　　　　　　B. 261.18.240.63

C. 100.400.91.32　　　　　　　　　　D. 202.108.10.78

2. 下列哪个是 A 类地址的默认子网掩码？（　　）

A. 255.255.0.0　　　　　　　　　　　B. 255.255.255.0

C. 255.0.0.0　　　　　　　　　　　　D. 255.255.255.240

3. 下列 IP 地址是 B 类 IP 地址的是（　　）。

A. 221.123.43.58　　　　　　　　　　B. 180.20.77.94

C. 60.172.82.65　　　　　　　　　　D. 230.80.73.24

4. IP 地址 60.178.30.120/30 的子网掩码是(　　　)。

A. 255.255.0.0　　　　　　　　　　B. 255.255.255.252

C. 255.255.255.0　　　　　　　　　D. 255.255.255.240

5. IP 地址 60.178.30.120/30 的子网号位数是(　　　)。

A. 22　　　　　　　B. 8　　　　　　C. 16　　　　　D. 20

6. 下列属于 B 类保留地址的是(　　　)。

A. 172.31.10.118　　　　　　　　　B. 172.15.1.68

C. 171.168.252.12　　　　　　　　　D. 170.129.3.80

7. IP 地址 202.116.24.169/27 所在子网段的网络地址是(　　　)。

A. 202.116.24.0　　　　　　　　　　B. 202.116.0.0

C. 202.116.24.160　　　　　　　　　D. 202.116.24.168

8. 向 IP 地址 168.20.84.33/26 所在子网段进行定向广播应使用下列哪个地址?
(　　　)

A. 168.20.84.255　　　　　　　　　B. 255.255.255.255

C. 168.20.84.63　　　　　　　　　　D. 168.20.255.255

9. 在 IP 地址 60.178.30.120/30 所在子网段本地广播应使用下列哪个地址? (　　　)

A. 60.178.255.255　　　　　　　　　B. 255.255.255.255

C. 60.178.30.123　　　　　　　　　　D. 60.178.30.255

10. IPv4 数据包最大长度是(　　　)字节。

A. 64　　　　　　　B. 1024　　　　　C. 65535　　　　D. 32767

11. IPv4 首部最小长度是(　　　)字节。

A. 20　　　　　　　B. 64　　　　　　C. 16　　　　　D. 32

12. IPv4 数据包在互联网络上传输时,在到达目的地之前允许经过的路由器的最大
个数是(　　　)。

A. 63　　　　　　　B. 127　　　　　C. 255　　　　　D. 511

13. 一个数据部分长度是 3100 字节的 IP 分组若被按次序分成 1000、1050、1050 这 3
部分,分别封装到 3 个 IP 分片中,则第三个分片的首部的片偏移字段值是(　　　)。

A. 0　　　　　　　B. 1000　　　　　C. 2050　　　　D. 3100

14. 下列选项中,两个 IP 地址属于一个 IP 网段的是(　　　)。

A. 172.18.40.11/24 和 172.18.41.11/24

B. 21.30.14.115/28 和 21.30.14.124/28

C. 60.178.30.123/23 和 60.178.28.12/23

D. 211.50.42.77/15 和 211.54.33.125/15

15. 主机什么情况下使用 ARP 协议? (　　　)

A. 知道本网段某台主机的 MAC 地址,而想获取其对应的 IP 地址

B. 知道本网段某台主机的 IP 地址,而想获取其对应的主机名

C. 知道本网段某台主机的主机名,而想获取其对应的 IP 地址

D. 知道本网段某台主机的 IP 地址,而想获取其对应的 MAC 地址

16. 用 ping 命令探测另一台主机时,发送的是(　　)。

A. ARP 请求帧　　　　　　　　　　　B. ARP 响应帧

C. ICMP 回送回答报文　　　　　　　D. ICMP 回送请求报文

17. 实现 NAT 的路由器设备在将内部 IP 分组转发到外部网络时,会(　　)。

A. 将 IP 分组的源 IP 地址改成内部全局地址

B. 将 IP 分组的目的 IP 地址改成内部全局地址

C. 将 IP 分组的目的 IP 地址改成内部本地地址

D. 将 IP 分组的源 IP 地址改成内部本地地址

18. 以下选项中,两种设备都能识别 IP 数据包的是(　　)。

A. 路由器和集线器　　　　　　　　　B. 二层交换机和路由器

C. 路由器和三层交换机　　　　　　　D. 三层交换机和集线器

二、填空题

1. C 类 IP 地址的默认子网掩码是_____。

2. IP 首部中,用于给该 IP 数据包编号的字段是_____。

3. IP 地址通常以_____形式记写。

4. 127.0.0.1 是用于做_____的 IP 地址。

5. C 类保留 IP 地址的范围是_____。

6. 路由器用以确定 IP 数据包的下一跳地址的表是_____。

7. 主机将本网段某台主机的 IP 地址解析到对应 MAC 地址的过程称为_____,主机的 ARP 缓存中存储的是_____。

8. 在协议层次上,ICMP 属于 TCP/IP 的_____层协议,它被封装在_____中。

三、问答题

1. 比较二层交换机和三层交换机的主要功能和区别。

2. 比较路由器和三层交换机的主要功能和区别。

3. 什么是 NAT? 并简述其原理。

4. 简述使用保留 IP 地址和采用 NAT 技术的意义。

5. 什么是子网掩码? 简述划分子网的意义。

6. 分别指出 A 类、B 类、C 类保留 IP 地址的范围。

7. 根据下图,回答问题。

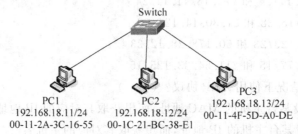

（1）在 PC1 的命令行下，输入 ping 192.168.18.13 ✓。如果 PC1 在 ARP 缓存中找不到关于 192.168.18.13 的选项，会做何动作？

（2）根据上图简述 PC1 进行上述动作的过程。

8. 设某单位想在一个 C 类网络地址 192.168.12.0 上规划子网，现根据需要将它划分为 6 个不同的子网，每个子网主机数不超过 30 台。试计算子网号位数、用该子网位数可划分的最多子网数、划分子网后主机号位数、子网掩码和网络地址。

9. 根据下图，完成相关任务。

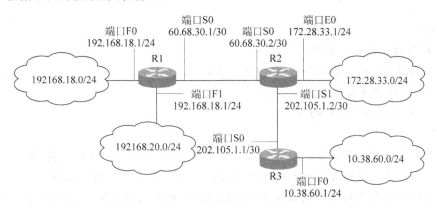

（1）填写各路由器的路由表内容。

R1 的路由表

目的地主机所在网络	子网掩码	下一跳路由器的 IP 地址

R2 的路由表

目的地主机所在网络	子网掩码	下一跳路由器的 IP 地址

R3 的路由表

目的地主机所在网络	子网掩码	下一跳路由器的 IP 地址

（2）根据所填路由表内容，描述从 IP 地址是 192.168.18.10/24 的主机发送一个 IP 数据包到 IP 地址是 10.38.60.21/24 的主机时，各路由器对该 IP 数据包的转发处理过程。

第6章 运输层技术

学习目标:

1. 理解运输层端口概念;
2. 了解 UDP 报文格式和 TCP 报文格式;
3. 了解 TCP 连接的建立和释放;
4. 了解 UDP 和 TCP 的区别。

本章导读:

将本书第2章到第5章介绍的技术综合起来,可以描述成:实现了**主机**经过互联网络到远端主机的数据传输。这也是通信子网的功能定位(或体系结构定位)。本章将介绍如何把主机中运行着的网络应用程序(即**网络进程**)所产生的数据(通过互联网络)传送到远端主机的对应的**网络进程**。注意,"网络进程到网络进程"不等于"主机到主机",因为主机上可以同时运行多个网络应用程序。另外由于 TCP/IP 的网络层是由 ARPANET 的分组层演变而来,所以它采用的也是无连接的数据报服务,没有对 IP 包的重传和确认,是不可靠传输。为了保证网络进程间的端到端可靠传输,TCP/IP 在运输层采用了重传和确认机制,也就是说,TCP/IP 体系结构让主机来保证端到端传输的可靠性,而不是让通信子网来负责。本章要介绍的运输层协议就是围绕"**网络进程—网络进程**"的数据传输和**端到端的可靠性**这两个任务的。

6.1 运输层的问题

运输层协议如图 6.1 所示。

如图 6.1 所示,主机 PC1 和 PC20 连入互联网。对于现代网络用户,在使用 PC1 上网时,往往会同时运行多个网络程序,如:用户在用浏览器浏览网页的同时,可能还开着网络聊天工具,或许还正在用软件下载工具下载软件,甚至还用远程登录软件上 BBS 和收发邮件等。这些网络应用程序同时在和互联网络上的不同主机进行数据传输。另外,互联网络上相互通信的主机的处理速度和数据传输速度可能不一样,甚至相差很大,但是它们之间也能完成数据传输。

到目前为止,读者已经知道在 TCP/IP 互联网络上是用 IP 地址来标识主机的,对于一段数据信息加上 IP 地址,一般就能保证数据到达目的主机,除非在通信子网上丢失。现在存在以下问题。

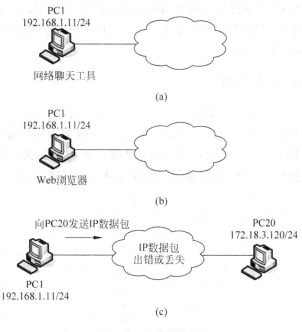

图 6.1 运输层协议

（1）在 PC1 中运行了多个网络应用程序，互联网络上会向 PC1 传来很多 IP 数据包，但是 PC1 收到某个 IP 数据包后，是将这数据显示在网页浏览器上、聊天工具上，还是交给其他网络程序就不知道了，因为光凭 IP 地址没法区分。

（2）如果 IP 数据包在通信子网上出错或被丢弃，或者在目的主机上检测出错，那么该 IP 数据包都将丢失，而发送方对已发送的 IP 数据包一般不保存，所以没法重传被丢弃的包。为保证网络可靠通信，如何解决这个问题？

（3）对于发送方和接收方，它们应用程序的数据传输快慢往往不一样，这该如何协调？

6.2 运输层协议

1. 端口号

首先，对于 6.1 节问题（1），通过在 TCP/IP 中引入一个端口机制来解决。简单地说，每个网络应用程序在运行时都被分配一个在本主机上唯一的端口号，这是一个 0～65535 范围的数值（即 16 位二进制），有了这个端口号就能区分不同的应用程序。

网络应用程序一般分为服务器端程序和客户端程序。服务器端程序一般处于被动通信方，总是等待客户端来向它请求数据传输服务，发起通信，所以需要公开提供一个默认的**熟知端口**，服务器端程序一直处于等待监听状态。这些熟知端口是由**因特网指派名字和号码公司 ICANN** 负责分配的，它们的数值范围一般在 0～1023。比如 Web 服务器程序的熟知端口是 80；FTP 文件传输服务器的熟知端口是 21；telnet 远程登录服务器的熟知端口是 23；SMTP 邮件服务器的熟知端口是 25；POP3 邮件服务器的熟知端口是 110；DNS 服务器的熟知端口是 53。

2. 用户数据报协议 UDP

在将网络应用程序的待发送数据装入 IP 数据包之前，要为其添加端口号等控制信息，即先变成运输层的数据封装格式，该封装格式称为**报文**或**报文段**。TCP/IP 体系中，运输层有两种运输层数据封装格式，分别是 **UDP 报文**和 **TCP 报文**，这两种报文的封装标准分别是**用户数据报协议 UDP** 和**传输控制协议 TCP**。UDP 报文的封装如图 6.2 所示。

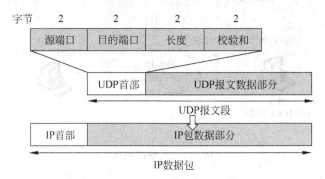

图 6.2　UDP 报文格式

图中各项说明如下。

（1）**源端口**：发送方应用程序的端口号。

（2）**目的端口**：接收方应用程序的端口号。

（3）**长度**：UDP 报文的总长度（包括 UDP 报文数据部分）。

（4）**校验和**：用于检查 UDP 报文传输中是否出错，检验范围包括首部和校验和。这和 IP 首部中的校验和不一样，IP 首部校验和只负责首部差错校验。

3. 传输控制协议 TCP

传输控制协议 TCP 指出 TCP 报文的封装标准，跟 UDP 一样也为应用程序的数据添加端口号等控制信息，构成 TCP 报文。但是 TCP 报文相对 UDP 报文要复杂得多，因为 TCP 报文还要有另外的功能，如控制通信双方应用程序的信息传输流量以及负责可靠数据传输等，这些是 UDP 报文所不具备的（因为引入了端口号，这里所说的"通信双方"不再笼统代指某"两台主机"，而是代指这两台主机上运行的"两个网络应用程序"，下同）。

通信双方如果采用 TCP 报文封装数据，那么双方通信之前需要先建立所谓的 TCP 连接，可以理解为通话前先打个招呼；而数据传输结束后，还要释放 TCP 连接。如果用 UDP 封装的话就不需要这样做。

打个可能有助于理解 TCP 通信的比方，用 TCP 封装数据进行通信的双方，就好比打电话通信的两个人，TCP 通信发起方先主动与被动通信方建立数据传输连接（一种逻辑连接），就像电话拨打人先拨通接电话人的电话（一种物理电连接）；TCP 通信结束，双方释放数据传输连接,就像通电话人挂断电话。所以用 TCP 通信能保证通信的可靠性(就像打电话时一方听不清总会让另一方重复),也能协调通信双方的通信速度(就像电话一方会让另一方说得慢一点或者快一点)。

　　相比较,用 UDP 封装数据进行通信的双方,就好比用传统邮局书信通信的两个人,通信前不做准备没打过招呼,至于对方有没有收到信息或收到的是不是原来发送方的原始信息都不得而知。所以用 UDP 通信并不能保证可靠通信,也不能协调双方的通信速度。

　　在实际应用中,对于可靠性要求不太高但实时性要求较高的网络传输一般采用 UDP 封装(如网络语音和视频等);而对于可靠性要求较高但实行性要求不算高的网络传输一般采用 TCP 封装(如网络邮件和附件传送)。

　　TCP 报文的格式如图 6.3 所示。

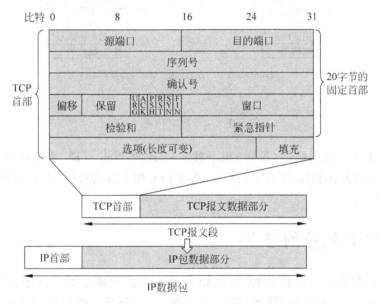

图 6.3　TCP 报文格式

各部分说明如下。

(1) **源端口**和**目的端口**:同 UDP 数据报。

(2) **序列号**:该 TCP 报文编号。

(3) **确认号**:对通信另一方已发 TCP 报文的确认。

(4) **偏移**:占 4bit,即**数据偏移**,其实是首部的长度,单位是 4 字节。

(5) **保留**:占 6bit,未使用,一般应置为 0。

(6) **控制比特**:占 6 比特,依次是**紧急比特 URG(URGent)**、**确认比特 ACK**、**推送比特 PSH(PuSH)**、**复位比特 RST(ReSeT)**、**同步比特 SYN** 和**终止比特 FIN(FINal)**。具体功能见 6.3 节的介绍。

(7) **窗口**:用于控制对方数据传输速度。

(8) **检验和**:用于传输时差错检测,检验范围包括首部和数据。

(9) **紧急指针**：指出紧急数据在 TCP 报文的位置。

(10) **选项**：长度可变，规定了**报文最大数据长度 MSS**（Maximum Segment Size），指出自己能**接收**的 TCP 报文的**数据字段**的最大字节数。

(11) **填充**：该字段是为了保证 TCP 首部长度正好是 4 字节的倍数。

6.3 运输层通信示例

TCP 传输如图 6.4 所示。

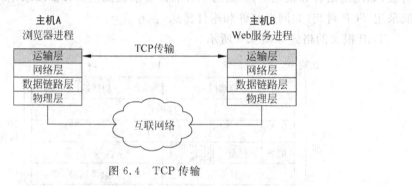

图 6.4 TCP 传输

假如主机 A 上的浏览器（进程）想下载主机 B 的 Web 资源，那么浏览器进程将和 Web 服务进程通过运输层的 TCP 传输数据，下面介绍大致的过程（这里基本不考虑 Web 应用层的动作）。

6.3.1 TCP 连接的建立

(1) 首先，浏览器进程要求在运输层和 Web 服务进程**建立 TCP 连接**，这个过程一般称为**三次握手**，关于这个过程读者可以这样理解：高层领导会晤之前，需要由下面各自的秘书相互打个招呼，安排档期。这里的浏览器进程和 Web 服务进程就好比高层领导，而下面的秘书就好比是 TCP 协议软件（或比作 TCP 进程）。

三次握手过程描述如下。

① 主机 A 端的运输层生成一个 TCP 连接请求报文，请求跟服务器端建立 TCP 连接，直接负责建立这个连接的是主机 A 端的 TCP 进程和主机 B 端的 TCP 进程（在实际网络编程中，TCP 进程一般由 Socket 对象实现）。TCP 连接请求报文如图 6.5 所示。

如图 6.5 所示，该 TCP 连接请求报文只有首部没有数据部分。各部分说明如下。

本地 TCP 源端口：使用 1208，这是本地任意选择的，只要这个端口号没被占用就行。

目的端口号：就是 Web 服务器的默认熟知端口 80。

序列号：该 TCP 报文的序列号是 1265033988，这是本次 TCP 通信中浏览器端的**初始序列号**，由系统随机生成，不过跟系统当时的时钟有关，这意味着，每次 TCP 通信的初始序列号是不一样的。

图 6.5　TCP 连接请求报文

确认号：该报文的确认号是 0,因为这便是主动发起通信的,服务器方还没发过数据。

数据偏移：值是 5,表示首部长度是 5 个 4 字节,即 5×4=20 字节。

保留字段：不使用,但其实要求填入 0。

控制比特：只有**同步比特 SYN** 置为 1,表示这个 TCP 报文是 TCP 同步报文,其他控制比特都是 0,由于**确认位 ACK** 也被置为 0,这意味着该报文中填的确认号无效。

窗口字段：值是默认的 4096,用于控制对方发送速度,这里表示告诉服务器方:“在我给你返回数据确认之前,你最多只能先发送给我 4096 字节的数据量。”

MSS 选项：值是 1024,表示告诉对方服务器的 TCP 进程,自己能接收的 TCP 报文段的数据字段的最大长度是 1024 字节。

关于**校验和**计算值不再给出,**紧急指针**也不再考虑,因为控制位中的**紧急位 URG** 也被置为 0,意味着紧急指针无效。

② 上述 TCP 连接请求报文在主机 A 的运输层生成后,会被移交到网络层,在**网络层被封装到 IP 数据包中**,即把该 TCP 报文作为 IP 数据包的数据字段。之后的传输过程,可以参照 5.4 节——互联网络传输示例,这里不再赘述。在封装着该 TCP 报文的 IP 数据包到达主机 B 的网络层之后,会被拆封取出里面的 TCP 同步报文,再交由主机 B 的运输层作之后的应对处理。

③ 之后,假如主机 B 的运输层的 80 端口 TCP 守护进程允许建立 TCP 连接,那么就生成一个 TCP 连接应答报文,如图 6.6 所示。

图 6.6　TCP 连接应答报文

如图 6.6 所示，该报文也只有首部。其源端口和目的端口当然跟图 6.5 中的（主机 A 端发来的）正好相反。序列号 2036775140 是服务器端的初始序列号。确认号 1265033989 是图 6.5 中报文的序列号加 1，这表示对主机 A 端刚才的 TCP 连接请求报文的确认。相应的控制比特中的**确认比特 ACK 置为 1**，表示确认号 1265033989 有效。其他字段类似。

④ 然后主机 B 端也会将上述 TCP 连接应答报文装入 IP 数据包（当然这个是主机 B 的网络层功能）之后，再发送到主机 A。这个过程同前面的步骤②。

⑤ 主机 A 收到主机 B 发来的 TCP 连接应答报文（确切地说是主机 A 上的相关 TCP 进程收到了主机 B 端 Web 服务的 TCP 守护进程发来的 TCP 应答报文）之后，再生成一个对该应答的 TCP 确认报文，如图 6.7 所示。

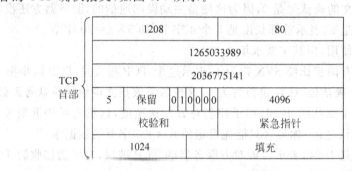

图 6.7　TCP 连接应答的确认

如图 6.7 所示，该报文序列号是 1265033989，也就是图 6.6 中报文的确认号。而这里的确认号是图 6.6 的报文的序列号加 1，即 2036775141。另外控制比特中的**同步比特 SYN 恢复为 0**，而确认比特仍然是 1（因为要保证确认号有效）。

⑥ 主机 A 将上述 TCP 报文发到主机 B 之后，双方浏览器进程和 Web 服务进程间的 TCP 连接正式建立。前面①～⑥整个过程可以简单描述成如图 6.8 所示形式。

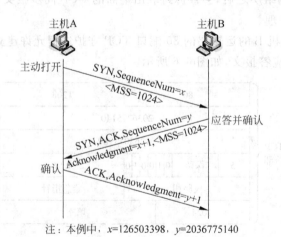

注：本例中，x=126503398，y=2036775140

图 6.8　三次握手建立 TCP 连接

其中：SYN 是同步比特，ACK 是确认比特，SequenceNum 是序列号，Acknowledgment 是确认号，MSS 是数据段的最大字节数。

（2）主机 A 端的浏览器进程和主机 B 端的服务器进程建立 TCP 连接之后，就可以正式发送数据了。接下来是 TCP 数据传输过程。

6.3.2　TCP 数据传输

（1）主机 A 上的浏览器进程对 Web 服务器提出资源传输要求，主机 A 上的 TCP 进程将这个要求的内容封装到如图 6.9 所示的 TCP 报文中。

图 6.9　封装着资源请求的 TCP 报文

注意将图 6.9 的报文和图 6.7 的报文进行比较。图 6.9 的报文增加了数据部分（里面有对 Web 服务器的资源请求），假设**这里数据字段长度是 150 字节**。增加了数据之后，相应的校验和字段的值也会跟图 6.7 的报文的校验和不一样。除此之外，其他字段，这两个报文几乎是一样的，需特别注意序列号和确认号，两者也是一样的。

首先解释序列号，因为图 6.7 的报文段没有数据字段，并且控制位 SYN、RST 和 FIN 都是 0，TCP 协议规定该报文段不占字节，这样它的下一个报文段，也就是图 6.9 的报文段的序列号不变。但是在没有数据字段而控制位 SYN、RST 和 FIN 三者中有个 1 的情况下，那么下一个报文段的序列号将加 1，比如图 6.5 的报文的 SYN 比特是 1，但没有数据部分，于是下一个发送报文，也就是图 6.7 的报文，它的序列号就加 1 了。注意，这里讲的序列号是指同一个发送方的。

再来看图 6.9 的 TCP 报文段的确认号，跟图 6.7 的 TCP 报文段也是一样的，这是因为浏览器端在发了图 6.7 的报文段之后还没收到过 Web 服务器端的新的 TCP 报文段，所以确认号也就不变。

（2）主机 A 的 TCP 进程生成上述图 6.9 的 TCP 报文段之后，就将它交给主机 A 的网络层封装，后面的事情就是以下各层和通信子网的任务，总之，该 TCP 报文段会到达主机 B 端的 TCP 进程。

（3）主机 B 的 TCP 进程根据收到的报文内的资源请求，准备相应的数据资源（需要上层配合）放入 **TCP 发送缓存**。将发送缓存中的各字节编号，编号从 0 开始，如图 6.10 所示。

数据：	TCP 发送缓存中的数据					
编号：	0…1023	1024…2047	2048…3071	3072…4095	4096…5119	5120…6143

图 6.10　服务器端的 TCP 发送缓存中待发送的数据字节编号

（4）虽然主机 A 端的 TCP 进程给服务器端限制的 TCP 报文段的数据字段的最大长度是 1024 字节（如图 6.9 所示），但是为了保险起见，服务器端 TCP 进程在 TCP 报文中**只封装 512 字节的数据字段**，图 6.11 所示为服务器 TCP 进程将发送给浏览器端 TCP 进程的第一个 TCP 数据报文。

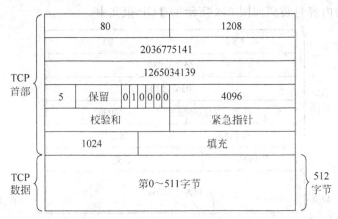

图 6.11　服务器端第一个 TCP 数据报文

　　如图 6.11 所示，该报文序列号是图 6.6 的报文的序列号加 1，即 2036775141。确认号是对图 6.9 的（浏览器端发送的）报文的确认，因为图 6.9 的报文的序列号是 1265033989，数据部分长度是 150 字节，因此图 6.11 的报文中的确认号就是 1265033989＋150＝1265034139。它表示告诉浏览器端的 TCP 进程：那 150 字节的数据已收到。到这里，读者应该已看出：**TCP 通信中，一方对另一方的 TCP 报文的确认是通过自己发送 TCP 报文时顺带进行的**。当然，在一方没有数据可发送时，对另一方的 TCP 报文的确认是需要特意发送的，而不可能是顺带进行了。

　　（5）然后，主机 B 的 TCP 进程将上述图 6.11 所示的第一个 TCP 数据报文发给主机 A 端的 TCP 进程（当然需要通过两主机运输层以下各层协议功能以及互联网络的传输）。

　　（6）主机 B 端发送完第一个 TCP 数据报文之后，就为该报文启动超时计时器，比如超时时间 1.5s（这个时间是由 TCP 进程根据当时的网络性能状态设置的，可能因时因地而变），意味着在 1.5s 内如果收不到对方对该报文的确认，需要再发送一次该报文，即**报文重传**。不过，在等待对第一个数据报文的确认的过程中，主机 B 的 TCP 进程不必什么事都不做而干等着，它可以继续发送下一个 TCP 数据报文，如图 6.12 所示。

　　如图 6.12 所示，**序列号就是第一个 TCP 数据报文的序列号加上第一个 TCP 数据报文的数据字段长度**，即 2036775141＋512＝2036775653。因为主机 A 端在这中间还没发来过报文，所以确认号跟第一个 TCP 数据报文是一样的。第二个报文段的数据字段长度

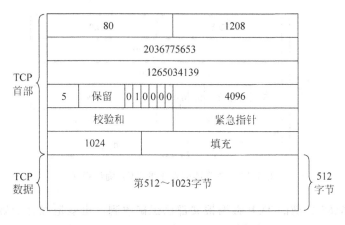

图 6.12　服务器端第二个 TCP 数据报文

还是 512 字节,这就是 TCP 发送缓存中的接下来 512 字节的数据内容。同样,发出去第二个 TCP 数据报文后 TCP 进程也会为它启动超时计时器,假如也是 1.5s。

(7) 之后,主机 B 的 TCP 进程继续发送后面的数据报文,假如在不到 1s 的时间内发送了 8 个 TCP 数据报文,数据字段总和就是 512×8=4096 字节。这 4096 字节的数据都还没得到主机 A 端的确认,现在主机 B 就不能再继续发送后面的 TCP 报文了,因为之前主机 A 端发来的 TCP 报文的**窗口**字段值是 4096(如图 6.9 所示),这个 4096 就是对主机 B 端连续发送 TCP 报文数的一个限制。这是 TCP 协议中接收方对发送方的一个流量控制机制,称为**滑动窗口**机制。现在主机 B 端 TCP 发送缓存中的数据如图 6.13 所示。

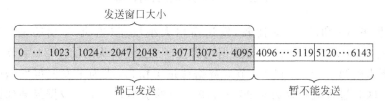

图 6.13　TCP 的发送窗口示例

如图 6.13 所示,灰色的发送窗口中的数据都已发送但都未确认,所以后面的数据不能再发。现在主机 B 端的相关 TCP 进程就只能干等了。

(8) 假如在第一个 TCP 数据报文的 1.5s 的超时时间到之前,主机 A 端(浏览器端)的 TCP 进程发来了一个 TCP 确认报文,如图 6.14 所示。

如图 6.14 所示,这是一个主机 A 端的 TCP 进程发来的无数据字段的纯确认报文,其中的序列号 1265034139 就是主机 A 的图 6.9 中 TCP 资源请求报文的序列号加数据字段长度 1265033989+150=1265034139,也就是主机 B 的第一个数据报文和第二个数据报文的确认号。**注意看图 6.14 这个确认报文的确认号 2036776165**,读者可能会疑惑,对主机 B 的第一个 TCP 数据报文的确认不是应该采用确认号 2036775653(2036775141+512)吗?而这个确认号 2036776165 应该是对第二个 TCP 数据报文的确认才对! 确实是这样,不过按照 **TCP 协议的规定,这个确认号 2036776165 其实表示:主机 B 发送的序**

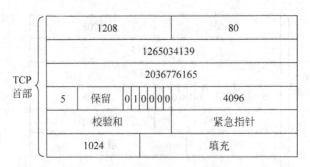

图 6.14 浏览器端发来的 TCP 确认报文

列号在 **2036776165 之前的 TCP 数据报文都已正确收到**。也就是说这个确认报文已包含了对主机 B 的第一个 TCP 数据报文的确认。这是 TCP 协议为了减少发送确认报文数以节省网络带宽而采用的一种方式。

（9）现在主机 B 端（Web 服务器端）已得到了第一个和第二个 TCP 数据报文的确认，那么**它的发送窗口就可以往前移动了**，如图 6.15 所示。

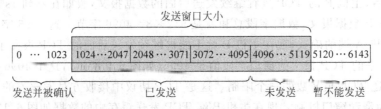

图 6.15 TCP 发送窗口的移动

注意将图 6.15 和图 6.13 比较，发送窗口大小没变（主机 A 端还是要求 4096，见图 6.14 的报文），但现在发送窗口的数据内容变了，已被确认的前 1024 字节的数据已移出窗口，接下来的第 4096～5119 字节的数据移进了窗口，成为未发但可发送的数据。于是主机 B 的 TCP 进程就将这第 4096～5119 字节的前半 512 字节数据封装到第 9 个 TCP 报文中，并发送出去，如图 6.16 所示。

图 6.16 主机 B 的第 9 个 TCP 数据报文

如图 6.16 所示,第 9 个报文的序列号已到了 2036779237,读者可以自己计算验证,确认号没变,因为虽然主机 A 刚发来了一个确认报文,但那个纯确认报文没有数据字段且 SYN、RST 和 FIN 这 3 个控制比特也没置为 1,所以这里的确认号不递增,包括下次主机 A 的确认报文的序列号也还会是 1265034139。

再将第 4096～5119 字节的后半 512 字节数据封装到第 10 个 TCP 报文中,并发送出去(这里不再图示,读者可以自己给出)。发送完这 1024 字节数据后,主机 B 的 TCP 发送窗口状态相应也会有所改变,如图 6.17 所示。

图 6.17　TCP 发送窗口状态改变

注意将图 6.17 和图 6.15 比较。其实现在第 0～1023 字节已经可以从 TCP 发送缓存中删除。之后主机 B 的 TCP 进程又处于等待状态。

(10) 假设主机 B 发送的第 3 个 TCP 报文(也就是包含第 1024～1535 字节数据的报文)在互联网络上因为网络拥塞而被某个路由器丢弃了(严格地说是封装着第 5 个 TCP 报文的 IP 数据包被丢弃了),这样主机 A 端就收不到这第 3 个 TCP 报文。但是后面发送的第 4～10 个报文却到达了主机 A 端,这时,主机 A 的 TCP 进程**可能会有不同的做法**:第一种是拒绝接收后面这些报文,而依然发送对主机 B 端第 2 个报文的确认;第二种是先暂时缓存这些序列号靠后的报文,等收到第 3 个报文之后再一起交给应用进程。至于具体用哪一种由 TCP 协议的具体实现者决定,TCP 标准协议对此未作规定。如果按照第一种做法,那么之后主机 B 端对第 3～10 个报文的确认等待都将超时,就会重传第 3～10 个 TCP 数据报文。另外,如果主机 A 端接收到的 TCP 报文校验出错,也会丢弃该报文并要求主机 B 端作类似的重传处理。

(11) 如果接下来的通信正常的话,那么主机 B 将发送完所有的数据。假如主机 B 端 TCP 发送缓存中的数据已包含了主机 A 端所请求的所有数据,那么主机 B 的 TCP 进程发送的最后一个 TCP 数据报文序列号将是 2036780773,确认号依然是 1265034139。对应的,主机 A 端发送的最后一个 TCP 确认报文的序列号是 1265034139,确认号应该是 2036781285(2036780773＋512)。**这里须指出一下,主机 A 和主机 B 双方的 TCP 通信是全双工的,主机 A 也可以同时向主机 B 发送数据,这里出于简单考虑,只描述了主机 B 向主机 A 传送 TCP 数据报文,而主机 A 只向主机 B 传送对应的 TCP 确认报文(不含数据内容)。如果主机 A 也向主机 B 传输 TCP 数据报文的话,那么它的报文的序列号也会相应递增。**

(12) 在主机 A 的 TCP 进程从主机 B 端成功接收完所需的所有 TCP 报文数据并确认之后,就可以释放 TCP 连接了。

6.3.3 TCP 连接的终止

(1) 打算释放 TCP 连接时，主机 A 的 TCP 进程向主机 B 的 TCP 进程发送如图 6.18 所示的连接释放请求报文。

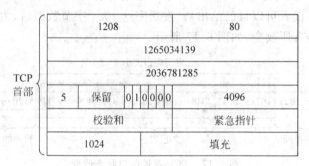

1208		80	
1265034139			
2036781285			
5	保留	0	1	0	0	0	0	4096
校验和		紧急指针	
1024		填充	

图 6.18　主机 A 的 TCP 连接释放请求报文—FIN 报文

（TCP 首部）

如图 6.18 所示，TCP 连接释放请求报文的控制比特的 **FIN 比特**被置为 1，表示告诉主机 B 端的 TCP 进程请求释放连接。

(2) 主机 B 端收到上述报文后，返回一个连接释放确认报文，如图 6.19 所示。

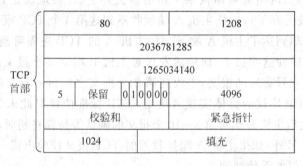

80		1208	
2036781285			
1265034140			
5	保留	0	1	0	0	0	0	4096
校验和		紧急指针	
1024		填充	

图 6.19　主机 B 端对主机 A 的 TCP 连接释放请求的确认

（TCP 首部）

如图 6.19 所示，**确认号 1265034140** 是图 6.18 的序列号加 1，因为图 6.18 的报文虽然没有数据部分，但是控制比特中的 **FIN 比特**置为 1 了。

(3) 主机 A 的 TCP 进程收到上述确认报文之后，主机 A 这端的连接就断开了，现在，主机 A 只能发送对主机 B 的 TCP 确认报文（不含数据），但不能向主机 B 发送 TCP 数据报文（含数据内容）了。不过主机 B 端还是可以继续向主机 A 端发送 TCP 数据报文的。

(4) 之后，主机 B 也发送 TCP 连接释放请求报文，如图 6.20 所示。图中，FIN 比特也是置为 1 的。

(5) 主机 A 收到上述报文后，最后发送一个确认报文，如图 6.21 所示。此时，序列号已递增到 1265034140，因为之前主机 A 发送了一个 FIN 报文（如图 6.18 所示）。而确认号是 2036781286，就是图 6.20 的报文序列号加 1（原因跟前面步骤(2)类似）。

160

图 6.20　主机 B 的 TCP 连接释放请求报文

图 6.21　主机 A 端对主机 B 的 TCP 连接释放请求的确认

（6）到这里为止，双方的 TCP 连接完全释放，通信真正结束。下次通信需要重新三次握手后建立连接。TCP 连接释放的过程可用图 6.22 简单描述。

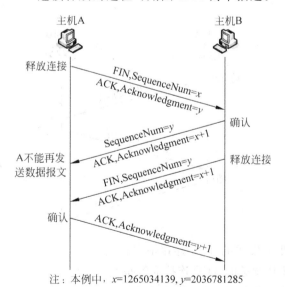

注：本例中，x=1265034139，y=2036781285

图 6.22　TCP 连接的释放过程

161

另外,再指出一下,以这种方式释放连接属于 TCP 连接的正常终止。还有一种非正常终止,比如网络严重拥塞,导致双方的 TCP 报文重传次数超过一定的上限,如果一方认为无法再正常通信,就向另一方发送一个控制比特中的 **RST 比特置为 1** 的 TCP 报文来终止该 TCP 连接。

关于 TCP 首部其他控制比特的用法不再进一步阐述。

习 题

一、选择题

1. 在体系结构上,通信子网不包含下列的(   )。

A. 物理层 　　　　　　B. 数据链路层 　　　C. 网络层 　　　　　D. 运输层

2. 网络通信中用于区分同一主机中的网络应用进程的地址机制是(   )。

A. 应用程序名 　　　　B. IP 地址 　　　　　C. 端口号 　　　　　D. MAC 地址

3. 下列能保证端到端可靠传输的协议是(   )。

A. TCP 　　　　　　　B. ICMP 　　　　　　C. IP 　　　　　　　D. UDP

4. UDP 报文被封装到下列(   )数据格式。

A. TCP 报文 　　　　　B. IP 报文 　　　　　C. ICMP 报文 　　　　D. MAC 帧

5. 运输层的端口号占(   )比特。

A. 32 　　　　　　　　B. 16 　　　　　　　　C. 48 　　　　　　　D. 8

6. 下图中,主机 A 和主机 B 在用三次握手建立 TCP 连接时,不需要将 SYN 比特置为 1 的是(   )。

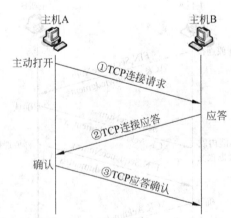

A. 第①步,主机 A 发送的 TCP 连接请求报文

B. 第②步,主机 B 发送的 TCP 连接应答报文

C. 第③步,主机 A 发送的 TCP 应答确认报文

D. 以上都不是

7. 如下图,主机 A 和主机 B 释放 TCP 连接时,哪两次报文需要将 FIN 比特置为 1?
( )

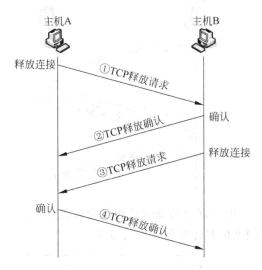

A. 第①步主机 A 发送的报文以及第②步主机 B 发送的报文

B. 第①步主机 A 发送的报文以及第③步主机 B 发送的报文

C. 第③步主机 B 发送的报文以及第④步主机 A 发送的报文

D. 第②步主机 B 发送的报文以及第④步主机 A 发送的报文

8. TCP 报文首部的窗口字段的作用是( )。

A. 加快己方应用进程的报文数据发送流量

B. 减缓对方应用进程的报文数据发送流量

C. 控制己方应用进程的报文数据发送流量

D. 控制对方应用进程的报文数据发送流量

二、填空题

1. 运输层的熟知端口是因特网指派名字和号码公司为那些常用网络服务预留分派的端口,用户程序一般不能占用这些端口,其范围是_____。

2. TCP 报文首部中,用于标识本报文段数据编号的是_____字段;而用于告诉对方已收到数据的编号是报文首部的_____字段。

3. UDP 报文首部的校验和字段是对_____部分数据进行校验。

4. 如果 TCP 报文首部中的 ACK 控制比特为 0,则_____。如果 TCP 报文首部的 FIN 控制比特为 1,则_____。如果 TCP 首部的 RST 控制比特为 1,则表示_____。

5. 一个序列号是 1233652 的 TCP 报文,数据字段长度是 0,而它后面的一个 TCP 报文序列号是 1233653,则这个序列号是 1233652 的 TCP 报文首部满足_____、_____或_____三者之一的条件。

6. TCP 首部中主要用于传输的可靠性字段有_____、_____和_____等。

三、问答题

1. 简述运输层端口号的意义。

2. 改正下列 TCP 三次握手图示中的错误，并说明为什么。

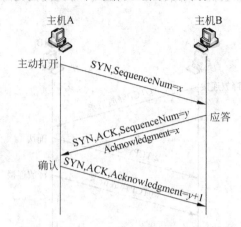

3. 比较用 UDP 传输和用 TCP 传输的使用场合及各自特点。

4. 简述下列 TCP 报文的具体数值字段的意义。

第 7 章 应用层技术

学习目标：

1. 掌握域名和域名系统概念；
2. 了解域名解析的基本过程；
3. 了解常用网络应用服务；
4. 掌握常用网络应用服务的服务器熟知端口。

本章导读：

不同的网络应用程序有不同的应用目的，相应的也就有不同的通信交互方式和数据形式，这就是应用层的协议。注意，应用层协议不是指应用程序，而是指应用程序（为完成一个应用任务）所遵循的某种固定的通信顺序和方式。每一次应用任务都会涉及两端应用进程的若干次的消息发送，这些消息自然是交给下面的运输层封装传送的。每一种网络应用都有相应的应用层协议，这就是本章的内容。

7.1 应用层的 C/S 模式

虽然不同的网络应用有不同的通信方式，但是总体还是有一个共同的方式，即**客户机-服务器模式**，简称 **C/S 模式**。

为了完成一次具体的网络应用，对应的两个网络进程需要按照自己的应用层协议经过若干次固定的信息交互，在这样一次信息交互中，总有一方进程是先发起通信的，而另一方是被动发起通信的。将主动发起通信的那一方的网络进程称为**客户机**（Client），而将被动发起通信的另一方网络进程称为**服务器**（Server），如图 7.1 所示。

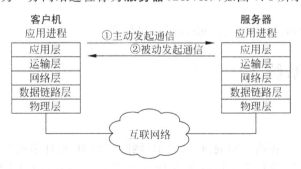

图 7.1 应用层的客户机-服务器模式

需要强调一下，这里的客户机和服务器概念都是指主机上运行的网络进程，是软件对象，而不是指主机这个硬件对象。不过在不影响理解的情况下（比如某主机上只运行了一个服务进程），也常常直接称主机为服务器。

7.2 域名服务应用

7.2.1 域名问题

图 7.2 是在一台主机 PC1 上用浏览器浏览 Google 主页的例子。当在 PC1 的浏览器的地址栏中输入"http://203.208.35.101"并按 Enter 键后，只要局域网络正常并连入 Internet，就能显示 Google 主页（注意，具体的 IP 地址是在变化的，这个 203.208.35.101 是笔者当前的测试结果）。另外，绝大多数是在 PC1 的浏览器的地址栏输入"http://www.google.cn"并按 Enter 键来显示 Google 主页的。

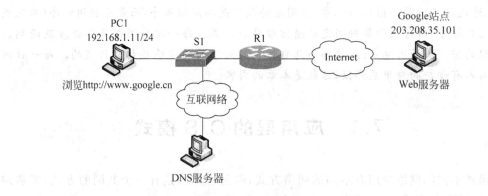

图 7.2 域名系统 DNS

由前面可知，互联网络上的主机之间通信是通过对方的 IP 地址识别的，一般情况下，主机只认识 IP 地址，现在存在以下问题。

（1）为什么在 PC1 浏览器地址栏输入"http://www.google.cn"也能打开 Google 主页？

（2）这里的"http://www.google.cn"又是什么？

7.2.2 域名系统

1. DNS 概念

在互联网络上，计算机之间通过 TCP/IP 网际层的 IP 地址来相互识别对方以进行通信。然而对于人来说，这种几乎纯数字的 IP 地址没什么特征，通过 IP 地址，人们很难联想到该 IP 地址代表的主机能提供什么信息服务；反过来，对于某台特定主机，也不容易记住它的 IP 地址。

　　为了能方便记住各特定主机及方便互联网上的资源管理,人们采用接近自然语言的字符串来代指某个主机,这样的字符串称为**域名**(domain name)。有了域名,就可以用该主机的域名来访问该主机,而不必再用该主机的 IP 地址,比如可以用"ping 某域名"的形式来访问该主机,而不必再像以前用"ping 某 IP"的方式。

　　为了更方便地用域名来识别和管理互联网上的主机资源,人们将域名分为多级,即所谓的域名层次结构。这里有个**域**(domain)的概念,它是主机名字空间中一个相对独立的管辖区,一个域下面可以再划分子域,一般一个完整的主机域名由各级域名组成,中间以点号分开,如:

…. 三级域名. 二级域名. 顶级域名

　　顶级域名写在最后,从右往左依次是二级域名、三级域名等。一般来说,在某一级域名下的子域名由该级域名维护管理,以上面案例中的"www. google. cn"为例,这里"cn"就是一个顶级域名,"google"是"cn"下的一个二级域名,而"www"严格说是"google"二级域下面 google 主页站点主机的 Web 服务器名,这里为简单起见,可以认为是"google"下的三级域名。

　　顶级域名分为 3 大类,即国家顶级域名、国际顶级域名和通用顶级域名。顶级域名一般由**互联网名称与数字地址分配机构**(ICANN)来管理。如果想为自己的主机指定域名并希望能被互联网上的其他主机识别,就需要向某个域名(代理)管理机构注册申请,如在"cn"下申请一个二级域名"google"。一旦有了这个"google"二级域名,就可以在"google"下建三级域,设三级域名,而这些三级域名可以自由命名和分配给自己的主机,如"host1"、"host2"等,但这些主机的完整域名都是以"google. cn"结尾的,即"host1. google. cn"、"host2. google. cn"。在三级域名下可以再定义四级域名,如果需要可以继续往下定义。图 7.3 所示为因特网的域名空间。

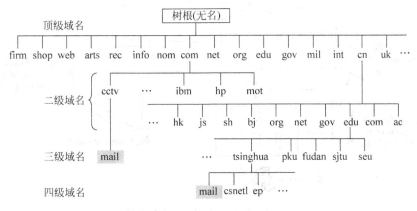

图 7.3　因特网域名空间

　　顶级域名中 cn 表示中国,com 表示工商金融类企业,edu 表示教育机构,net 表示互联网络和接入网络的信息中心,gov 表示政府等。这里顺便提一下,中国大多数高校的站点一般都在"cn"下的二级域名"edu"下注册自己的三级域名,如清华大学站点域名

"tsinghua.edu.cn"（当然，要访问清华主页还得加上存放清华站点主页的 Web 主机的四级域名，即"www.tsinghua.edu.cn"）、北京大学站点域名"pku.edu.cn"。一般连入中国教育和科研计算机网的高校的站点域名都是以"edu.cn"结尾的。

2. 域名解析

有了域名，对人来说是方便识别主机了，但是在各主机之间其实并不认识相互的域名，它们之间的识别和通信还是要用各自的 IP 地址。

比如说在主机 PC1 上用 ping 命令探测主机 PC20，而 PC1 和 PC20 的完整域名假如分别是"host2.nbcc.cn"和"www.google.cn"，那么在主机 PC1 命令行下输入"ping www.google.cn"并按 Enter 键之后，主机 PC1 其实并不会立即发送 ICMP 回送请求报文给 PC20。PC1 需要先将"www.google.cn"转换为对应的主机的 IP 地址，然后采用 IP 地址与 PC20 通信，而这个转换过程是 PC1 通过询问跟 PC1 互联的某台服务器实现的，该过程称为**域名解析**，而该服务器称为**域名解析服务器**，即 **DNS 服务器**。DNS 服务器存储着它所管辖的某级域下面的所有子域域名，并知道其上级域名服务器的 IP 地址。域名、域名解析和域名解析服务器组成了**域名系统 DNS**(Domain Name System)。

域名解析过程有**递归查询**、**递归与迭代相结合的查询**等不同方法，下面以主机"mn.xyz.com"想知道主机"sa.op.abc.com"的 IP 地址为例，简要说明**递归查询**的过程，如图 7.4 所示。

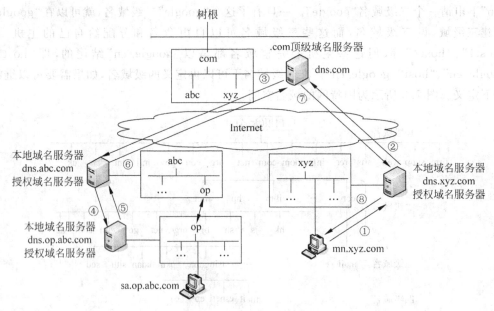

图 7.4 域名解析的递归查询示例

主机"mn.xyz.com"首先询问自己的本地域名服务器"dns.xyz.com"关于"sa.op.abc.com"的对应 IP 地址（步骤①）。由于"dns.xyz.com"只管理"xyz"下面的三级域名，因此不知道"sa.op.abc.com"的 IP 地址，于是"dns.xyz.com"转为向顶级域名服务器

"dns. com"查询(步骤②)。"dns. com"因为只直接负责"com"下的二级域名,所以需要往下询问二级域名服务器"dns. abc. com"(步骤③)。同样,"dns. abc. com"只直接负责"abc"下的三级域名,还需要往下询问域名服务器"dns. op. abc. com"(步骤④)。由于"dns. op. abc. com"负责管理维护"op"下的四级域名,所以它知道"sa. op. abc. com"对应的主机 IP 地址,它会将该 IP 地址回复给上级域名服务器"dns. abc. com"(步骤⑤)。依次类推,该 IP 地址信息最终会沿原路(见图 7.4 中箭头及顺序编号)返回到主机"mn. xyz. com",完成域名解析。

对于**递归与迭代相结合的查询**,还是上面的例子,则变成了如图 7.5 所示查询。

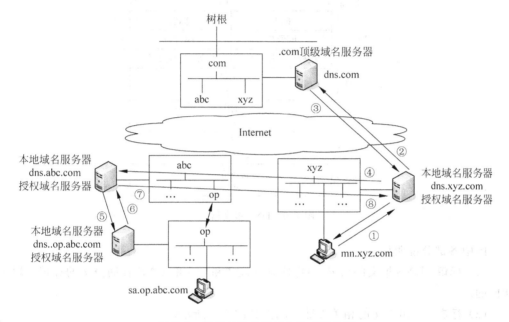

图 7.5 递归与迭代相结合的查询示例

简单地说,就是当本地域名服务器"dns. xyz. com"向顶级域名服务器"dns. com"提出查询时,"dns. com"不再是亲自代表"dns. xyz. com"向域名服务器"dns. adc. com"提出查询请求,而只是告诉服务器"dns. xyz. com"关于另一台服务器"dns. abc. com"的 IP 地址(就是图 7.5 中的步骤③),让"dns. xyz. com"直接向"dns. abc. com"询问。这样,当查询结果返回时,就不再由顶级域名服务器"dns. com"中转了,减轻了顶级域名服务器的负担。具体顺序步骤见图 7.5 中的箭头和编号。

上面的 DNS 解析称为**正向解析**,另外还有 DNS **反向解析**,就是将 IP 地址解析到对应的域名。比如某主机 A 知道另一台主机 B 的 IP 地址但不知道主机 B 的域名,那么可以向相应的 DNS 服务器提出查询,DNS 服务器利用它的反向解析功能为主机 A 完成解析并返回应答结果。不过需指出一下,有的 DNS 服务器如果没有配置反向解析功能的话,就无法为客户主机提供此服务。

*7.2.3 DNS 报文及 DNS 通信

1. DNS 报文

类似之前各协议层次都有自己的数据封装格式一样,应用层的 DNS 也有相应的数据封装格式,即 DNS 报文。DNS 客户端发送 **DNS 查询报文**,而 DNS 服务器发送 **DNS 应答报文**,但两者格式一样,如图 7.6 所示。

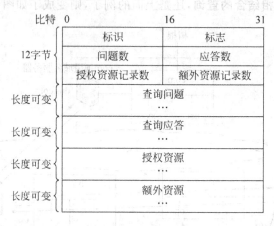

图 7.6 DNS 报文格式

图中各部分说明如下。

(1) **标识**:DNS 报文的编号。DNS 应答报文和对应的 DNS 查询报文的标识字段是相同的。

(2) **标志**:指出报文的相关参数。功能如图 7.7 所示。

QR	opcode	AA	TC	RD	RA	保留	rcode
比特 1	4	1	1	1	1	3	4

图 7.7 DNS 报文标志字段

DNS 报文标志字段各部分说明如下。

① **QR**:用于区分是查询报文还是应答报文。

② **opcode**:用于区分查询类型,如正向解析、反向解析以及其他服务器状态请求等。

③ **AA**:表示是否授权应答,在 DNS 应答时使用,表示被解析的主机和返回解析结果的 DNS 服务器是否属于同一个区域。例如,主机 A 向它的本地 DNS 服务器 S 查询主机 B 的域名对应的 IP 地址,在本地 DNS 服务器返回解析结果时(即应答时),如果主机 B 在本地 DNS 服务器管辖的区域中,那么应答报文中的 AA 比特就是 1;反之就是 0。

④ **TC**:表示是否可分段。一般情况下,DNS 报文由运输层的 UDP 报文封装,如果某个 DNS 报文太长(超过 512 字节),会被分成多个段,改用运输层的 TCP 报文封装。

⑤ **RD**:若要求递归查询,则置为 1;反之 0,用于 DNS 查询报文中。

170

⑥ **RA**：若可以递归查询,则置为 1;反之 0,用于 DNS 应答报文中。

⑦ **保留**：未定义功能,但是现在必须都置为 0。

⑧ **rcode**：响应类型,用于表示无差错、查询格式错、服务器失效、名字不存在等情况。

(3) **问题数**：表示报文后面**查询问题**字段中问题的个数。DNS 支持在一个查询报文中涉及对多个域名的查询请求(解析请求)。

(4) **应答数**：表示报文后面**查询结果**字段中结果的个数。查询结果就是对查询问题的应答。这个字段在 DNS 应答报文中才会有,在 DNS 查询报文中一般是没有的。

(5) **授权资源记录数**：指出后面**授权资源**字段中授权资源记录的个数。

(6) **额外资源记录数**：指出后面**额外资源**字段中额外资源记录的个数。

(7) **查询问题**：要查询的内容,可以有多个,个数由前面的**问题数**字段指定。

(8) **查询应答**：返回查询应答的内容(也就是解析结果),可以有多个,个数由前面的**应答数**字段指定。

(9) **授权资源**：指出被解析主机所在的 DNS 域(主机的授权域),一般也只用于 DNS 应答报文中。

(10) **额外资源**：其他相关 DNS 服务器资源。

2. DNS 通信示例

DNS 的解析方式和 DNS 报文属于 TCP/IP 的应用层技术,而使用 DNS 技术为其服务的是诸如浏览器、邮件客户端程序等网络应用程序。DNS 通信示例如图 7.8 所示。

图 7.8　DNS 通信示例

下面结合图 7.8 来看一下 DNS 通信过程。为简单起见,这里不再涉及 DNS 服务器的转发查询及应答的通信过程,而主要考虑主机 C 的浏览器发送 DNS 查询报文和主机 S 返回的 DNS 应答报文这两个过程。下面讨论的各报文(包括 DNS 报文和 UDP 报文)都是来源于实际例子。

(1) 假如,某用户在主机 C 上的 IE 浏览器的地址栏中输入域名(地址)www. nbcc. cn,然后在键盘上按 Enter 键,很快就能弹出一个页面(当然要求主机 C 连入 Internet)。不过在浏览器获得这个页面之前,其实先有个请求 DNS 解析的过程,即向**本地 DNS 服务器查询域名 www. nbcc. cn 对应的 IP 地址**。这里的本地 DNS 服务器就是在主机 C 的协议配置中设置的 DNS 服务器(在主机 C 的命令行下通过输入“ipconfig/all”可以查看到)。主机 C 的浏览器进程会调用应用层的 DNS 查询服务生成如图 7.9 所示的 DNS 查询报文(这是一个实际中的例子)。

主机 C 端生成的 DNS 查询报文长度是 29 个字节。其中**标识**字段值是 0xE4B1,这是采用十六进制表示的(转换成十进制就是 58545),表示这是一个编号是 0xE4B1 的

比特 0		16	31
0xE4B1		0000000100000000	
1		0	
0		0	
0x03	0x77	0x77	0x77
0x04	0x6E	0x62	0x63
0x63	0x02	0x63	0x6E
0x00	0x0001		0x00
0x01			

图 7.9　DNS 查询报文示例

DNS 查询报文。16 位的**标志**字段写成了二进制形式是出于清晰性考虑,很显然,第 1 位 0 表示这是 DNS 查询报文,第 2、3、4、5 位 0000 表示这是标准查询(正向查询),第 8 位二进制值是 1,表示要求按递归方式查询(见前面标志功能定义)。**问题数**字段、**应答数**字段、**授权资源记录数**字段以及**额外资源记录数**字段的值依次是 1、0、0、0(十进制),表示本 DNS 查询报文后面接着只有**查询问题**字段,且**查询问题**中只有 1 个查询请求。

接下来的**查询问题**字段就是要查询解析的域名 www.nbcc.cn。这是个三级域名,按分级方式表示如下。

① 三级域名 www:有 3 个字符,所以报文中接下来一个字节就是 0x03(如图 7.9 所示);这 3 个字符依次是 w、w、w,它们的 ASCII 码就是 0x77、0x77、0x77,因此报文中接下来就是 3 个 0x77(如图 7.9 所示)。

② 二级域名 nbcc:有 4 个字符,因此报文中接下来就是 0x04(如图 7.9 所示);n、b、c、c 的 ASCII 码分别是 0x6E、0x62、0x63、0x63,这就是报文中接着的 4 个字节的值(如图 7.9 所示)。

③ 顶级域名 cn:有 2 个字符,报文中接着就是 0x02,再之后就是字符 c 和 n 的 ASCII 码 0x63 和 0x6E(如图 7.9 所示)。

④ 报文中再接着的 0x00 表示下一个域名 0 个字符,其实意思就是**要查询的整个完整域名已表示完毕**。

再看上述 DNS 查询报文中后面接着两个字节的值 0x0001,这是域名的**类型**字段,要求占固定的 16 个比特,0x0001 表示要解析获得主机的地址。报文最后两个字节合起来是 0x0001(因为以 4 字节一行来表示的缘故,使得最后本该在一起的两个字节分开了),这是域名的**类**字段,也占固定的 16 比特,0x0001 表示主机的地址类型是 Internet 地址(即 IP 地址)。

注意,中间的 DNS 域名长度是可变的,所以,如果域名变短了或会变长了,域名之后的类型字段和类字段也会相应地后移或前移。另外,假如**查询问题**中有多个 DNS 域名查询请求,那么每个 DNS 域名查询问题都将按照上述"DNS 域名→类型→类"这样的顺序装入**查询问题**字段中。将"DNS 域名→类型→类"这样一个关联的顺序数据称为**一个域名资源记录**。显然,本例只包含一个域名资源记录,就是关于域名 www.nbcc.cn 的查询。

（2）主机 C 的 DNS 协议进程（即运行着的 DNS 协议软件）生成上述 DNS 查询报文后（这是应用层的功能），会将它交给运输层，在运输层被封装到 UDP 报文中。和 TCP 通信不同的是，UDP 通信不需要事先建立连接，用 UDP 封装传输时也没有相互对 UDP 报文的确认机制，因此，UDP 也是不可靠传输，它只是提供了一个端口机制，以识别双方顶端的网络进程。这样，传输的可靠性要求由应用层的 DNS 进程来负责了。DNS 传输首选用 UDP 封装而不是 TCP 封装，是考虑到 UDP 传输少量数据时比 TCP 有更高的速率。

（3）主机 C 在运输层用 UDP 封装 DNS 报文后（或者说主机 C 的相关 UDP 进程封装 DNS 报文生成 UDP 报文）的情况如图 7.10 所示。

图 7.10　UDP 封装 DNS 查询报文

其中，12768 是主机 B 的 UDP 源端口，53 是目的端口，就是 DNS 服务器的熟知端口。这里的校验和 60602 是真实的值（通过抓包软件在一次实际访问 www.nbcc.cn 时捕获的）。注意，这里只需要一个 UDP 报文就能装下整个 DNS 查询报文。

（4）主机 C 在运输层生成上述 UDP 报文之后，接下来会将 UDP 报文交给网络层用 IP 数据包封装，关于之后的动作过程读者应该不再陌生，这里不再赘述。总之，上述 UDP 报文会到达主机 S（DNS 服务器端）的运输层。

（5）主机 S 端（的 UDP 进程）收到上述 UDP 报文并校验无误后，取出里面的 DNS 查询报文，根据目的端口号 53，交给 DNS 应用层。主机 S 应用层的 DNS 协议进程读取 DNS 查询报文格式，还原 DNS 域名字符串，把对该域名的查询要求传达给主机 S 上运行的 DNS 服务器进程。

（6）主机 S 的 DNS 服务器进程根据查询要求，解析得到域名对应的 IP 地址（这个过程其实要经过向顶级域名服务器的转发查询，这里略去不谈），DNS 服务器进程将相关的所有解析结果交给应用层的 DNS 协议进程，在应用层生成如图 7.11 所示的 DNS 应答报文。

看图 7.11 的 DNS 应答报文，它的**标识值**和之前的 DNS 查询报文是一样的，而且必须一样，这表示该 DNS 应答报文是对图 7.9 的 DNS 查询报文的应答，而不是对其他 DNS 查询报文的应答。**标志字段**中，第 1 位是 1，表示这是一个 DNS 应答报文；第 2、3、4、5 位 0000 表示这是标准查询（正向查询）；第 7 位 0 表示不允许被分段；第 8 位二进制值是 1，表示要求按递归方式查询；第 9 位 1 表示可以按递归方式查询；第 13、14、15、16 位 0000 表示查询无差错。接着，**问题数字段**、**应答数字段**、**授权资源记录数字段**以及**额外资源记录数字段**的值依次是 1、1、1、2（十进制），表示本 DNS 查询报文后面的**查询问题**字段有 1 个查询请求，**查询应答**字段中有 1 个查询应答，**授权资源**字段有 1 个资源记录，**额外资源**字段有 2 个资源记录。

比特 0   16   31

0xE4B1		1000000110000000	
1		1	
1		2	
0x03	0x77	0x77	0x77
0x04	0x6E	0x62	0x63
0x63	0x02	0x63	0x6E
0x00	0x0001		0x00
0x01	0xC00C		0x00
0x01	0x0001		0x00
0x00	0x0258		0x00
0x04	0x3CBE		0x13
0x64	...		

图 7.11　DNS 应答报文示例

接下来的**查询问题**字段的内容和之前的 DNS 查询报文是一样的,就是 DNS 域名 www.nbcc.cn 的分级表示及其类型和类,即一个域名资源记录。

后面的**查询应答**字段内容含义如下。

① 前两个字节值是 0xC00C,是**域名指针**,指出被解析的 DNS 域名在该 DNS 报文中的位置,这是为了不重复封装被解析的域名而使用的方式。如果不用这个域名指针,在查询应答中的每个应答的开始都要写一遍被解析的域名,而有了域名指针就不需要这么做了。0xC00C 是两个字节,前一字节 0xC0 用于表示进行了域名压缩,后一字节 0x0C 转换成十进制就是 12,这就是被解析的域名在报文中的偏移量,从图 7.11 中报文的第一个字节开始往后数,但是数的时候从 0 开始计数(也就是第一个字节编号是 0),即 0、1、2、3……一直到 12,就是报文中灰色部分的开头,也就是 www.nbcc.cn 域名在报文中的开始位置。

② 接下来的 0x00 和 0x01 其实是合起来的两个字节 0x0001,就是域名的**类型**字段值;再后面的 0x0001 就是域名的类字段值。其实,这里的域名指针、类型、类是对查询问题字段域名资源记录的重复,只是用**域名指针**代替了查询问题字段中的**域名**。

③ 再之后的 4 个字节是合起来的整体,即 0x00000258,这是**生存期**字段,转成十进制就是 600,表示这个解析记录的生存时间是 600s(即 10min)。意思是告诉客户端(即主机 C 端):如果 10min 后还想访问这个域名站点,就需要重新进行 DNS 解析;但是在 10min 内,主机 C 可以用自己的 DNS 高速缓存中的这个解析记录直接访问该域名站点。

④ 接下来就是解析的结果,对应域名的 IP 地址。由于 IP 地址 4 个字节长度,因此这部分开始字节就是 0x04,表示地址长度为 4 个字节。然后就是具体的 IP 地址 0x3CBE1364,转换成点分十进制就是 60.190.19.100。

最后的授权资源字段和额外资源字段不再细述。

(7) 主机 S 生成上述 DNS 应答报文之后,也将它交给运输层,在运输层被封装到 UDP 报文中,如图 7.12 所示。

2字节	2字节	2字节	2字节	104字节
53	12768	112	21802	数据(DNS应答报文)
源端口	目的端口	UDP长度	校验和	DNS报文

图 7.12   UDP 封装 DNS 应答报文

如图 7.12 所示,源端口和目的端口当然正好和图 7.10 的相反。其中的 UDP 报文长度以及校验和也都是实际情况。

(8) UDP 报文生成后,主机 S 再将它交给网络层,在网络层封装到 IP 数据包中,通过互联网络传输到达主机 C。

(9) 主机 C 运输层的 UDP 进程收到上述 UDP 报文校验无误后交给应用层的 DNS 协议进程,DNS 协议进程读取 DNS 应答报文中的解析结果,在将 IP 地址内容转达给浏览器的同时,DNS 协议进程也会将该解析记录存储到自己的 DNS 高速缓存中。至此完成整个 DNS 解析的过程。

(10) 之后,浏览器可以用解析获得的 IP 地址访问 www.nbcc.cn 域名站点了。

7.3   动态主机配置协议 DHCP

7.3.1   协议配置

互联网络上的主机若想和网络上的其他主机进行通信,一般需要配置下列协议选项参数:IP 地址、子网掩码、默认网关 IP 地址和 DNS 服务器 IP 地址。通常把对协议软件中的这些参数赋值的过程称为**协议配置**。

对协议配置一般有两种方法:第一种是**静态方式**(或称为手动配置方式);另一种就是**动态方式**(或称为自动配置方式)。对于 Windows 系统的 PC 来说,静态方式就是在本地网络连接的 Internet 协议(TCP/IP)属性设置中,采用手动输入协议参数的方式;而动态方式就是采用自动获取协议参数的方式,如图 7.13 所示。

当主机协议配置采用动态方式时,还需要相应配套的服务器。采用动态配置方式的主机将从配套的服务器上获取上述协议参数的值,两者之间通信方式就是一种应用层的协议——**动态主机配置协议**(Dynamic Host Configuration Protocol,DHCP)。相应的,把采用动态方式获取协议参数的主机称为 **DHCP 客户机**,而把为 DHCP 客户端提供协议参数的服务器称为 **DHCP 服务器**;另外,还把 DHCP 客户机从 DHCP 服务器上获取协议参数的过程称为 **DHCP 过程**。DHCP 过程一般发生在 DHCP 客户机刚启动时或 DHCP 客户机的网络连接刚启用时。

这里指出一下,在 DHCP 协议之前,还有一个**引导程序协议 BOOTP**,可以说是 DHCP 的早期版本,但是 BOOTP 有较大局限性,所以,现在基本用 DHCP 代替了它。

接下来看一下 DHCP 过程。

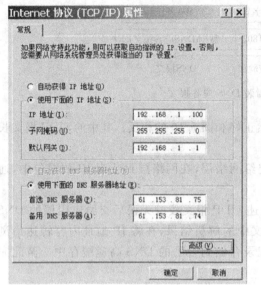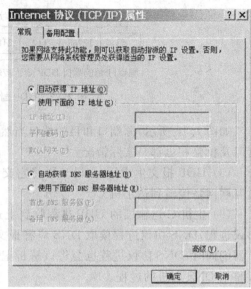

(a) 静态配置方式　　　　　　　　　　　　(b) 动态配置方式

图 7.13　Windows 系统 PC 上的协议配置方式

7.3.2　DHCP 过程

1. 本地网络 DHCP 过程

图 7.14 是 DHCP 过程的示意图。这里 DHCP 客户端和 DHCP 服务器要求在同一个网络中,比如在同一个以太网段中。如果两者不在一个网络中,那么需要有 DHCP 中继代理服务器。

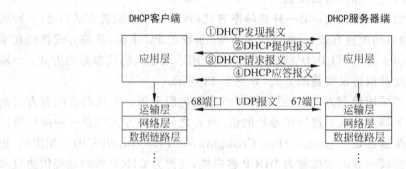

图 7.14　DHCP 过程

现在结合图 7.14,描述一个 DHCP 过程的实例。

(1) 首先,DHCP 客户端生成应用层的 **DHCP 发现报文**,报文中有:关于该报文的**报文编号**、**客户端以太网卡的地址**(即本机 MAC 地址)等内容。关于具体格式和内容这里不再给出。**DHCP 发现报文的作用是要找网络上的 DHCP 服务器**。

（2）然后 DHCP 发现报文在客户端的运输层被封装到 UDP 报文中，**UDP 报文的源端口 68、目的端口 67，都是熟知端口**，如图 7.15 所示。

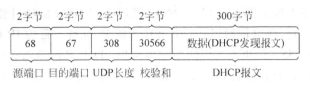

图 7.15　UDP 封装 DHCP 发现报文

其中，UDP 报文中的其他字段值是本实例真实的具体值（通过抓包软件获得的），读者不需要去细究。

（3）上述 UDP 报文在 DHCP 客户端的网络层被封装到 IP 数据包中。由于 DHCP 客户端还没有 IP 地址，**因此用 0.0.0.0 来作为源 IP 地址**；同时它也不知道 DHCP 服务器的 IP 地址，于是用本地**广播地址 255.255.255.255 作为目的 IP 地址**。

（4）上述广播 IP 数据包在数据链路层被封装到以太帧（MAC 帧）中。**该以太帧的目的 MAC 地址是 48 位都是 1 的广播地址**（即 **FF-FF-FF-FF-FF-FF-FF**），源 MAC 地址是自己的 MAC 地址。

（5）之后将帧发送到本地网络上，当然这还得涉及物理层的编码和同步等。

（6）因为是广播，所以本地网络上的其他所有主机都能收到，但只有 DHCP 服务器才会对其作响应。DHCP 服务器生成一个对应的 **DHCP 提供报文**，报文中有：跟 DHCP 发现报文相同的**报文编号**（表示是对之前那个 DHCP 发现报文的回应）、**DHCP 客户端的 MAC 地址**以及 DHCP 服务器的名字和 IP 地址等内容。**DHCP 提供报文的作用是告诉 DHCP 客户端："我是 DHCP 服务器，我能给你提供协议配置参数。"**需要指出一下，网络上可能不止一台 DHCP 服务器，收到 DHCP 发现报文的 DHCP 服务器都会发送 DHCP 提供报文，不过，DHCP 客户端会选择最先给它发送 DHCP 提供报文的 DHCP 服务器，来为它配置协议参数。本例只有一台 DHCP 服务器。

（7）DHCP 提供报文在 DHCP 服务器端的运输层被封装到 UDP 报文中，当然源端口和目的端口跟 DHCP 发现报文中的正好相反。

（8）接着 UDP 报文在网络层被封装到 IP 数据包中。由于 DHCP 客户端还没有 IP 地址，**因此目的 IP 地址是本地广播地址 255.255.255.255**，源 IP 地址就是 DHCP 服务器的 IP 地址。

（9）上述 IP 数据包在数据链路层被封装到以太帧中，**目的 MAC 地址也是广播地址 FF-FF-FF-FF-FF-FF-FF**，源 MAC 地址就是 DHCP 服务器的 MAC 地址。之后，将帧广播到网络上。

（10）因为是广播，所以网络其他所有主机都能收到，但只有刚才那个 DHCP 客户端才会真正接收并处理，因为 DHCP 提供报文的报文编号和 DHCP 客户端发送的 DHCP 发现报文的报文编号相同，而且 DHCP 提供报文中有那个 DHCP 客户端的 MAC 地址。

（11）DHCP 客户端收到 DHCP 提供报文后（严格地说是收到 DHCP 服务器发来的广播帧后，再一层一层解封以后才得到），就生成一个 **DHCP 请求报文**，报文内容有：**报文**

编号(和 DHCP 发现报文及提供报文都相同)、**本客户端 MAC 地址、DHCP 服务器 IP 地址**等内容。**DHCP 请求报文的作用是请求对应的 DHCP 服务器给它配置协议参数。**

(12) DHCP 请求报文仍然用 UDP 封装,然后再用 IP 数据包封装。因为 DHCP 客户端还是没有 IP 地址,所以依然用 0.0.0.0 作为源 IP 地址。**目的 IP 地址也仍然是广播地址 255.255.255.255**。这里有人可能会觉得奇怪:DHCP 服务器已经向客户端发送过 DHCP 提供报文了,应该已知道服务器的 IP 地址了,怎么客户端还用广播地址?这么做是因为可能有多台 DHCP 服务器向它发送了 DHCP 提供报文,所有 DHCP 服务器都在等着客户端的回应,所以客户端需要以广播发送 DHCP 请求报文,这样在选择某个 DHCP 服务器的同时也拒绝了其他 DHCP 服务器(因为 DHCP 请求报文中有所选择的 DHCP 服务器的 IP 地址)。

(13) 接着,上述广播 IP 数据包在数据链路层用以太帧封装,**目的 MAC 地址仍然是 FF-FF-FF-FF-FF-FF-FF**,源 MAC 地址就是自己的 MAC 地址。然后就发送该广播帧。

(14) 网络上,不是 DHCP 服务器的主机不会处理该 DHCP 客户端的 DHCP 请求报文,没被 DHCP 客户端选中的 DHCP 服务器也不会再有回应,只有 DHCP 报文中指定的 DHCP 服务器会最后作响应,生成一个 **DHCP 应答报文**。报文内容有:**报文编号**(和前面 **3 个 DHCP 报文都相同)、客户端 MAC 地址、分给客户端的 IP 地址、子网掩码、默认网关、DNS 服务器、租用期限**等。

(15) DHCP 应答报文在运输层被封装到 UDP 中,到网络层 UDP 报文再用 IP 数据包封装。同样,因为客户端还没有 IP 地址,所以**目的 IP 地址仍是本地广播 255.255. 255.255**。源 IP 地址是 DHCP 服务器的 IP 地址。

(16) IP 数据包在数据链路层封装时,**目的 MAC 地址还是 FF-FF-FF-FF-FF-FF-FF**,源 MAC 地址是服务器自己的 MAC 地址。之后发送该广播帧。

(17) 本地网络上只有对应的 DHCP 客户端才会接收处理上述广播帧,层层解封,取出最里面的 DHCP 应答报文,根据报文内容来配置自己的协议参数。至此,整个 DHCP 过程结束。之后,客户端就可以和网络上其他主机正常通信了。

2. DHCP 中继代理

前面已提过,如果 DHCP 服务器和 DHCP 客户端不在一个以太网段,那么就需要用到 DHCP 中继代理服务器,因为 DHCP 客户端的本地网络广播不能传到位于另一个网络上的 DHCP 服务器上。

这里用图 7.16 简要介绍一下 DHCP 中继代理及其过程。

DHCP 客户端在 IP 网络 1,而 DHCP 服务器在 IP 网络 2,这样 DHCP 客户端想让 DHCP 服务器给它配置协议参数,就需要网络 1 的网关也就是中间的路由器设备来执行 DHCP 中继代理。那么这个路由器就是 **DHCP 中继代理服务器**。简单地说,DHCP 中继代理就是 **DHCP 中继代理服务器代表 DHCP 服务器给 DHCP 客户端配置协议参数**。过程大致如图 7.17 所示。

关于图 7.17 中各步骤的报文是广播的还是单播的,读者可以作为练习自己考虑。

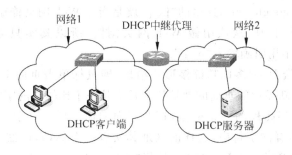

图 7.16　DHCP 中继代理网络环境

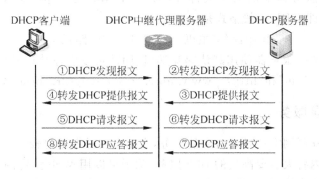

图 7.17　DHCP 中继代理过程

7.4　互联网络上的应用服务

最后简要介绍一下互联网络上的常用应用服务,每一项网络应用都有各自不同的应用层协议,关于它们具体的应用层技术,这里不再作大篇幅描述。

1. WWW 服务

WWW(World Wide Web)服务,即 Web 服务,又称万维网服务,是当今互联网络上数据流量最大的网络应用。对于 Web 应用,人们在浏览网页时用的浏览器软件(程序)就是 Web 客户端,在该网络应用中就是**客户机**,而提供网页给人们浏览的远端主机上运行 Web 服务器程序的,如 IIS、tomcat 等,在该网络应用中就是**服务器**。

Web 服务器端是被动通信方,始终打开运输层 TCP 端口,等待 Web 客户端与它连接发起通信。Web 服务器和 Web 客户机通信在运输层采用 TCP 可靠通信,Web 服务器端的默认熟知端口是 TCP 端口 80。

网上冲浪的内容不同,显然过程的效果和感受以及操作都不同。比如,浏览网页和收发邮件肯定有很多不同操作和体验。这是因为不同的网络应用,它们的服务器端和客户端通信交互的方式和方法有区别。而这些各自的方式和方法现在大多已成为全球统一认可的标准约定和规则,即所谓的**应用层协议**。Web 服务器和客户机通信的应用层协议是**超文本传输协议 HTTP(Hyper Text Transfer Protocol)**,如在微软 IE 浏览器上的地址栏中输入"http://www.google.cn",这里的"http"就是指定 Web 网页传输时要采用的超文本传输协议。当然,由于 IE 默认用做 Web 网页浏览,所以其实只需输入域名"www.google.cn"即可,而不用明确输入"http"。

Web 页面上的资源,大多以**超链接**形式给出,即鼠标单击页面上某条信息就能打开另一个页面,而这个新显示的页面的地址栏上常常是一个比较长的字符串,平时称它为网址。比如,单击浏览某高校的一条链接,打开页面的地址栏中显示"http://www.nbcc.cn/rcpy/2rc.htm"这样的字符串,这样的网址其实有一个称谓,叫**统一资源定位符 URL** (**Uniform/Universal Resource Locator**)。这里"www.nbcc.cn"是该高校站点 Web 主页,"rcpy"是该 Web 服务器上的某个文件夹,而"2rc.htm"是"rcpy"文件夹下的一个静态 HTM 页面文件,即 URL 一般格式是

$$http://<主机>:<端口>/<路径>$$

由于,上述 Web 服务器使用默认熟知端口,因此可以省掉端口号,即"http://www.nbcc.cn/rcpy/2rc.htm"和"http://www.nbcc.cn:80/rcpy/2rc.htm"效果一样。

2. 远程登录服务

远程登录是互联网上一种较古老的服务,在互联网早期用得较广泛,现在普通用户较少使用。目前国内各大主要高校的 BBS 服务,除了可以用 Web 浏览的形式访问外,还提供远程登录的方式来访问(可用专用客户端程序 cterm 或 sterm 连接访问)。

远程登录服务也是采用 C/S 模式,分客户端和服务器端,双方通信采用的应用层协议是 **telnet 协议**,运输层也采用 TCP 可靠通信。服务器端默认熟知端口是 TCP 端口 23。

3. 文件传输服务

文件传输服务同样采用 C/S 模式,服务器端和客户端通信的应用层协议是 **FTP(File Transfer Protocol)协议**,运输层封装也是采用 TCP 格式。服务器端熟知端口是 TCP 端口 21。

Windows 系统的 IIS 组件包含 FTP 服务器程序,FTP 客户端程序可用浏览网页的微软 IE 浏览器,类似浏览网页一样访问 FTP 服务器,只是在地址栏输入 FTP 服务器地址时,前面需明确添加"FTP://"以指明协议。

另外,也有专门的 FTP 服务器软件(如 serv-U)和专门的 FTP 客户端软件(如 cuteFTP)。

4. 电子邮件服务

电子邮件服务,即 E-mail 服务,当今每个网民一般都至少有一个网络邮箱用以收发存储网络邮件。邮件服务的服务器一般有两类,即 SMTP 邮件服务器和 POP3 邮件服务器(或 IMAP 邮件服务器)(往往两者由同一主机担任)。客户端可以用微软 IE 浏览器,也可以用专用邮件客户端代理程序(如 Outlook)。下面以图 7.18 为例说明邮件收发的一般过程。

如图 7.18 所示,假如左边发送方用户有自己的电子邮箱"user1@yahoo.com.cn",而

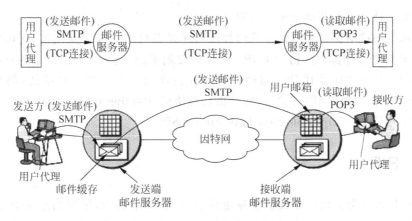

图 7.18　电子邮件收发

右边的接收方用户也有自己的电子邮箱"user2@163.com"。

　　现在,发送方在自己的 PC 上通过邮件客户端登录雅虎邮箱后,向"user2@163.com"发送邮件。过程如下。

　　(1) 先由发送方的邮件客户端将邮件传送到雅虎 SMTP 邮件服务器。采用的应用层通信协议是**简单网络传输协议 SMTP(Simple Message Transfer Protocol)**,SMTP 邮件服务器默认熟知端口是 TCP 端口 25。

　　(2) 雅虎 SMTP 邮件服务器向 163 的 SMTP 邮件服务器转发该邮件,应用层协议还是 SMTP。

　　(3) 接收方在自己的 PC 上通过邮件客户端登录它的 163 邮箱,从 163 的 POP3 邮件服务器上将邮件下载传送到自己的 PC 上。接收方邮件客户端和 POP3 邮件服务通信的应用层协议是**邮局协议 POP(Post Office Protocol)**,现在版本是 3。POP3 邮件服务器熟知端口是 TCP 端口 110。

*7.5　路由选择协议

7.5.1　路由选择协议分类

　　5.1.4 小节已讨论过路由器转发 IP 数据包的过程。路由器能完成 IP 数据包的转发,是依靠路由表完成的。在讲述路由器转发 IP 数据包时,事先已默认路由器的路由表已存在。但是,在路由器连入网络之前,是没有路由表的,或者说路由表的内容为空,因为路由器一开始根本不知道会连入什么网络。由此可知,路由器是在连入特定网络之后才建立相关路由表的。

　　总的来说,关于路由器建立路由表内容的方式有两种:一种是人为手动输入到路由器中的,这称为**静态路由方式**;另一种是各路由器通过相互间交换共享网络信息后学习得到的,这称为**动态路由方式**。路由器通过动态方式建立路由表的相关技术标准就是**路**

由选择协议。这就是本节将介绍的内容。

路由选择协议根据是在自治系统内部使用还是在自治系统之间使用,又可以分为**内部网关协议 IGP 和外部网关协议 EGP**。所谓的**自治系统**,就是一个由某个独立单位或机构自主管理并自主决定采用什么路由协议选择协议的一个互联网络系统,简称为 AS。本节只简单介绍两种内部网关协议,即**路由信息协议**(Routing Information Protocol,RIP)和**开放最短路径优先**(Open Shortest Path First,OSPF)。

7.5.2 RIP

RIP 在技术分类上属于**距离适量路由协议**,它有两个版本,早期的是 RIPv1,之后有改进的 RIPv2。RIPv1 采用默认分类 IP 地址来识别网段,不支持变长子网掩码 VLSM 和 CIDR,而 RIPv2 支持 VLSM 和 CIDR。这里只对 RIPv2 作简单介绍。

下面以一个简单的互联网络实例来阐述路由器利用 RIPv2 建立路由表的过程。

图 7.19 是 3 个路由器互联 4 个网络的例子。各网络 IP 地址如图 7.19 中所示。其中,S0、E0 等是路由器的相关接口。这里,路由表的下一跳由路由器的接口表示。初始情况下,3 个路由器只知道跟它们直接相连的网段的路由信息,即路由表中只有关于到直连网络的下一跳及其距离值。RIP 中关于到目的网络的距离度量值是以经过的路由器个数来衡量的,比如,图中的路由器 R1,它的路由表第一项就是关于到直连网络 192.168.20.0/24 的路由信息,下一跳地址是 E0,表示到直连网络 192.168.20.0/24 去从接口 E0 出发,且因为是直连网络,不需要再经过其他路由器,所以距离值是 0。

图 7.19   RIP 协议

现在,在 3 个路由器上都启用版本 2 的路由协议 RIP。那么,3 个路由器都将向相邻路由器发送自己当前的路由表内容信息,这个信息的发送频率是以 30s 为周期。现假设路由器 R1 最先启动 RIPv2,然后 R2 也启动 RIPv2,最后是 R3 启动 RIPv2。这样 R1 的 30s 周期将最先到,它将最先向相邻路由器发送自己的路由表信息,然后是轮到 R2,最后是 R3。

下面就来看各路由器的路由表的更新变化过程。

(1) R1 向相邻路由器 R2 发送自己的当前路由表信息:"192.168.20.0/24 E0 0"和"172.18.10.0/24 S0 0"。注意,这里只是做如此简单说明,严格地说是 R1 发送 RIP 报文给 R2,而 RIP 报文是用运输层 UDP 封装的,该 UDP 报文再用网络层 IP 组播数据包封装等。

(2) R2 收到 R1 发送的上述路由信息之后,会有如下动作:关于第一条路由信息 "192.168.20.0/24 E0 0",R2 会将它填入自己的路由表,因为 R2 没有关于网段 192.168.20.0/24 的路由信息,但是填入该网段的路由信息时不是完全复制,R2 会将它改成"192.168.20.0/24 S0 1",表示从 R2 到网段 192.168.20.0/24 要从 R2 的接口 S0 转发,距离是 1。这是因为 R1 告诉 R2"R1 到网段 192.168.20.0/24 是直连的",所以从 R2 到 192.168.20.0/24 可以先经过 R1,这样距离就会加 1。然后关于 R1 发来的第二条路由信息"172.18.10.0/24 S0 0",R2 是不会采纳的,因为 R2 有关于到网段 172.18.10.0/24 的路由信息,且是直连的,如果采纳 R1 的信息,意味着从 R2 发送 IP 数据到网段 172.18.10.0/24 将先转发到 R1 再到 172.18.10.0/24,显然这样距离反而远了。所以,收到 R1 的路由表信息后,相关的路由表信息将变成如图 7.20 所示的内容。

注:其中灰色部分是更新的路由表内容。

图 7.20　R2 路由表更新

(3) 之后,R2 会转发 R1 的路由表信息给 R3,然后,当 R2 自己的 30s 周期到时,也会将自己的当前所有路由表信息发送给相邻的路由器 R1 和 R3。

(4) R1 收到 R2 发送的路由表信息后,也会做相应的路由表更新。R3 收到 R2 转发的 R1 的路由表信息以及 R2 自己的路由表信息之后,R3 也会相应地更新自己的路由表,如图 7.21 所示。

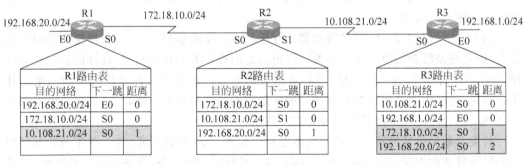

注:其中灰色部分是更新的路由表内容。

图 7.21　R1 和 R3 路由表更新

（5）最后轮到 R3 向相邻路由器发送自己所有的路由表信息，R2 和 R1 收到之后也都会更新自己的路由表，如图 7.22 所示。

注：其中灰色部分是更新的路由表内容。

图 7.22　R2 和 R1 路由表更新

（6）至此，3 个路由器已知道关于所有网络的路由信息。不过它们还是会每隔 30s 定期地交换相互的路由表信息。

RIP 协议有个缺陷，就是限制互联网络最大的路由器跳数为 15，当去往目的网络需要经过 16 个及其以上的路由器时，即认为目的网络不可达。至于原因，这里不再进一步解释。所以，RIP 适用于较小规模的自治系统网络。另外 RIP 还有个不足，就是对目的网络的距离度量不够有效，比如可以经过 3 段 100Mbps 的链路到目的网络，经过 3 个路由器，所以按照 RIP 距离度量值就是 3；同时还可以经过一条 64kbps 的远程串行链路到达目的网络，只经过 1 个路由器，那么这条链路距离度量就只有 1。按照 RIP，肯定将选择第二条路径发送 IP 数据，但其实是第一条路径速度更快。

7.5.3　OSPF

开放最短路径优先 OSPF 是一种更科学的内部网关协议，在技术分类上属于**链路状态路由协议**。它没有对网络路由器的跳数限制，且对目的网络的距离和发送成本度量更科学。由于 OSPF 比 RIP 复杂得多，这里不对 OSPF 作详细阐述，只结合图 7.23 对其原理作如下的基本描述。

图 7.23 采用 OSPF 协议的路由器相互之间也会交换信息，但不是直接交换路由表项信息，而是**链路状态信息**。其中有关于路由器之间谁跟谁邻接的信息，这样的信息会通过 IP 组播发送到所有路由器，这样，所有路由器都会有一张关于所在互联网络的网络拓扑图。同时，各路由器之间还会交换各自所知的直连的链路速率性能状态，即各路由器会有上述网络拓扑图的权值路径图，如图 7.24 所示。

假设互联网络各链路综合传输成本度量值如图 7.24 标注所示，这是关于所在互联网络的**链路状态数据库**（实际还远比这复杂），每个路由器都会有这个链路状态数据库，然后每个路由器根据这个来计算到各目的网络的路由及成本，即构建路由表。

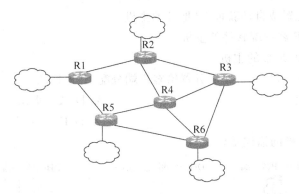

图 7.23 OSPF 路由选择协议

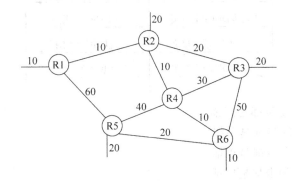

图 7.24 链路状态数据库

当直连的链路状态改变时(如链路拆除会增加等),相关运行 OSPF 协议的路由器会将该链路状态改变信息通过链路状态更新报文告诉其他路由器。另外,各邻接路由器相互间会周期性发送 Hello 报文以测试邻站路由器的可达性。

习　　题

一、选择题

1. 下列( )是 DNS 服务器的功能。

A. 将 IP 地址解析为物理地址　　　　　　B. 将物理地址解析为 IP 地址

C. 将域名解析为 IP 地址　　　　　　　　D. 将域名解析为物理地址

2. 域名 www. sysu. edu. cn 中( )是顶级域名。

A. www　　　　　　B. sysu　　　　　　C. edu　　　　　　D. cn

3. DNS 服务的运输层熟知端口是( )。

A. 53　　　　　　　B. 25　　　　　　　C. 80　　　　　　　D. 21

4. DHCP 客户端是指( )。

A. 安装了 DHCP 客户端软件的主机

B. 网络连接配置成自动获取 IP 地址的主机

C. 运行 DHCP 客户端软件的主机

D. 使用静态 IP 地址的主机

5. DHCP 过程中,(　　)是服务器给客户端分配 IP 地址的。

A. DHCP 发现 　　　　　　　　　　　　B. DHCP 提供

C. DHCP 请求 　　　　　　　　　　　　D. DHCP 应答

6. 关于下图正确的描述是(　　)。

A. 第①步和第②步都是广播

B. 第②步和第⑥步都是单播

C. 第⑥步和第⑧步都是单播

D. 第⑦步和第⑧步都是广播

7. Web 服务的默认熟知端口是(　　)。

A. 53 　　　　　　　B. 25 　　　　　　　C. 80 　　　　　　　D. 21

8. 以下用于发送邮件协议的是(　　)。

A. HTTP 　　　　　　B. POP3 　　　　　　C. SMTP 　　　　　　D. FTP

二、填空题

1. 应用层的网络通信模式是_____模式。通信的主动发起方称为_____,而通信的被动发起方称为_____。

2. 网络通信中,主动打开端口,处于监听状态的一方是_____。

3. 代表"中国"的顶级域名是_____,连入中国教育和科研计算机网的高校的站点主页的完整域名一般以_____结尾。

4. DNS 系统包括_____、_____和_____等内容。

5. 如果本地域名服务器不能解析客户机的解析请求,那么它将_____。

6. 根据具体域名解析过程中的差异,域名解析可分为_____和_____两种主要方式。

7. 为主机配置协议选项的方式可分为_____和_____两种。

8. 主机的协议配置选项主要包括_____、_____、_____和_____等参数内容。

9. DHCP 的作用是_____,DHCP 中继代理的作用是_____。

10. DHCP 客户端和服务器端通信采用运输层_____报文,使用的运输层端口号分别是_____和_____。

11. URL 的一般格式是_____。

12. FTP 服务的默认熟知端口是_____,POP3 协议的端口是_____。

三、问答题

1. 简述 DNS 的意义。

2. 见下图。

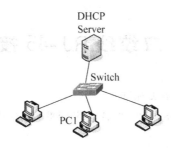

如果有以下条件。

(1) PC1 的本地连接被设置成"自动获取 IP 地址"。

(2) PC1 刚刚开机。

请简要描述：PC1 在获得 IP 地址之前跟 DHCP Server 之间的通信过程和主要内容。

3. 回答下列问题。

(1) 为什么 DHCP 发现报文要用广播？

(2) 为什么 DHCP 提供报文要用广播？

(3) 为什么 DHCP 请求报文要用广播？

(4) 为什么 DHCP 应答报文要用广播？

4. 列举因特网的网络服务及其熟知端口。

5. 网络邮件在发送当天显示发送成功,但第二天发现系统退信,提示发送失败,试分析其原因。

6. 结合下图,描述浏览器端访问 Web 服务器主页 www.nbcc.cn 的较详细过程。过程要涉及数据在协议层次中的封装和解封的描述。

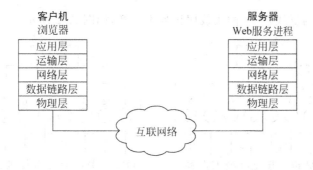

附录A 实 验

实验1 双绞线RJ-45接头标准

实验名称：双绞线 RJ-45 接头标准。

实验目的：熟悉双绞线 568A 和 568B 线序标准，能在具体环境条件下使用正确线序的双绞线。

实验设备：以太网交换机，双绞线直通线若干，双绞线交叉线若干，PC 若干台。

实验内容：

1. 熟悉 RJ-45 接头线序

查看双绞线两头线序。

直通线（或称为正线）——两头线序排列方式一样，如图 A.1 所示。

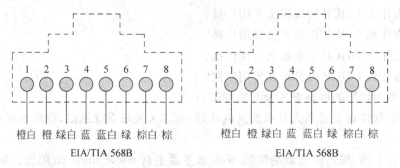

图 A.1　直通线

交叉线（或称为反线）——两头线序排列不一样，如图 A.2 所示。

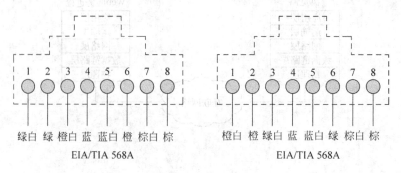

图 A.2　交叉线

2. 两主机直连网络

两台主机可以直接相连组成一个最简单的以太网络,如图 A.3 所示。

图 A.3 双主机直连

但是所用的双绞线必须是交叉线,用直通线的话,两主机的网卡的 RJ-45 接口指示灯也不会亮。

用交叉线连接网络后,配置主机的协议地址如下。

(1) PC1 网络连接

右击桌面上的"网上邻居"图标,单击"属性"命令,打开"网络连接"窗口。接着右击"本地连接"图标,再单击"属性"命令,打开"本地连接 属性"对话框,如图 A.4 所示。

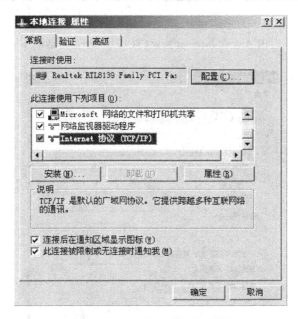

图 A.4 "本地连接 属性"对话框

在"本地连接 属性"对话框中的"此连接使用下列项目"框中下拉滚动条至最后一项"Internet 协议(TCP/IP)",双击打开"Internet 协议(TCP/IP)属性"对话框,然后选择"使用下面的 IP 地址"单选按钮,按图 A.5 设置 IP 地址和子网掩码。

(2) PC2 网络连接

类似于 PC1,将 PC2 的本地连接的地址按图 A.6 所示进行设置。

(3) PC1 上的操作

执行"开始"→"运行"命令,输入"cmd",按 Enter 键。在命令行下输入"ipconfig",按 Enter 键,查看确认刚才配置的 IP 地址和子网掩码,如图 A.7 所示。

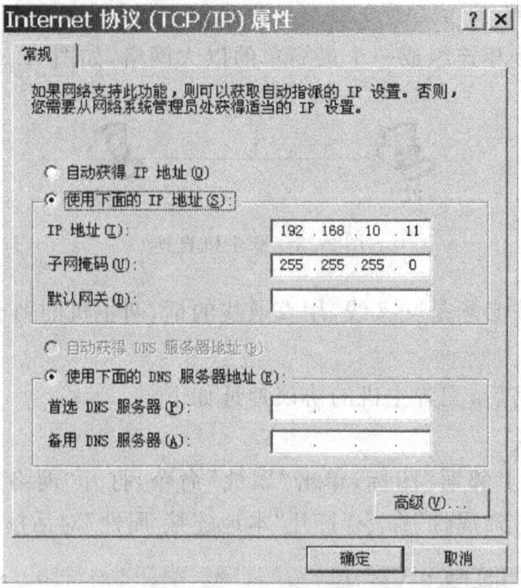

图 A.5 "Internet 协议(TCP/IP)属性"对话框

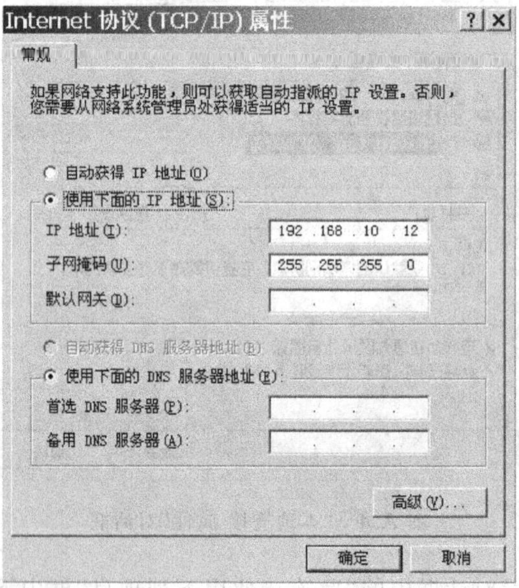

图 A.6 PC2 Internet 协议(TCP/IP)属性配置

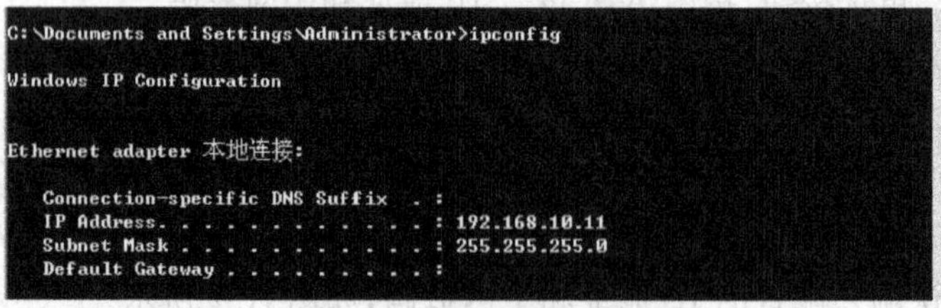

图 A.7 查看 PC1 配置

可用同样方法在 PC2 的命令行下查看地址配置。

在 PC1 的命令行下，输入"ping 192.168.10.12"，按 Enter 键，即用 ping 命令测试和 PC2 的连通性，如图 A.8 所示。

```
C:\Documents and Settings\Administrator>ping 192.168.10.12

Pinging 192.168.10.12 with 32 bytes of data:

Reply from 192.168.10.12: bytes=32 time<1ms TTL=64
Reply from 192.168.10.12: bytes=32 time<1ms TTL=64
Reply from 192.168.10.12: bytes=32 time<1ms TTL=64
Reply from 192.168.10.12: bytes=32 time<1ms TTL=64

Ping statistics for 192.168.10.12:
    Packets: Sent = 4, Received = 4, Lost = 0 (0% loss),
Approximate round trip times in milli-seconds:
    Minimum = 0ms, Maximum = 0ms, Average = 0ms
```

图 A.8　测试与 PC2 的连通性

上述结果表示 PC1 和 PC2 已经连上。如果是显示如图 A.9 所示结果，则表示 PC1 和 PC2 没连上。

```
C:\Documents and Settings\Administrator>ping 192.168.10.12

Pinging 192.168.10.12 with 32 bytes of data:

Request timed out.
Request timed out.
Request timed out.
Request timed out.

Ping statistics for 192.168.10.12:
    Packets: Sent = 4, Received = 0, Lost = 4 (100% loss),
```

图 A.9　未连通示例

3. 用以太网交换机连接主机

要使更多主机连成一个网络，可以用以太网交换机。按图 A.10 所示连接网络。

其中，交换机和主机之间所用的双绞线要求是直通线，不过对于那些可网管可编程的智能交换机也可以用交叉线，交换机自动能识别。

PC1 和 PC2 的 IP 地址配置不变。PC3 和 PC4 的 IP 地址和子网掩码可按如下参考配置。

PC3 本地连接配置

IP 地址：192.168.10.13

子网掩码：255.255.255.0

PC4 本地连接配置

IP 地址：192.168.10.14

子网掩码：255.255.255.0

配置完各主机的地址之后，类似步骤 2，在各主机的命令行下用 ping 命令测试跟其他主机的连通性。

4. 回顾理解实验过程

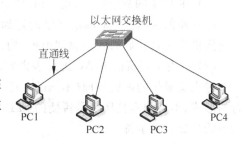

图 A.10　交换机连接以太网

实验 2   交换机 MAC 地址表

实验名称：交换机 MAC 地址表。

实验目的：查看交换机 MAC 地址表，理解交换机的帧转发原理以及交换机的地址学习原理。

实验设备：以太网交换机（锐捷 S2126G），双绞线若干，PC 若干台。

实验内容：

1. 构造初级实验环境

（1）参考图 A.11 连接网络。

其中：PC1 连交换机的端口 2；PC2 连交换机的端口 4；PC3 连交换机的端口 8；PC4 连交换机的端口 16。

（2）参考下列要求配置各主机的 IP 协议参数。

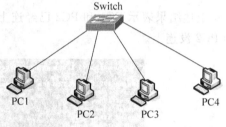

图 A.11   初级交换机以太网环境

PC1 本地连接配置

IP 地址：192.168.10.11

子网掩码：255.255.255.0

PC2 本地连接配置

IP 地址：192.168.10.12

子网掩码：255.255.255.0

PC3 本地连接配置

IP 地址：192.168.10.13

子网掩码：255.255.255.0

PC4 本地连接配置

IP 地址：192.168.10.14

子网掩码：255.255.255.0

2. 查看交换机 MAC 地址表并验证其正确性

（1）在 PC1 的命令行下，用 ping 命令测试跟其他 3 台主机的连通性。

这一步的目的：一来确定网络的连通性；二来让所有主机至少发送过一次数据，以让交换机学习到它们的网卡物理地址，构建整个网络完整的 MAC 地址表。

（2）查看交换机的 MAC 地址表内容。

进入交换机的配置界面（不同的环境可以有多种进入方式），交换机配置界面是命令行的形式，本书的实验环境是锐捷的 S2126G 二层交换机。刚进入交换机的配置界面时，看到的是如下提示符：

```
S2126G_01>
```

192

这是交换机的普通用户模式，通过输入命令“enable”，按 Enter 键，并输入进入特权模式的密码（如果有的话），即可进入交换机的特权配置模式（#提示符），如下所示：

```
S2126G_01>enable
password:
S2126G_01#
```

然后在特权模式下，输入命令“show mac-address-table”，按 Enter 键，即可查看交换机的 MAC 地址表内容，如下所示：

```
S2126G_01# show mac-address-table
```

图 A.12 是本实验环境的交换机 MAC 地址表显示结果。

```
S2126G_01#show mac-address-table

Vlan          MAC Address            Type       Interface
----------    --------------------   --------   --------------------
1             0006.7a77.1507         DYNAMIC    Fa0/8
1             0025.1154.0d46         DYNAMIC    Fa0/2
1             0025.1154.ff4b         DYNAMIC    Fa0/6
1             0025.1155.713d         DYNAMIC    Fa0/4
```

图 A.12　交换机 MAC 地址表

其中，“MAC Address”所在列是交换机所学习到的网络上所有主机的 MAC 地址，而“Interface”所在列是各 MAC 地址对应的交换机端口编号。比如，第一行中，MAC Address 是 0006.7a77.1507，对应的交换机端口是 Fa0/8，表示交换机在端口 Fa0/8 学习到了 MAC 地址 0006.7a77.1507，或认为网卡 0006.7a77.1507 连到了交换机的端口 Fa0/8。

这里，交换机端口 Fa0/8 的意义解释如下：Fa 是 FastEthernet 的简称，表示快速以太网，即 100Mbps 的速度；0/8 中的 0 是指交换机的模块号，0/8 中的 8 就是连线时交换机的端口上显示的编号，简单起见，可以说网卡 0006.7a77.1507 连到了交换机的端口 8。

上面显示的 MAC 地址表中，还有两列，就是“Vlan”和“Type”。其中“Vlan”就是虚拟局域网编号，现在由于没有划分 VLAN，所以交换机所有端口默认都属于 VLAN 1。而“Type”列指出该 MAC 地址表项的类型，这里都是“DYNAMIC”类型，即动态类型，表示 MAC 地址和对应的交换机端口是临时对应的，可能随时改变，比如某主机改变后连到了另一个端口。

（3）验证交换机学习到的 MAC 地址表的正确性。

在 PC1、PC2、PC3 和 PC4 的命令行下输入“ipconfig/all”，查看各主机的网卡物理地址，并将显示的物理地址（MAC 地址）和交换机学习到的 MAC 地址表比较，以验证交换机学习的正确性。

本实验环境各主机 MAC 地址显示结果如下。

PC1 的 MAC 地址如图 A.13 所示。

PC2 的 MAC 地址如图 A.14 所示。

PC3 的 MAC 地址如图 A.15 所示。

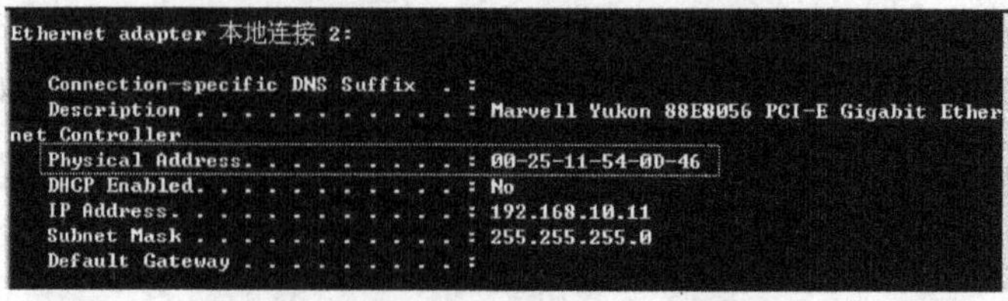

图 A.13　PC1 的 MAC 地址

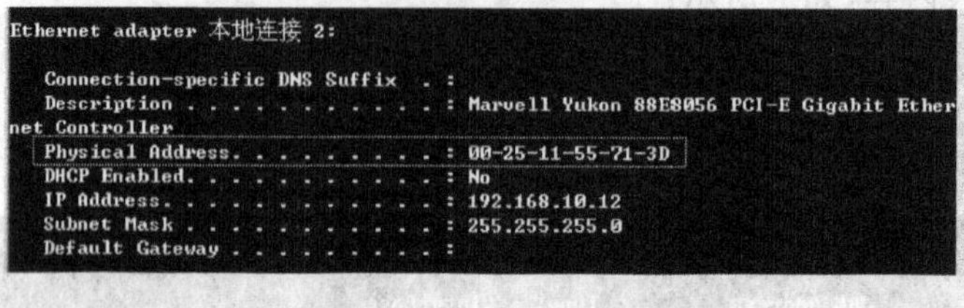

图 A.14　PC2 的 MAC 地址

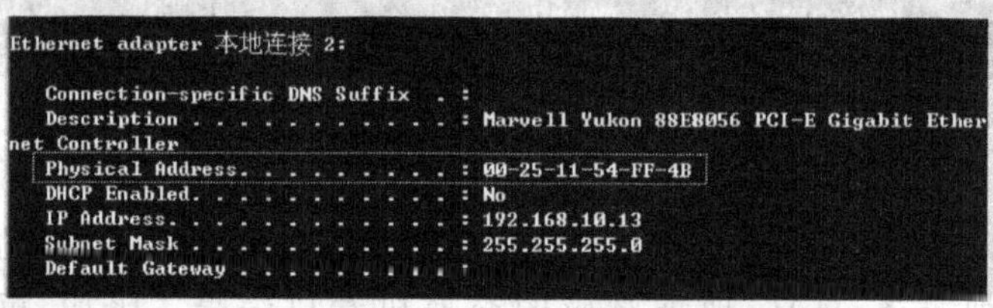

图 A.15　PC3 的 MAC 地址

PC4 的 MAC 地址如图 A.16 所示。

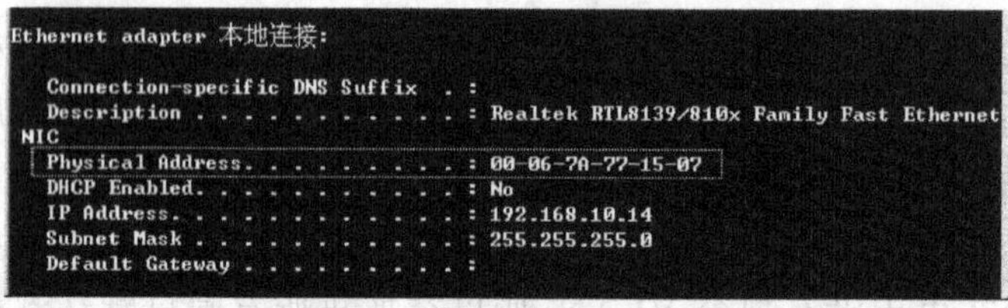

图 A.16　PC4 的 MAC 地址

注意：在主机的命令行下显示的 MAC 地址的形式和在交换机 MAC 地址表中显示的形式有点区别，但显然内容是一样的。

3．构造进阶交换机网络环境

（1）参考图 A.17 的网络拓扑。

其中：PC1 连交换机 1 的端口 2；PC2 连交换机 1 的端口 4；PC3 连交换机 2 的端口 6；PC4 连交换机 2 的端口 8；交换机 1 的端口 16 和交换机 2 的端口 16 相连。

（2）主机 IP 地址配置不变。

4．查看两交换机的 MAC 地址学习内容并验证其正确性

（1）在 PC1 的命令行下，用 ping 命令测试跟其他 3 台主机的连通性。目的同步骤 2 的（1）。

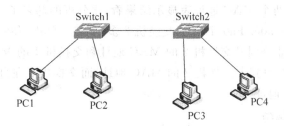

图 A.17 多交换机环境

（2）查看两个交换机的 MAC 地址表内容。

方法同步骤 2 的(2)。以下是本实验环境的显示结果。

交换机 1 的 MAC 地址表如图 A.18 所示。

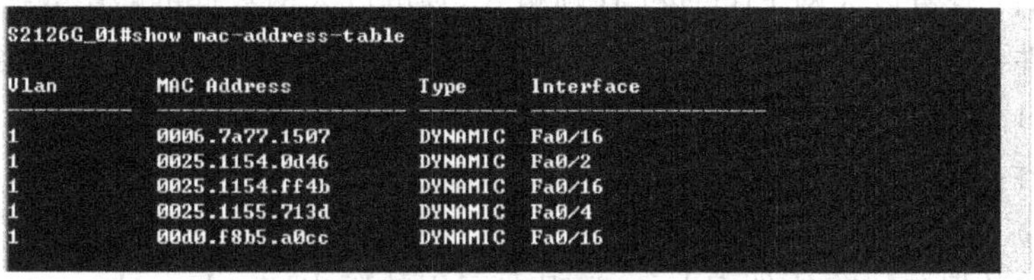

```
S2126G_01#show mac-address-table
Vlan     MAC Address      Type      Interface
1        0006.7a77.1507   DYNAMIC   Fa0/16
1        0025.1154.0d46   DYNAMIC   Fa0/2
1        0025.1154.ff4b   DYNAMIC   Fa0/16
1        0025.1155.713d   DYNAMIC   Fa0/4
1        00d0.f8b5.a0cc   DYNAMIC   Fa0/16
```

图 A.18 交换机 1 的 MAC 地址表

交换机 2 的 MAC 地址表如图 A.19 所示。

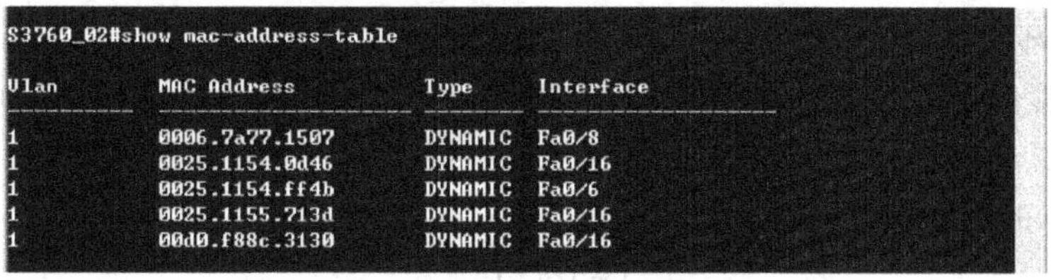

```
S3760_02#show mac-address-table
Vlan     MAC Address      Type      Interface
1        0006.7a77.1507   DYNAMIC   Fa0/8
1        0025.1154.0d46   DYNAMIC   Fa0/16
1        0025.1154.ff4b   DYNAMIC   Fa0/6
1        0025.1155.713d   DYNAMIC   Fa0/16
1        00d0.f88c.3130   DYNAMIC   Fa0/16
```

图 A.19 交换机 2 的 MAC 地址表

（3）分析 MAC 地址表。

按照连接的网络拓扑图有以下分析。

交换机 1 应该能：

在端口 2 学习到 PC1 的物理地址；

在端口 4 学习到 PC2 的物理地址；

在端口 16 学习到 PC3 的物理地址；

在端口 16 学习到 PC4 的物理地址。

交换机 2 应该能：

在端口 6 学习到 PC3 的物理地址；

在端口 8 学习到 PC4 的物理地址；

在端口 16 学习到 PC1 的物理地址；

在端口 16 学习到 PC2 的物理地址。

然而,从上面的两个 MAC 地址表显示结果看,比分析的都多了一项。比如,交换机 1 多了一项"00d0. f8b5. a0cc Fa0/16",而交换机 2 多了一项"00d0. f88c. 3130 Fa0/16"。其实,这两个 MAC 地址分别是交换机 2 的 MAC 地址和交换机 1 的 MAC 地址。即交换机 1 在自己的端口 16 学习到了交换机 2 的 MAC 地址,而交换机 2 在自己的端口 16 学习到了交换机 1 的 MAC 地址。

5. 总结分析实验结果

实验 3　以太网帧格式

实验名称:以太网帧格式。

实验目的:查看以太网 Ethernet II 帧格式,理解以太网数据链路层数据封装技术。

实验条件:以太网交换机(锐捷 S2126G),双绞线若干,PC 若干台,网络数据包捕获软件 Ethereal。

实验内容:

1. 安装抓包软件

安装网络数据包捕获软件 Ethereal,现在可用的版本有 ethereal-setup-0. 99. 0. exe。该软件是免费的,另外也可以用类似的嗅探软件 Sniffer。这些软件都能将网卡的工作模式设置成混杂模式,即能在共享式以太网上获取不是发给自己的数据帧。软件的安装比较简单,跟一般的应用软件安装一样,不再细述。安装以后的执行文件是 ethereal. exe。

2. 网络环境配置

由于不管什么网络应用,在以太网上以太帧是必须的,因此要抓取以太帧时对网络环境没有特殊要求,只需要运行 Ethereal 软件的主机处于一个以太网中即可。这里用的是图 A. 20 所示的网络环境。

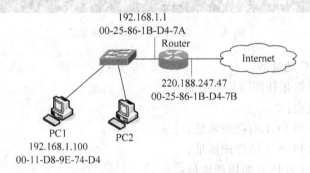

图 A. 20　参考实验环境

其中在 PC1 上运行 Ethereal 软件。

3. 抓取以太帧

(1) 运行软件

在 PC1 上打开已安装的 Ethereal 程序,即运行 ethereal. exe,出现如图 A. 21 所示的程序界面。

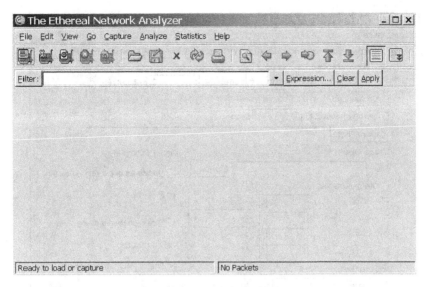

图 A.21 软件环境

（2）设置选项

单击 Ethereal 界面中的 Capture 菜单，选择 Options 命令，如图 A.22 所示。

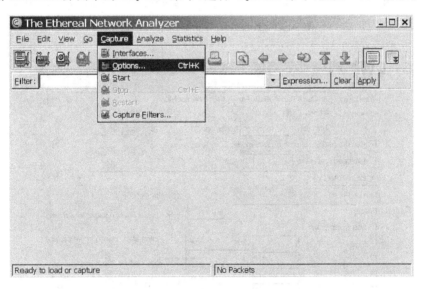

图 A.22 准备设置选项

选择 Options 命令后，打开 Ethereal：Capture Options 窗口，如图 A.23 所示。

在 Interface 右边的下拉列表中选择正确的网络连接（网卡）。选中 Capture packets in promiscuous mode 复选框，表示让相应的网卡工作在混杂模式（这里其实可选可不选）。然后选中 Update list of packets in real time 复选框，表示在包捕获开始后会实时显示获得的数据包。各选项选择如图 A.24 所示。

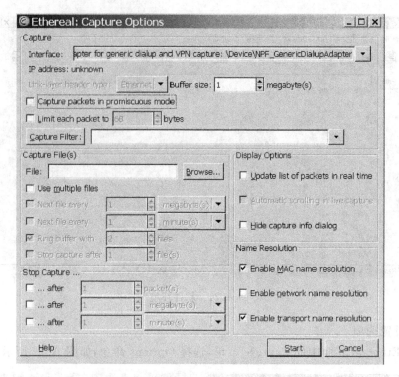

图 A.23　Ethereal:Capture Options 窗口

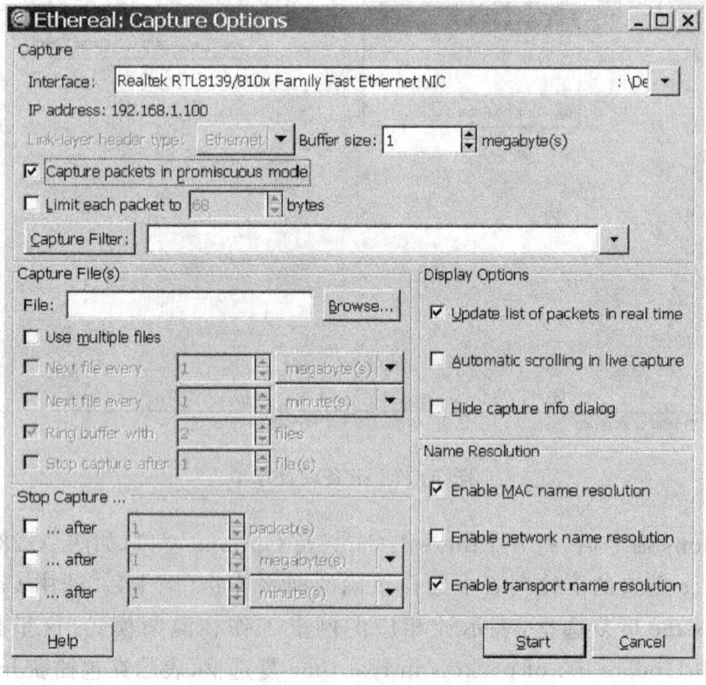

图 A.24　选项参考设置

（3）启动包捕获过程

单击 Ethereal：Capture Options 窗口右下角的 Start 按钮，即开始包捕获过程。包捕
获实时统计框如图 A.25 所示。

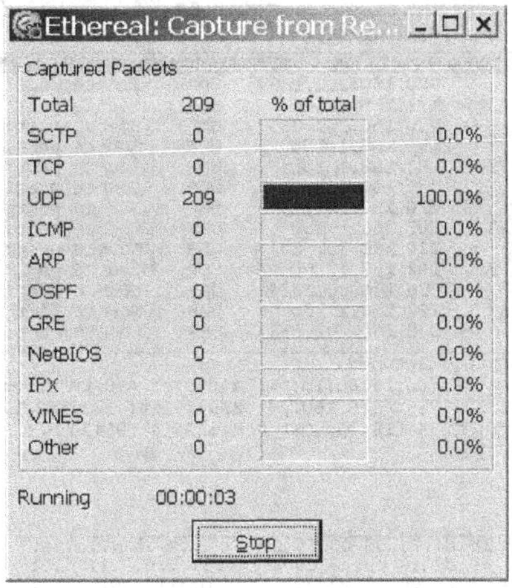

图 A.25　包捕获实时统计框

（4）发送数据

在 PC1 的命令行下，输入"ping 192.168.1.1"，按 Enter 键，测试和网关的连通性，如
图 A.26所示。

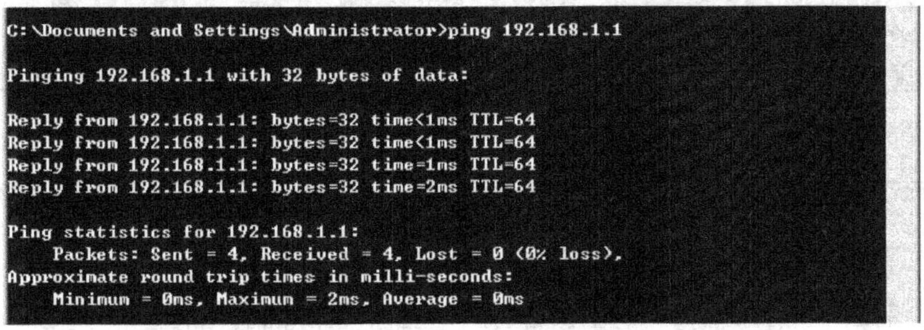

图 A.26　发送 ping 数据供捕获

（5）停止包捕获过程

ping 结束后，单击如图 A.25 所示窗口中的 Stop 按钮，即停止包的捕获过程。在
Ethereal 程序中会显示捕获的数据包，如图 A.27 所示。

4. 分析以太帧

（1）过滤显示结果

为了只查看刚才 ping 命令发送的数据，在过滤器"Filter："的文本框中输入
"ip.addr＝＝192.168.1.1"，然后按 Enter 键，即只显示刚才的 ping 命令的数据内容，如
图 A.28 所示。

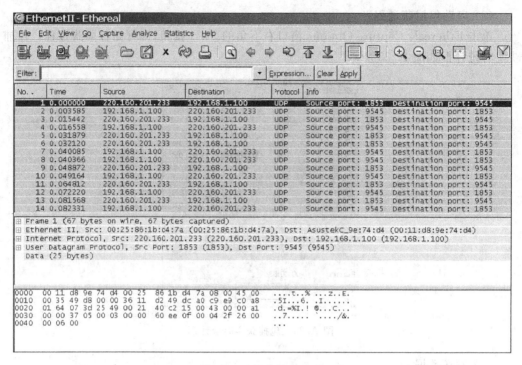

图 A.27 捕获结果显示

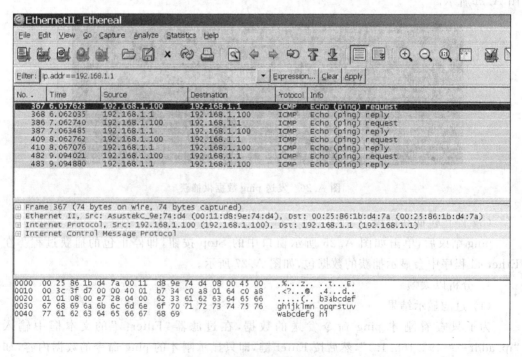

图 A.28 过滤显示结果

（2）分析帧内容

选中第一行显示的数据，这是一个 192.168.1.100 发送给 192.168.1.1 的 ping 探测报文。中间部分区域的显示内容显示的是该数据的封装情况。其中中间区域第一行"Frame 367（74 bytes on wire，74 bytes captured）"表示该帧是本次捕获过程中捕获的第367 个帧，长度 74 字节。下面是该帧的具体内容，中间区域第二行的开头的"Ethernet II"表示这是一个按照"Ethernet II"格式封装的以太网数据帧。将中间区域的第二行前面的"＋"号点开来，即可看到帧的格式和内容，如图 A.29 所示。

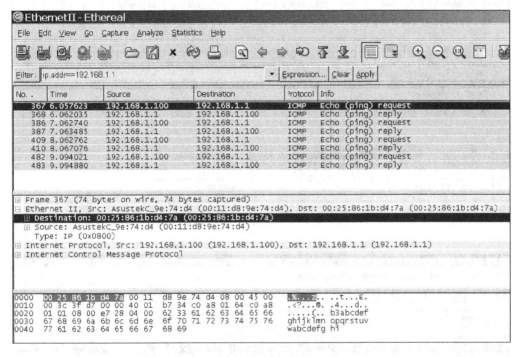

图 A.29 以太帧目的 MAC 地址

其中，"Destination：00：25：86：1b：d4：7a"就是以太帧的目的 MAC 地址，即为图 A.20 中路由器的以太网端口的 MAC 地址。图 A.29 中最下面的区域显示的是相应字段具体的值，这里以十六进制显示。如上面选中"Destination：00：25：86：1b：d4：7a"时，最下面区域中也相应地会选中一部分数据，如阴影部分所示，正好就是目的 MAC 地址值。

"Destination"的下一行显示的就是帧的源 MAC 地址，即"Source："那一行，源MAC 地址是"00：11：d8：9e：74：d4"，即为图 A.20 中 PC1 的 MAC 地址，如图 A.30所示。

中间区域的再接下来一行显示的是以太帧的类型字段，即"Type：IP(0x0800)"那一行，如图 A.31 所示。

十六进制的 0x0800 表示该帧数据字段封装的是 IP 数据包。

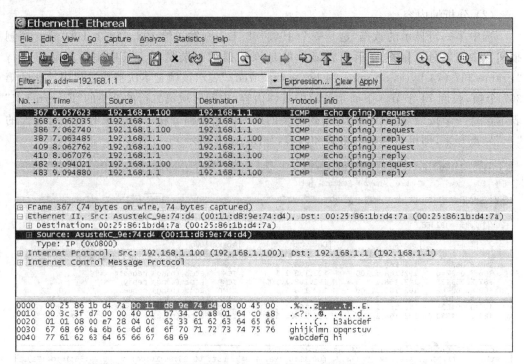

图 A.30　以太帧源 MAC 地址

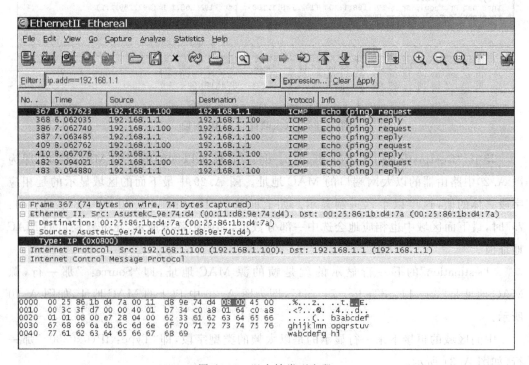

图 A.31　以太帧类型字段

再接下来,就是帧中封装的 IP 数据包,本实验不分析 IP 数据包的内容。

根据 Ethernet II 帧格式,数据字段之后还有 4 个字节的 FCS 字段,这里捕获的帧没有显示该字段。因为这里显示的帧都是经过校验后正确的帧。

5. 总结实验过程

实验 4　协议参数配置

实验名称:协议参数配置。

实验目的:练习 IP 协议参数配置,理解子网掩码和网关的意义。

实验条件:以太网交换机(锐捷 S2126G),路由器(锐捷 R2690),双绞线若干,PC 若干台。

实验内容:

1. 实验参考环境 1

网络参考拓扑如图 A.32 所示。

2. 协议参数配置

(1) 地址配置一

PC1:192.168.1.11 255.255.255.0

PC2:192.168.2.12 255.255.255.0

PC3:192.168.3.13 255.255.255.0

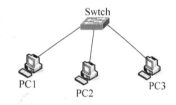

图 A.32　网络参考拓扑

用 ping 命令测试各 PC 的连通性并记录结果。因为 3 台主机的 IP 地址配置都不在同一个 IP 网段,所以正常情况下相互是不能 ping 通的。

(2) 地址配置二

PC1:192.168.1.11 255.255.0.0

PC2:192.168.2.12 255.255.0.0

PC3:192.168.3.13 255.255.0.0

用 ping 命令测试各 PC 的连通性并记录结果。因为 3 台主机的 IP 地址和掩码配置显示它们在同一个 IP 网段,所以正常情况下相互都是能 ping 通的。

(3) 地址配置三

PC1:192.168.1.11 255.255.255.0 192.168.1.11

PC2:192.168.2.12 255.255.255.0 192.168.2.12

PC3:192.168.3.13 255.255.255.0 192.168.3.13

用 ping 命令测试各 PC 的连通性并记录结果。虽然 3 台主机 IP 分属不同网段,但是设置了网关,且以自己为网关,所以相互间是能 ping 通的。

(4) 地址配置四

PC1 配置

IP 地址:任意

子网掩码:任意合法掩码

默认网关：同该 PC 的 IP 地址

PC2 配置

IP 地址：任意

子网掩码：任意合法掩码

默认网关：同该 PC 的 IP 地址

PC3 配置

IP 地址：任意

子网掩码：任意合法掩码

默认网关：同该 PC 的 IP 地址

用 ping 命令测试各 PC 的连通性并记录结果。ping 测试结果同步骤(3)。

3. 实验参考环境 2

网络参考环境如图 A.33 所示。

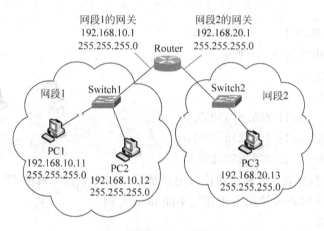

图 A.33　网络参考环境

如图 A.33 所示，PC1 和 PC2 的 IP 协议配置属于一个 IP 网段，而 PC3 的 IP 协议配置属于另一个网段。给路由器的两个端口配置相应 IP 地址，分别作为两个网段的网关。

4. IP 协议配置

(1) 主机协议参数配置

PC1 配置

IP 地址：192.168.10.11

子网掩码：255.255.255.0

默认网关：192.168.10.1

PC2 配置

IP 地址：192.168.10.12

子网掩码：255.255.255.0

默认网关：192.168.10.1

PC3 配置

IP 地址：192.168.20.13

子网掩码：255.255.255.0

默认网关：192.168.20.1

（2）路由器端口 IP 配置

这里使用的是锐捷 R2690 路由器，进入该路由器的配置界面对路由器配置接口地址。路由器配置界面和交换机的是类似的，配置过程如下。

```
R2690_01>enable                          //从普通用户模式进入特权模式
password:                                //输入必要的特权模式密码
R2690_01#conf t                          //从特权模式进入全局模式
R2690_01(config)#interface f 2/0         //进入路由器以太端口 f 2/0，该端口连网段 1
R2690_01(config-if)#ip address 192.168.10.1 255.255.255.0
          //给路由器以太端口 f 2/0 配置 IP 地址和子网掩码，该地址即为网段 1 的网关
R2690_01(config-if)#no shutdown          //开启端口，让端口开始工作
R2690_01(config-if)#interface f 2/1      //进入路由器以太端口 f 2/1，该端口连网段 2
R2690_01(config-if)#ip address 192.168.20.1 255.255.255.0
          //给路由器以太端口 f 2/1 配置 IP 地址和子网掩码，该地址即为网段 2 的网关
R2690_01(config-if)#no shutdown          //开启端口，让端口开始工作
R2690_01(config-if)#end                  //退回特权模式
R2690_01#exit                            //退出路由器配置
```

（3）测试配置

在 PC3 上用 ping 命令测试它跟 PC1 和 PC2 的连通性。正常应该都能连通，因为路由器连接了两个网段，且给所有主机都配置了正确的网关。

5. 总结实验过程

实验 5　IP 数据包格式

实验名称：IP 数据包格式。

实验目的：查看实际 IP 数据包数据内容，理解 IP 数据包封装格式。

实验条件：以太网交换机（锐捷 S2126G），路由器（锐捷 R2690），双绞线若干，PC 若干台，网络数据包捕获软件 Ethereal。

实验内容：

1. 参考实验环境

虽然说只要采用 TCP/IP 协议的网络肯定会发送 IP 数据包，不过为了能看到更多字段的变化，采用图 A.34 所示的由路由器连接的两个网段的网络。

各主机的 IP 协议配置和路由器的以太端口配置如图 A.34 所示。

2. 抓取 IP 数据包

（1）在 PC2 上和 PC3 上同时运行包捕获软件 Ethereal。

（2）在 PC2 上用 ping 命令探测主机 PC3。

（3）ping 探测结束后，停止 PC2 和 PC3 上的包捕获过程。

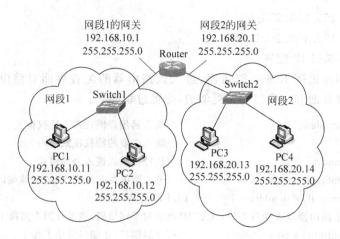

图 A.34　实验参考网络

3. 分析 IP 数据包

（1）查看 PC2 发送的 IP 数据包

如图 A.35 所示，阴影选中的部分就是 PC2 发送的封装着第一个 ping 命令数据的 IP 数据包。

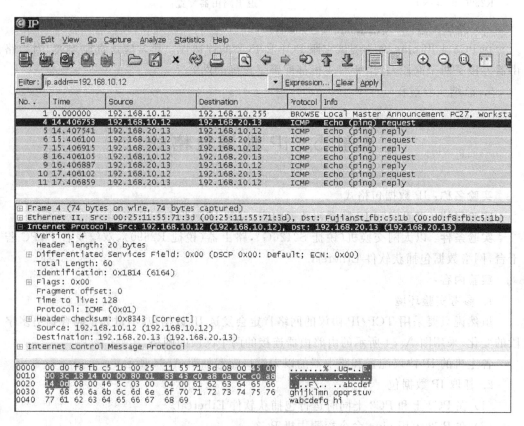

图 A.35　PC2 发送的 IP 数据包

　　该 IP 数据包的版本是 4，即 IPv4，首部长度 5 个 4 字节，即 20 字节，如图 A.36 和图 A.37 所示。

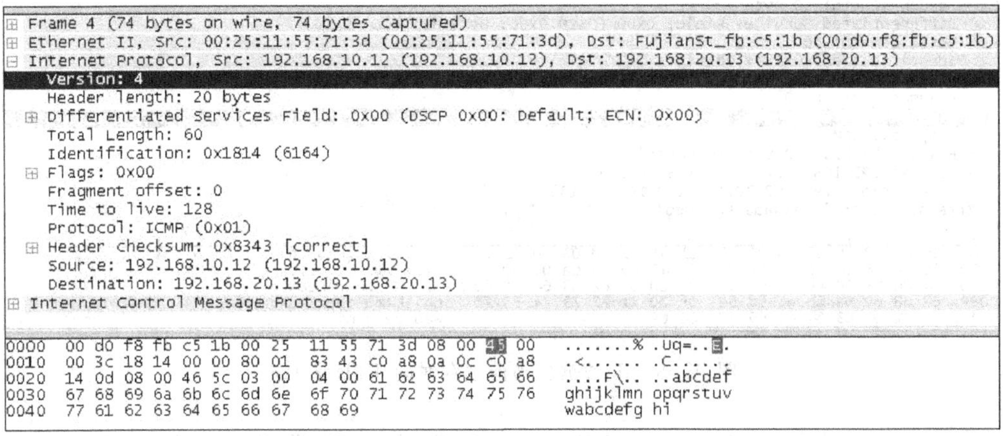

```
⊞ Frame 4 (74 bytes on wire, 74 bytes captured)
⊞ Ethernet II, Src: 00:25:11:55:71:3d (00:25:11:55:71:3d), Dst: FujianSt_fb:c5:1b (00:d0:f8:fb:c5:1b)
⊟ Internet Protocol, Src: 192.168.10.12 (192.168.10.12), Dst: 192.168.20.13 (192.168.20.13)
    Version: 4
    Header length: 20 bytes
  ⊞ Differentiated Services Field: 0x00 (DSCP 0x00: Default; ECN: 0x00)
    Total Length: 60
    Identification: 0x1814 (6164)
  ⊞ Flags: 0x00
    Fragment offset: 0
    Time to live: 128
    Protocol: ICMP (0x01)
  ⊞ Header checksum: 0x8343 [correct]
    Source: 192.168.10.12 (192.168.10.12)
    Destination: 192.168.20.13 (192.168.20.13)
⊞ Internet Control Message Protocol

0000  00 d0 f8 fb c5 1b 00 25  11 55 71 3d 08 00 45 00   .......% .Uq=..E.
0010  00 3c 18 14 00 00 80 01  83 43 c0 a8 0a 0c c0 a8   .<...... .C......
0020  14 0d 08 00 46 5c 03 00  04 00 61 62 63 64 65 66   ....F\.. ..abcdef
0030  67 68 69 6a 6b 6c 6d 6e  6f 70 71 72 73 74 75 76   ghijklmn opqrstuv
0040  77 61 62 63 64 65 66 67  68 69                     wabcdefg hi
```

图 A.36　版本 4

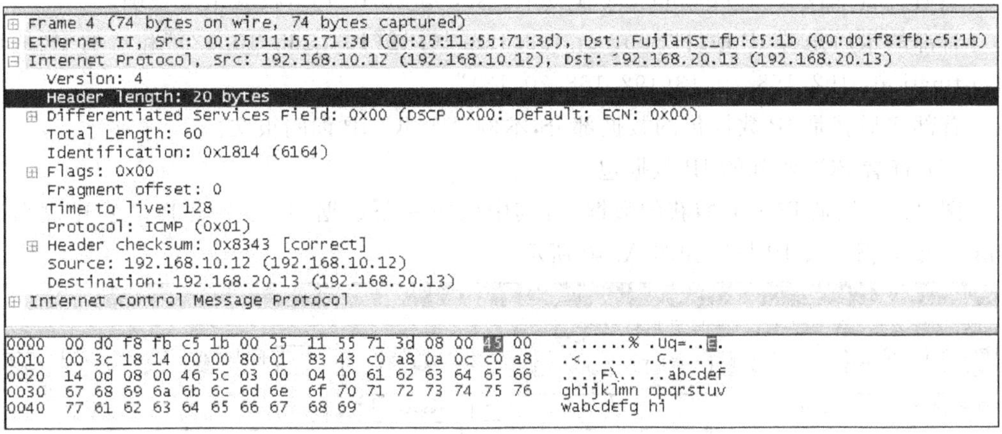

```
⊞ Frame 4 (74 bytes on wire, 74 bytes captured)
⊞ Ethernet II, Src: 00:25:11:55:71:3d (00:25:11:55:71:3d), Dst: FujianSt_fb:c5:1b (00:d0:f8:fb:c5:1b)
⊟ Internet Protocol, Src: 192.168.10.12 (192.168.10.12), Dst: 192.168.20.13 (192.168.20.13)
    Version: 4
    Header length: 20 bytes
  ⊞ Differentiated Services Field: 0x00 (DSCP 0x00: Default; ECN: 0x00)
    Total Length: 60
    Identification: 0x1814 (6164)
  ⊞ Flags: 0x00
    Fragment offset: 0
    Time to live: 128
    Protocol: ICMP (0x01)
  ⊞ Header checksum: 0x8343 [correct]
    Source: 192.168.10.12 (192.168.10.12)
    Destination: 192.168.20.13 (192.168.20.13)
⊞ Internet Control Message Protocol

0000  00 d0 f8 fb c5 1b 00 25  11 55 71 3d 08 00 45 00   .......% .Uq=..E.
0010  00 3c 18 14 00 00 80 01  83 43 c0 a8 0a 0c c0 a8   .<...... .C......
0020  14 0d 08 00 46 5c 03 00  04 00 61 62 63 64 65 66   ....F\.. ..abcdef
0030  67 68 69 6a 6b 6c 6d 6e  6f 70 71 72 73 74 75 76   ghijklmn opqrstuv
0040  77 61 62 63 64 65 66 67  68 69                     wabcdefg hi
```

图 A.37　IP 首部长度 20 字节

　　接下来的服务类型字段"Differentiated Services Field"本例中没有设置使用，而是置 0 处理。

　　总长度字段"Total Length：60"，这里 IP 包总长度 60 字节。

　　IP 标识字段"Identification：0x1814（6164）"，其中 0x1814 是十六进制，6164 是十进制。

　　标志字段"Flag：0x00"，都没有设置，表示允许分片，且这是最后一个分片，因为没分片，所以其实是唯一分片。

　　片偏移字段"Fragment offset：0"，因为是未分片，所以偏移是 0。

　　生存时间值"Time to live：128"，这是 PC2 发送 IP 数据包时的初始设置值，如图 A.38 所示。注意和后面的 PC3 捕获的这个数据包进行比较。

```
⊞ Frame 4 (74 bytes on wire, 74 bytes captured)
⊞ Ethernet II, Src: 00:25:11:55:71:3d (00:25:11:55:71:3d), Dst: FujianSt_fb:c5:1b (00:d0:f8:fb:c5:1b)
⊟ Internet Protocol, Src: 192.168.10.12 (192.168.10.12), Dst: 192.168.20.13 (192.168.20.13)
    Version: 4
    Header length: 20 bytes
  ⊞ Differentiated Services Field: 0x00 (DSCP 0x00: Default; ECN: 0x00)
    Total Length: 60
    Identification: 0x1814 (6164)
  ⊞ Flags: 0x00
    Fragment offset: 0
    Time to live: 128
    Protocol: ICMP (0x01)
  ⊞ Header checksum: 0x8343 [correct]
    Source: 192.168.10.12 (192.168.10.12)
    Destination: 192.168.20.13 (192.168.20.13)
⊞ Internet Control Message Protocol

0000   00 d0 f8 fb c5 1b 00 25  11 55 71 3d 08 00 45 00    .......%.Uq=..E.
0010   00 3c 18 14 00 00 80 01  83 43 c0 a8 0a 0c c0 a8    .<.......C......
0020   14 0d 08 00 46 5c 03 00  04 00 61 62 63 64 65 66    ....F\....abcdef
0030   67 68 69 6a 6b 6c 6d 6e  6f 70 71 72 73 74 75 76    ghijklmn opqrstuv
0040   77 61 62 63 64 65 66 67  68 69                      wabcdefg hi
```

图 A.38　IP 数据包当前生存时间 TTL 是 128

之后是协议字段"Protocol：ICMP(0x01)"，表示 IP 数据部分封装的是 ICMP 报文。

然后是首部校验和"Header checksum：0x8343[correct]"，校验结果正确。

首部的最后是源 IP 地址"Source：192.168.10.12(192.168.10.12)"和目的 IP 地址"Destination：192.168.20.13(192.168.20.13)"。

首部之后就是 IP 数据包的数据部分，本例是个 ICMP 询问报文。

（2）查看 PC3 收到的 IP 数据包

图 A.39 就是 PC3 上捕获的数据，看其中的第一条数据，就是上面 PC2 发送过来的 ping 命令数据。其 IP 封装如图 A.40 所示。

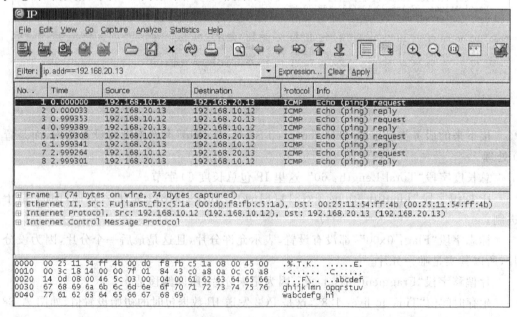

图 A.39　PC3 收到的 IP 数据包

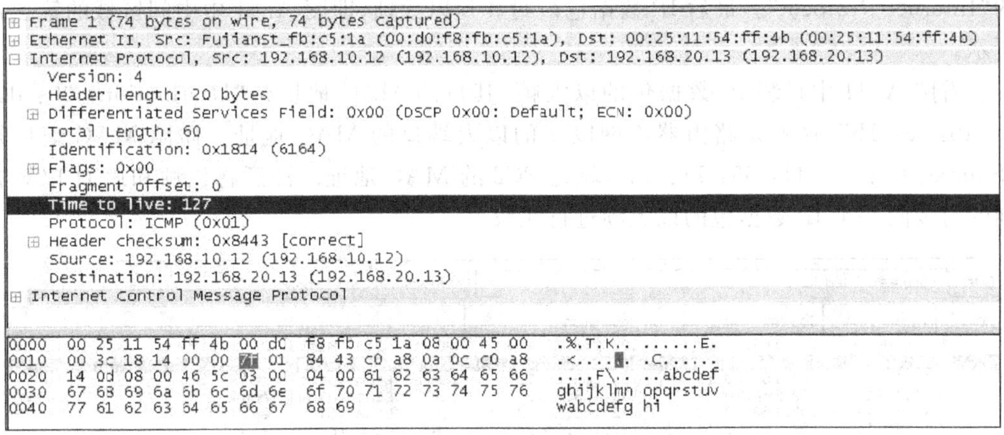

```
⊞ Frame 1 (74 bytes on wire, 74 bytes captured)
⊞ Ethernet II, Src: FujianSt_fb:c5:1a (00:d0:f8:fb:c5:1a), Dst: 00:25:11:54:ff:4b (00:25:11:54:ff:4b)
⊟ Internet Protocol, Src: 192.168.10.12 (192.168.10.12), Dst: 192.168.20.13 (192.168.20.13)
    Version: 4
    Header length: 20 bytes
  ⊞ Differentiated Services Field: 0x00 (DSCP 0x00: Default; ECN: 0x00)
    Total Length: 60
    Identification: 0x1814 (6164)
  ⊞ Flags: 0x00
    Fragment offset: 0
    Time to live: 127
    Protocol: ICMP (0x01)
  ⊞ Header checksum: 0x8443 [correct]
    Source: 192.168.10.12 (192.168.10.12)
    Destination: 192.168.20.13 (192.168.20.13)
⊞ Internet Control Message Protocol

0000  00 25 11 54 ff 4b 00 d0  f8 fb c5 1a 08 00 45 00   .%.T.K.. ......E.
0010  00 3c 18 14 00 00 7f 01  84 43 c0 a8 0a 0c c0 a8   .<....... .C......
0020  14 0d 08 00 46 5c 03 0c  04 00 61 62 63 64 65 66   ....F\.. ..abcdef
0030  67 68 69 6a 6b 6c 6d 6e  6f 70 71 72 73 74 75 76   ghijklmn opqrstuv
0040  77 61 62 63 64 65 66 67  68 69                     wabcdefg hi
```

图 A.40　PC3 收到的 IP 数据包的生存时间是 127

其他字段跟前面分析的 PC2 发送的 IP 数据包是一样的,因为本来就是同一个 IP 数据包,不一样的是生存时间 TTL 变成了 127,因为该 IP 数据包经过了一个路由器,所以生存时间被经过的路由器减 1。

4. 总结实验过程

实验 6　数据的封装和拆封

实验名称:数据的封装和拆封。

实验目的:查看实际 IP 数据包被以太帧封装和解封的变化过程,理解数据在不同协议层的封装和拆封技术。

实验条件:以太网交换机(锐捷 S2126G),路由器(锐捷 R2690),双绞线若干,PC 若干台,网络数据包捕获软件 Ethereal。

实验内容:

1. 参考实验环境

同实验 5 的图 A.34。

2. 捕获数据包

(1) 在 PC2 上和 PC3 上同时运行包捕获软件 Ethereal。

(2) 在 PC2 上用 ping 命令探测主机 PC3。

(3) ping 探测结束后,停止 PC2 和 PC3 上的包捕获过程。

3. 分析捕获的数据

(1) 查看 PC2 捕获的数据

如图 A.41 所示,PC2 发送的 ping 命令被封装进 ICMP 报文(注意 ping 应用很特殊,不用运输层封装),即图 A.41 中中间区域显示的最后一行"Internet Control Message Protocol"。然后 ICMP 报文被封装到 IP 数据包,即图 A.41 中中间区域倒数第二行显示的"Internet Protocol"。最后 IP 数据包被封装到以太帧，即图 A.41 中中间区域的第二行所示。

看图 A.41 中封装 IP 数据包的以太帧，其目的 MAC 地址是"Destination：00：d0：f8：fb：c5：1b"，这就是路由器连网段 1 的以太端口的 MAC 地址。而源 MAC 地址是"Source：00：25：11：55：71：3d"，就是 PC2 的 MAC 地址。注意将该帧和后面 PC3 收到的封装同一个 IP 数据包的以太帧进行比较。

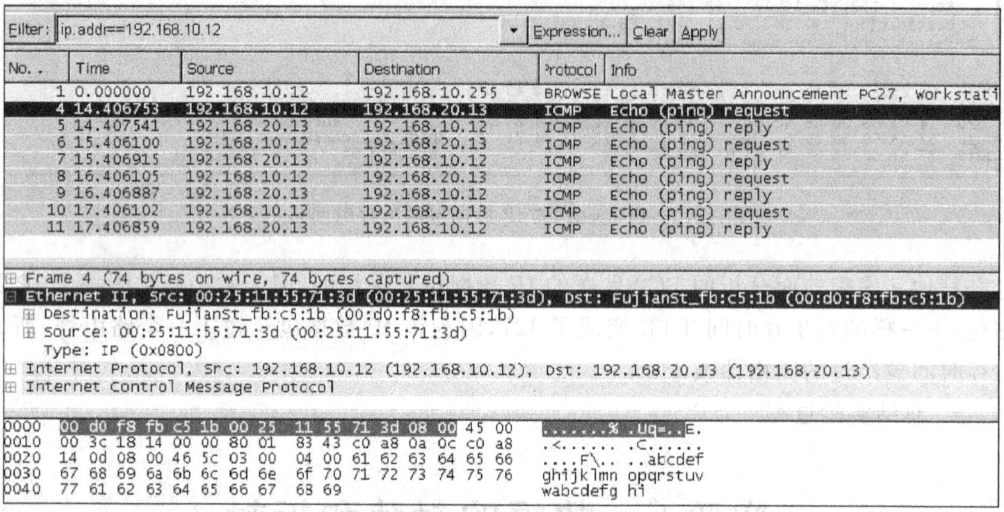

图 A.41　PC2 端封装 IP 数据包的以太帧

（2）查看 PC3 捕获的数据

图 A.42 是 PC3 中捕获的数据。其中选中的是跟前面步骤（1）中同一个 ping 探测数据。里面的 ICMP 报文和 IP 数据包也是一样的，当然 IP 数据包的 TTL 值是减 1 了。不过封装 IP 数据包的以太帧那完全是另一个了。

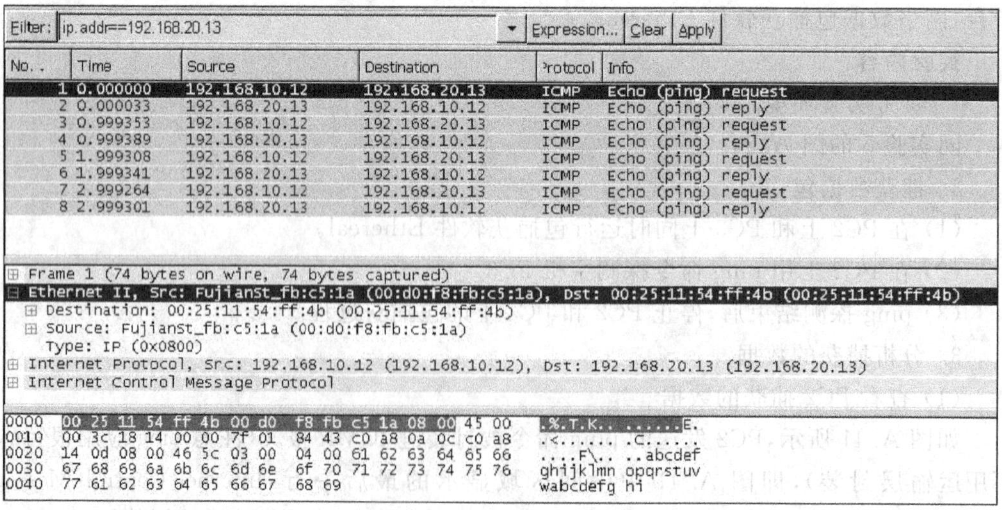

图 A.42　PC3 端收到的封装 IP 数据包的以太帧

其中,以太帧的目的 MAC 地址是"Destination:00:25:11:54:ff:4b",就是 PC3 的 MAC 地址。而源 MAC 地址是"Source:00:d0:f8:fb:c5:1a",就是路由器连网段 2 的以太端口的 MAC 地址。也就是说,在步骤(1)中,路由器将封装 IP 数据包的原始以太帧拆掉了,然后换了目的 MAC 地址和源 MAC 地址之后重新封装 IP 数据包。即 PC3 收到的这个以太帧是路由器产生的(当然里面的 IP 数据包还是原来的)。

4. 总结实验过程

实验 7　ARP 协议

实验名称:ARP 协议。

实验目的:查看 ARP 过程数据,理解广播帧和 ARP 协议原理。

实验条件:以太网交换机(锐捷 S2126G),双绞线若干,PC 若干台,网络数据包捕获软件 Ethereal。

实验内容:

1. 参考实验环境

实验参考拓扑如图 A.43 所示。

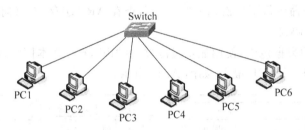

图 A.43　实验参考拓扑

主机协议参考配置如下。

PC1 配置

IP 地址:192.168.10.11

子网掩码:255.255.255.0

PC2 配置

IP 地址:192.168.10.12

子网掩码:255.255.255.0

PC3 配置

IP 地址:192.168.10.13

子网掩码:255.255.255.0

PC4 配置

IP 地址:192.168.10.14

子网掩码:255.255.255.0

PC5 配置

IP 地址：192.168.10.15

子网掩码：255.255.255.0

PC6 配置

IP 地址：192.168.10.16

子网掩码：255.255.255.0

2. 捕获数据

（1）在 PC2 的命令行下输入"arp -a"或"arp -g"，然后按 Enter 键，查看 PC2 的 ARP 缓存内容。确定 PC2 的 ARP 缓存为空，如图 A.44 所示。

```
C:\Documents and Settings\Administrator>arp -a
No ARP Entries Found
```

图 A.44　查看 PC2 的 ARP 缓存

（2）在 PC2 上运行 Ethereal 软件，并启动包捕获过程。

（3）在 PC2 的命令行下，用 ping 命令探测跟 PC1、PC3、PC4、PC5 以及 PC6 的连通性。

（4）PC2 上 ping 命令测试结束后，停止包捕获过程。

（5）在 PC2 的命令行下再次输入"arp -a"，查看 ARP 缓存，看有何变化。

3. 分析 ARP 协议

在 PC2 捕获的数据包中，使用显示过滤器，在"Filter："文本框中输入"arp"，按 Enter 键，让 Ethereal 只显示 ARP 报文，如图 A.45 所示。

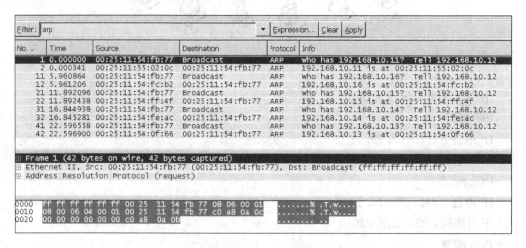

图 A.45　ARP 报文

这里之所以能捕获 ARP 报文是因为前面已确认 PC2 的 ARP 缓存为空，这样当 PC2 用 ping 探测跟相邻主机的连通性时，需要先知道对方主机的 MAC 地址和 IP 地址的对应关系，于是在真正 ping 探测之前有一个 ARP 解析过程，这个 ARP 过程就被捕获下来了。

以 PC2 解析 PC1 的 MAC 地址为例，介绍一下 ARP 解析过程及其数据。

　　如图 A.46 所示,选中第一行数据,这是一个 PC2 以广播形式发送的 ARP 请求,是关于询问 PC1 的 MAC 地址的,即"Who has 192.168.10.11? Tell 192.168.10.12",表示"谁有 IP 地址 192.168.10.11? 请告诉 192.168.10.12(关于你对应的 MAC 地址)"。看图 A.46 中间区域的显示内容,ARP 请求报文被封装到了以太帧中。其中阴影选中那部分是以太帧的类型字段"Type:ARP(0x0806)",表示帧中封装的 ARP 报文。而该以太帧的目的 MAC 地址是"Destination:Broadcast(ff:ff:ff:ff:ff:ff)",是以太网广播地址,所以是一个广播帧。如果当时在 PC1、PC3、PC4、PC5 以及 PC6 上都运行 Ethereal 软件并启动捕获过程的话,都能捕获该以太帧。

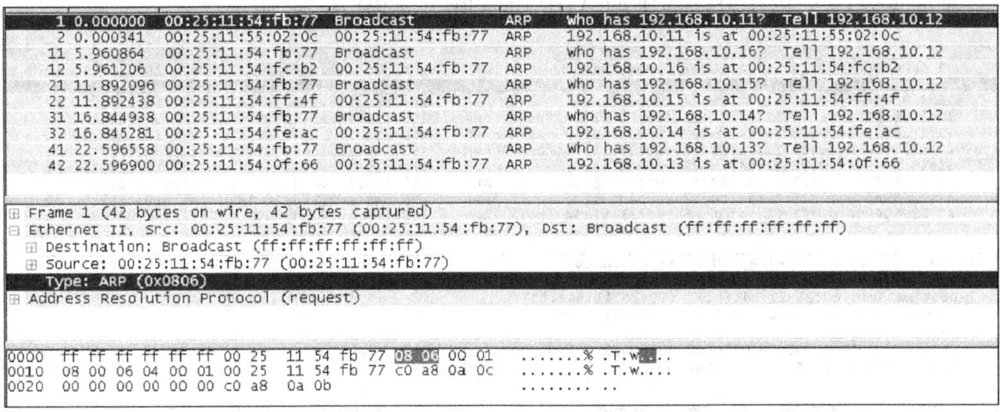

图 A.46　封装 ARP 请求报文的广播帧

　　再来看 ARP 请求报文的内容,如图 A.47 所示。

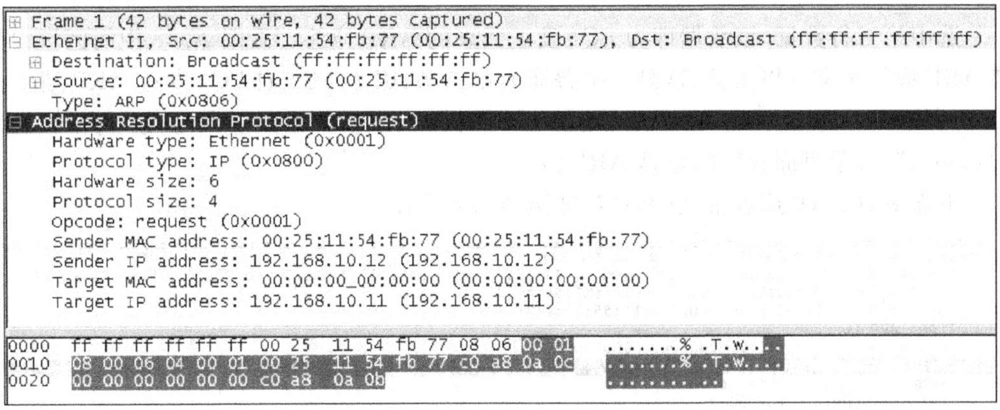

图 A.47　ARP 请求报文内容

　　展开 ARP 报文"Address Resolution Protocol(request)"有下面各项内容。

(1) Hardware type:Ethernet(0x0001)。这表示硬件类型是以太网。

(2) Protocol type:IP(0x0800)。这表示上层协议类型是 IP 协议。

(3) Hardware size:6。这表示硬件地址长度是 6 个字节。

(4) Protocol size:4。这表示上层协议地址长度是 4 个字节(因为 IP 地址长度 4 个字节)。

（5）Opcode：request(0x0001)。这表示操作码 0x0001，这是 ARP 请求报文的代码，注意跟后面的 ARP 应答报文的操作代码相比较。

（6）Sender MAC address：00：25：11：54：fb：77。这是发送方的 MAC 地址，即为 PC2 的 MAC 地址。

（7）Sender IP address：192.168.10.12。这是发送方的 IP 地址，即为 PC2 的 IP 地址。

（8）Target MAC address：00：00：00_00：00：00。这表示目标 MAC 地址未知，需要对方 PC1 应答时给出。

（9）Target IP address：192.168.10.11。这是目的方的 IP 地址，即为 PC1 的 IP 地址。

接下来看一下 PC1 发送回来的 ARP 应答报文，如图 A.48 所示。

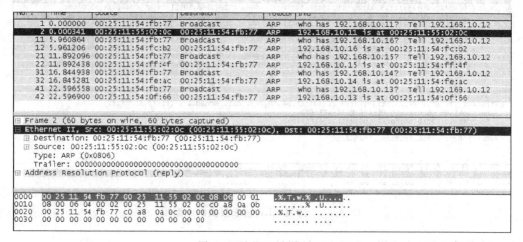

图 A.48　ARP 应答报文

选中第二行数据，该数据即为 PC1 发送回来的 ARP 应答。看图 A.48 中间区域中封装 ARP 应答报文的以太帧，这是一个普通的单播帧，因为 PC2 向 PC1 发过 ARP 请求报文了，所以 PC1 知道 PC2 的 MAC 地址和 IP 地址。该帧的类型字段也是"Type：ARP(0x0806)"，表示里面封装的也是 ARP 报文。

下面来看 ARP 应答报文的内容，如图 A.49 所示。

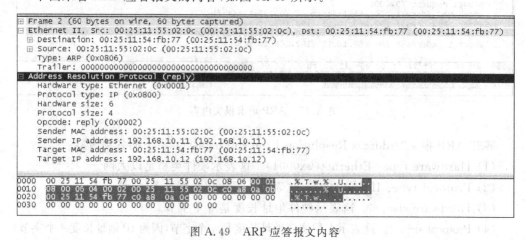

图 A.49　ARP 应答报文内容

注意其中的操作码字段："Opcode：reply(0x0002)"，表示这是个 ARP 应答报文。其他字段不再细述，类似于前面的 ARP 请求报文，读者可以自行分析。

4. 总结实验过程

实验 8　ICMP 协议

实验名称：ICMP 协议。

实验目的：通过查看实际的 ICMP 询问报文，理解 ICMP 协议的功能和基本原理。

实验条件：以太网交换机（锐捷 S2126G），双绞线若干，PC 若干台，网络数据包捕获软件 Ethereal。

实验内容：

1. 网络拓扑

同实验 7 的图 A.43。

主机地址配置同实验 7。

2. 捕获数据

(1) 在 PC2 上运行 Ethereal 软件，并启动包捕获过程。

(2) 在 PC2 的命令行下，用 ping 命令探测跟 PC1、PC3、PC4、PC5 以及 PC6 的连通性。

(3) PC2 上 ping 命令测试结束后，停止包捕获过程。

3. 分析捕获的数据

如图 A.50 所示，在 Ethereal 过滤器 Filter 中输入"icmp"，让它只显示捕获的 ICMP 报文。以其中 PC2 探测 PC1 的回送请求报文和 PC1 返回给 PC2 的回送应答报文为例，来分析 ICMP 询问报文的内容。

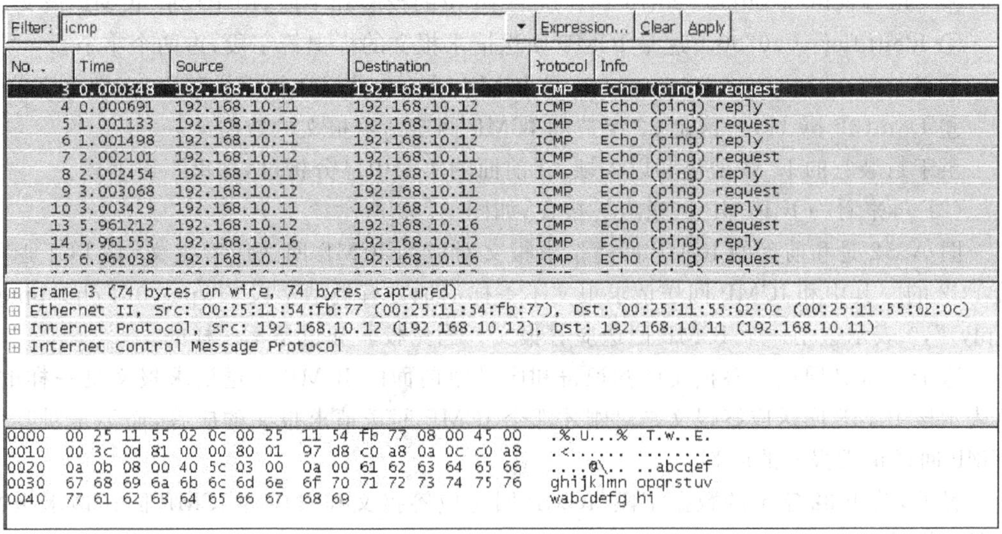

图 A.50　ICMP 报文

（1）先来看 ICMP 回送请求报文，如图 A.51 所示。

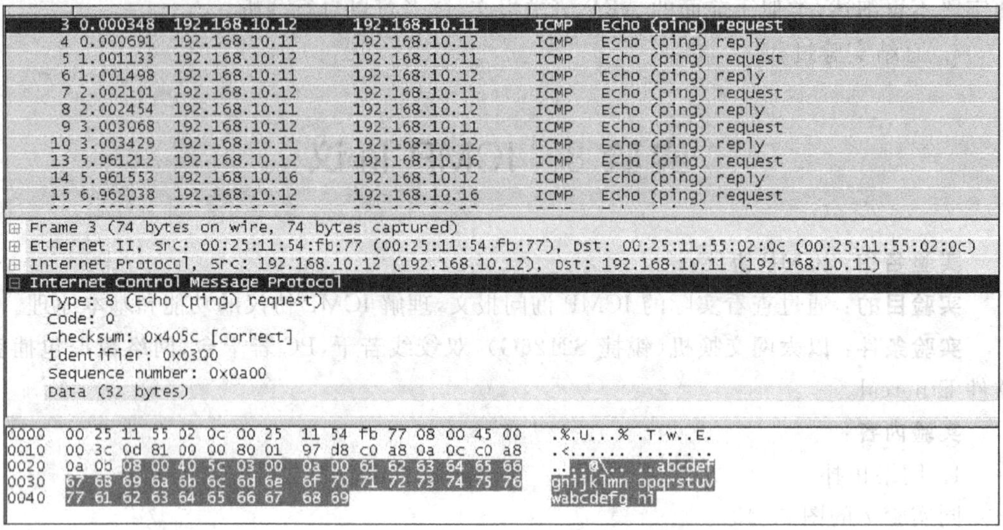

図 A.51　ICMP 回送请求报文

在上部区域中选中第一行数据，即为 PC2 发给 PC1 的第一个 ping 探测报文。在中间区域展开"Internet Control Message Protocol"，显示 ICMP 回送请求报文的内容。各部分含义如下。

① Type：8(Echo(ping)request)。这是 ICMP 最前面的一个字节的类型字段，这里的 8 表示这是一个 ICMP 回送请求报文。

② Code：0。这是一个字节的代码字段。因为是 ICMP 回送请求报文，所以该代码字段没有表示其他意义，置为 0。

③ Checksum：0x405c［correct］。这是 16 位的校验和字段，用于校验 ICMP 报文。

④ Identifier：0x0300。这是 ICMP 回送请求报文的标识符字段，占两个字节。

⑤ Sequence number：0x0a00。这是 ICMP 回送请求报文的序号字段，占两个字节。

⑥ Data(32 bytes)。这是 32 字节的 ICMP 回送请求报文的数据。

至于封装它的 IP 数据包和以太帧，在前面的实验中已分析过，这里不再细述。

（2）再来看一下 ICMP 回送应答报文，如图 A.52 所示。

图 A.52 是和前面的 ICMP 回送请求报文对应的 ICMP 回送应答报文，是 PC1 返回给 PC2 的。其中和 ICMP 回送请求报文不一样的地方有类型字段"Type：0(Echo(ping) reply)"，0 表示这是一个 ICMP 回送应答报文。当然校验和也是不一样的。

这个 ICMP 回送应答报文的标识符和序号跟前面的 ICMP 回送请求报文是一样的，这表示该 ICMP 回送应答报文是对刚才那个 ICMP 回送请求报文的应答，而不是对其他 ICMP 回送请求报文的应答。

另外，关于 32 字节的数据字段，ICMP 回送应答报文和对应的 ICMP 回送请求报文也是一样的。

4. 总结实验过程

```
  3 0.000348   192.168.10.12   192.168.10.11   ICMP   Echo (ping) request
  4 0.000691   192.168.10.11   192.168.10.12   ICMP   Echo (ping) reply
  5 1.001133   192.168.10.12   192.168.10.11   ICMP   Echo (ping) request
  6 1.001498   192.168.10.11   192.168.10.12   ICMP   Echo (ping) reply
  7 2.002101   192.168.10.12   192.168.10.12   ICMP   Echo (ping) reply
  8 2.002454   192.168.10.12   192.168.10.12   ICMP   Echo (ping) reply
  9 3.003068   192.168.10.12   192.168.10.12   ICMP   Echo (ping) request
 10 3.003429   192.168.10.11   192.168.10.12   ICMP   Echo (ping) reply
 13 5.961212   192.168.10.12   192.168.10.16   ICMP   Echo (ping) request
 14 5.961553   192.168.10.16   192.168.10.12   ICMP   Echo (ping) reply
 15 6.962038   192.168.10.12   192.168.10.16   ICMP   Echo (ping) request
⊞ Frame 4 (74 bytes on wire, 74 bytes captured)
⊞ Ethernet II, Src: 00:25:11:55:02:0c (00:25:11:55:02:0c), Dst: 00:25:11:54:fb:77 (00:25:11:54:fb:77)
⊞ Internet Protocol, Src: 192.168.10.11 (192.168.10.11), Dst: 192.168.10.12 (192.168.10.12)
□ Internet Control Message Protocol
   Type: 0 (Echo (ping) reply)
   Code: 0
   Checksum: 0x485c [correct]
   Identifier: 0x0300
   Sequence number: 0x0a00
   Data (32 bytes)

0000  00 25 11 54 fb 77 00 25  11 55 02 0c 08 00 45 00   .%.T.w.% .U....E.
0010  00 3c 03 17 00 00 80 01  a2 42 c0 a8 0a 0b c0 a8   .<.......B......
0020  0a 0c 00 00 48 5c 03 00  0a 00 61 62 63 64 65 66   ....H\....abcdef
0030  67 68 69 6a 6b 6c 6d 6e  6f 70 71 72 73 74 75 76   ghijklmn opqrstuv
0040  77 61 62 63 64 65 66 67  68 69                     wabcdefg hi
```

图 A.52　ICMP 回送应答报文

实验 9　宽带路由器共享接入 Internet

实验名称：宽带路由器共享接入 Internet。

实验目的：使用宽带路由器使小型局域网络(如家庭局域网络)接入 Internet,能熟练配置宽带路由器的 Internet 共享接入。

实验条件：宽带路由器,双绞线若干,PC 若干台。

实验内容：

1. 实验参考拓扑

图 A.53 是宽带路由器共享接入 Internet 的示意图,如果是采用 ADSL 接入,那么在宽带路由器和 Internet 之间还有个 ADSL 调制解调器设备。

这里,各 PC 用直通双绞线连到宽带路由器的可用的 LAN 端口,而宽带路由器的WAN 端口连 Internet。

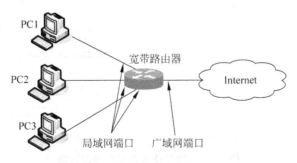

图 A.53　宽带路由器共享接入 Internet

217

2. 配置宽带路由器

（1）任选一台 PC，在采用自动获取 IP 地址情况下，通过在命令行输入"ipconfig"查看 IP 地址，显示一般应该是如下。

IP 地址：192.168.X.Y

子网掩码：255.255.255.0

默认网关：192.168.X.1

这里 X 的值跟具体路由器有关，Y 是路由器分配给本 PC 的主机号。

（2）在刚才的 PC 上打开 IE 浏览器，在地址栏输入 http://192.168.X.1，即默认网关的地址，同时就是路由器的配置地址，按 Enter 键。本书使用的路由器地址是 192.168.1.1，如图 A.54 所示。

（3）路由器配置一般要求输入用户名和口令，这样 IE 浏览器会弹出相应对话框，如图 A.54 所示。一般默认用户名和口令都是"admin"，输入后，单击"确定"按钮，即进入路由器配置界面。根据路由器的不同，配置界面稍有不同，但大同小异。本例显示如图 A.55 所示。

（4）单击"网络参数"中的"WAN 口设置"选项或类似按钮，打开路由器广域网端口配置。本例显示如图 A.56 所示。

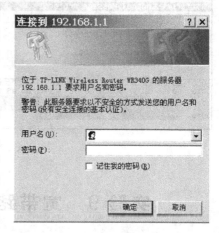

图 A.54　进入宽带路由器配置

根据 ISP 提供连入 Internet 的方式不同，相应选择不同的方式，如下所示。

PPPoE 方式——需输入相应的虚拟拨号账户和密码如图 A.57 所示。

图 A.55　宽带路由器配置界面示例

图 A.56 设置 WAN 口

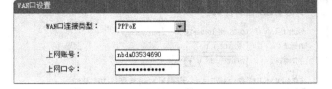

图 A.57 PPPoE 方式

动态地址方式,如图 A.58 所示。

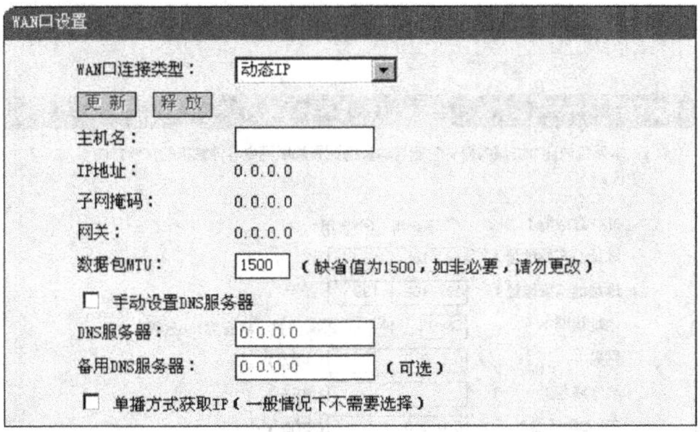

图 A.58 动态地址方式

静态地址方式——需要手动输入路由器广域网端口的 IP 地址等信息,如图 A.59 所示。

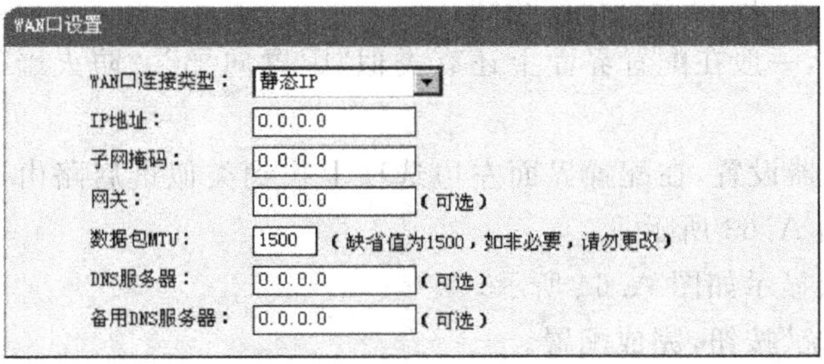

图 A.59 静态地址方式

本例采用 PPPoE 的方式。选择相应的方式后,单击界面上的"保存"按钮。

(5) 单击"LAN 口设置"选项或类似按钮,显示路由器局域网 LAN 配置。LAN 的 IP 地址就是路由器的配置地址 192.168.X.1,本例是 192.168.1.1,如图 A.60 所示。

可以设置路由器的局域网地址,将 X 改成别的数值,如将本例改成 192.168.2.1,但是一旦更改后,路由器的配置地址也不再是原来的 192.168.1.1,而是 192.168.2.1。也可以保持默认不过更改。然后单击"保存"按钮。

(6) 在左边选项中选择"DHCP 服务器"选项,如图 A.61 所示。

界面中间区域将显示 DHCP 服务器配置状况,如图 A.62 所示。

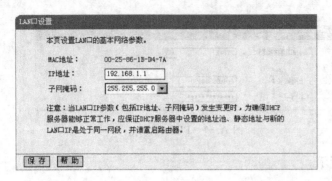

图 A.60　LAN 口设置　　　　　　　　图 A.61　选择"DHCP 服务器"选项

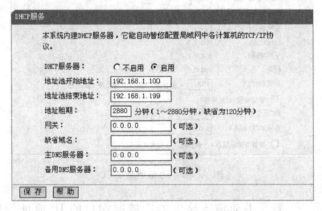

图 A.62　DHCP 服务器配置

可以保持默认不变,单击"保存"按钮。

(7) 除此之外,一般在配置界面上还有类似"配置向导"、"防火墙"等设置选项,本实验不作要求。

(8) 保存路由器设置,在配置界面左边选项上找到类似重启路由器或重启系统之类的按钮。本例如图 A.63 所示。

界面中间区域显示如图 A.64 所示。

单击"重启系统"按钮,完成配置。

3. 总结实验过程

图 A.63　重启路由器　　　　　　　　图 A.64　重启按钮

实验 10 双网卡主机共享 Internet 接入

实验名称：双网卡主机共享 Internet 接入。

实验目的：配置双网卡主机共享接入 Internet，能熟练配置网络连接共享，理解双网卡主机 Internet 共享原理。

实验条件：双网卡主机，双绞线若干，PC 若干台。

实验内容：

1. 实验参考拓扑

双网卡主机共享 Internet 接入示例如图 A.65 所示。

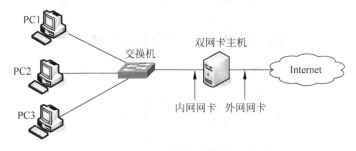

图 A.65　双网卡主机共享 Internet 接入示例

2. 共享配置

（1）为描述方便，这里称双网卡主机为 Server 主机。Server 主机的一个网络连接（网卡）能连入 Internet，另一个网络连接（网卡）是局域网端网卡。

（2）在 Server 主机桌面上按如下操作：右击"网上邻居"图标，单击"属性"命令，在"网络和拨号连接"对话框中右击能连入 Internet 的网络连接图标（即外网网卡连接图标），单击"属性"命令，打开"本地连接 属性"对话框，选择"共享"选项卡，选中"启用此连接的 Internet 连接共享"复选框，如图 A.66 所示。

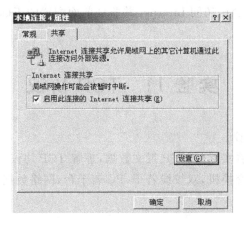

图 A.66　启用 Internet 连接共享

（3）单击"确定"按钮。弹出如图 A.67 所示对话框，单击"是"按钮。此时，另一个与局域网内其他计算机相连的网卡 IP 地址（即内网网卡 IP 地址），自动配置成 192.168.0.1，子网掩码 255.255.255.0。

图 A.67　确认 Internet 连接共享

（4）配置局域网上其他被共享接入的主机，如对 PC1 的网络连接作如图 A.68 所示配置。

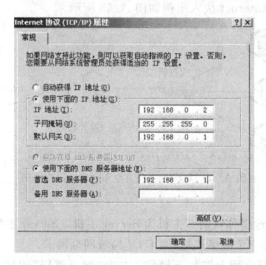

图 A.68　其他单网卡主机的 IP 协议配置

（5）可将其他主机地址作类似配置，如 PC2 和 PC3 的 IP 地址可分别设成 192.168.0.3 和 192.168.0.4，其他参数选项同 PC1 的配置。

3. 在各 PC 主机上尝试访问 Internet 并验证前面配置的正确性

4. 总结实验过程

实验 11　TCP 协议

实验名称：TCP 协议。

实验目的：通过查看实际的 TCP 报文数据，理解 TCP 协议。

实验条件：以太网交换机，双绞线若干，PC 若干台，网络数据包捕获软件 Ethereal。

实验内容：

1. 实验参考拓扑

参考网络环境如图 A.69 所示。

各 PC 协议配置如下。

PC1 配置

IP 地址：192.168.10.11

子网掩码：255.255.255.0

PC2 配置

IP 地址：192.168.10.12

子网掩码：255.255.255.0

PC3 配置

IP 地址：192.168.10.13

子网掩码：255.255.255.0

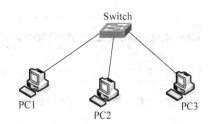

图 A.69　参考网络环境

2. 捕获数据包

(1) 在 PC2 上共享一个文件夹。

(2) 在 PC2 上运行 Ethereal，并启动包捕获过程。

(3) 在 PC3 上打开网上邻居，复制 PC2 上共享文件夹中的文件。

(4) PC3 复制完文件后，停止 PC2 上的包捕获过程。

3. 分析 TCP 报文

(1) 过滤显示数据

图 A.70 是捕获的数据，在过滤器 Filter 文本框中输入"tcp"，让它只显示捕获的 TCP 报文。

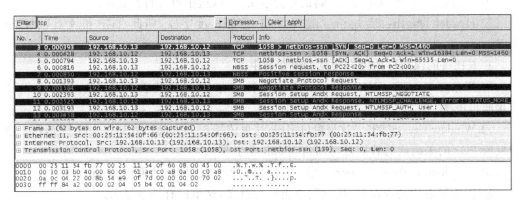

图 A.70　TCP 报文

下面以其中捕获的三次握手报文为例，来分析 TCP 协议。

(2) TCP 连接请求报文

如图 A.71，是 PC3 向 PC2 发起的 TCP 连接请求报文，是三次握手的第一步。其中的 TCP 报文数据分析如下。

① Source port：1058。这是报文的源端口，即 PC3 使用的运输层 TCP 端口号。

② Destination port：139。这是报文的目的端口，即 PC2 的运输层端口号。

③ Sequence number：0。这是该 TCP 报文的序列号，值是 0。

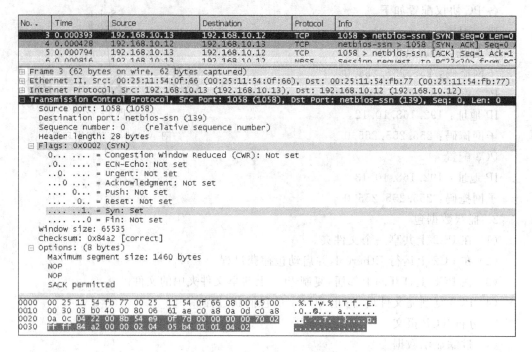

No. ▲	Time	Source	Destination	Protocol	Info
3	0.000393	192.168.10.13	192.168.10.12	TCP	1058 > netbios-ssn [SYN] Seq=0 Len=0
4	0.000428	192.168.10.12	192.168.10.13	TCP	netbios-ssn > 1058 [SYN, ACK] Seq=0
5	0.000794	192.168.10.13	192.168.10.12	TCP	1058 > netbios-ssn [ACK] Seq=1 Ack=1
6	0.000816	192.168.10.13	192.168.10.12	NBSS	Session request, to PC2<20> from PC1

```
⊞ Frame 3 (62 bytes on wire, 62 bytes captured)
⊞ Ethernet II, Src: 00:25:11:54:0f:66 (00:25:11:54:0f:66), Dst: 00:25:11:54:fb:77 (00:25:11:54:fb:77)
⊞ Internet Protocol, Src: 192.168.10.13 (192.168.10.13), Dst: 192.168.10.12 (192.168.10.12)
⊟ Transmission Control Protocol, Src Port: 1058 (1058), Dst Port: netbios-ssn (139), Seq: 0, Len: 0
    Source port: 1058 (1058)
    Destination port: netbios-ssn (139)
    Sequence number: 0    (relative sequence number)
    Header length: 28 bytes
  ⊟ Flags: 0x0002 (SYN)
      0... .... = Congestion Window Reduced (CWR): Not set
      .0.. .... = ECN-Echo: Not set
      ..0. .... = Urgent: Not set
      ...0 .... = Acknowledgment: Not set
      .... 0... = Push: Not set
      .... .0.. = Reset: Not set
      .... ..1. = Syn: Set
      .... ...0 = Fin: Not set
    Window size: 65535
    Checksum: 0x84a2 [correct]
  ⊟ Options: (8 bytes)
      Maximum segment size: 1460 bytes
      NOP
      NOP
      SACK permitted

0000  00 25 11 54 fb 77 00 25  11 54 0f 66 08 00 45 00   .%.T.w.% .T.f..E.
0010  00 30 03 b0 40 00 80 06  61 ae c0 a8 0a 0d c0 a8   .0..@... a.......
0020  0a 0c 04 22 00 8b 54 e9  0f 7d 00 00 00 00 70 02   ..."..T. .}....p.
0030  ff ff 84 a2 00 00 02 04  05 b4 01 01 04 02         ..............
```

图 A.71　TCP 连接请求报文

④ 因为是第一个 TCP 报文,确认号无意义,所以这里没有特意显示。

⑤ Header length：28 bytes。这是 TCP 首部长度字段,即此 TCP 报文首部长 28 字节。

⑥ 6 比特的保留位也没有特意显示在其中。

⑦ Flags：0x0002(SYN)。6 位的控制比特只有 SYN 比特置 1,表示这是一个 TCP 连接同步报文。

⑧ Window size：65535。这是窗口字段,这里值是 65535,意思是 PC3 告诉 PC2,PC2 连续发给 PC3 的未确认的数据量可以达到 65535 字节。

⑨ Checksum：0x84a2［correct］。这是校验和字段,校验结果正确 correct。

⑩ 因为紧急比特未设置,所以紧急指针无意义,这里没有特意显示。

⑪ Options：(8 bytes) Maximum segment size：1460 bytes。选项字段只设置了 TCP 报文数据部分的最大长度,这里设置成了 1460,表示限制 PC2 发送的 TCP 报文的数据部分最长为 1460。

（3）TCP 连接应答报文

图 A.72 是 PC2 发给 PC3 的 TCP 连接应答报文。其中的 TCP 数据内容如下。

① 源端口 Source port 正好是前面 TCP 连接请求报文的目的端口。

② 目的端口 Destination port 正好是前面 TCP 连接请求报文的源端口。

③ 该报文序列号 Sequence number 是 0。

④ Acknowledgement number：1。这是该报文的确认号,因为前面的 TCP 连接请求

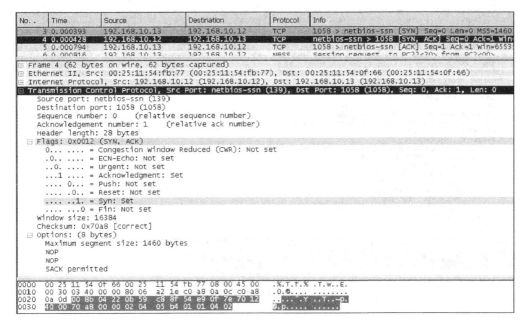

图 A.72　TCP 连接应答报文

报文序列号是 0,所以它的确认号是 1。

⑤ Header length：28 bytes。报文首部长 28 字节。

⑥ Flags：0x0012(SYN,ACK)。该报文的 SYN 比特和 ACK 比特被置 1,表示这是 TCP 同步确认报文,确认号有效。

⑦ Window size：16384。这是 PC2 给 PC3 设置的发送窗口大小,即 16384 字节。

⑧ Checksum：0x70a8 [correct]。校验和,校验结果正确 correct。

⑨ 紧急比特也未设置,所以紧急指针无意义,这里也未显示。

⑩ Options：(8 bytes) Maximum segment size：1460 bytes。选项字段,和前面的 TCP 连接请求报文一样。

（4）TCP 连接确认报文

图 A.73 是 TCP 三次握手的最后一步,PC3 发给 PC2 的确认。其中报文内容如下。

① 源端口和目的端口同 TCP 连接请求报文。

② Sequence number：1。序列号是 1,因为 TCP 连接请求报文的序列号是 0。

③ Acknowledgement number：1。确认号是 1,因为之前 PC2 发送的 TCP 连接应答报文的序列号是 0。

④ Header length：20 bytes。首部长度 20 字节。

⑤ Flags：0x0010(ACK)。控制比特只有 ACK 比特置 1,确认号有效。

⑥ Window size：65535。窗口大小同 TCP 连接请求报文。

5. 总结实验过程

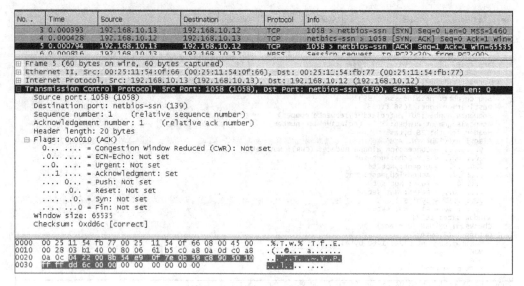

No. .	Time	Source	Destination	Protocol	Info
3	0.000393	192.168.10.13	192.168.10.12	TCP	1058 > netbios-ssn [SYN] Seq=0 Len=0 MSS=1460
4	0.000428	192.168.10.12	192.168.10.13	TCP	netbios-ssn > 1058 [SYN, ACK] Seq=0 Ack=1 Win=
5	0.000794	192.168.10.13	192.168.10.12	TCP	1058 > netbios-ssn [ACK] Seq=1 Ack=1 Win=65535
6	0.000816	192.168.10.13	192.168.10.12	NBSS	Session request, to PC2<20> from PC2<00>

```
⊞ Frame 5 (60 bytes on wire, 60 bytes captured)
⊞ Ethernet II, Src: 00:25:11:54:0f:66 (00:25:11:54:0f:66), Dst: 00:25:11:54:fb:77 (00:25:11:54:fb:77)
⊞ Internet Protocol, Src: 192.168.10.13 (192.168.10.13), Dst: 192.168.10.12 (192.168.10.12)
⊟ Transmission Control Protocol, Src Port: 1058 (1058), Dst Port: netbios-ssn (139), Seq: 1, Ack: 1, Len: 0
    Source port: 1058 (1058)
    Destination port: netbios-ssn (139)
    Sequence number: 1    (relative sequence number)
    Acknowledgement number: 1    (relative ack number)
    Header length: 20 bytes
  ⊟ Flags: 0x0010 (ACK)
      0... .... = Congestion Window Reduced (CWR): Not set
      .0.. .... = ECN-Echo: Not set
      ..0. .... = Urgent: Not set
      ...1 .... = Acknowledgment: Set
      .... 0... = Push: Not set
      .... .0.. = Reset: Not set
      .... ..0. = Syn: Not set
      .... ...0 = Fin: Not set
    Window size: 65535
    Checksum: 0xdd6c [correct]

0000  00 25 11 54 fb 77 00 25  11 54 0f 66 08 00 45 00   .%.T.w.% .T.f..E.
0010  00 28 03 b1 40 00 80 06  61 b5 c0 a8 0a 0d c0 a8   .(..@... a.......
0020  0a 0c 04 22 00 8b 54 e9  0f 7e 0b 59 c8 90 50 10   ..."..T. .~.Y..P.
0030  ff ff dd 6c 00 00                                   ...l..
```

图 A.73　TCP 连接确认报文

实验 12　UDP 协议和 DHCP 过程

实验名称： UDP 协议和 DHCP 过程。

实验目的： 获取实际的 DHCP 报文数据和相应的 UDP 报文，通过分析报文理解 UDP 协议和 DHCP 原理。

实验条件： DHCP 服务器，PC 若干台，交换机，DHCP 中继代理服务器，网络数据包捕获软件 Ethereal。

实验内容：

1. 网络实验环境

DHCP 实验参考环境如图 A.74 和图 A.75 所示。

本例采用图 A.75 的情况，其中的 DHCP 服务器其实是宽带路由器自带的 DHCP 功能，宽带路由器的局域网 IP 地址也就是 DHCP 服务器的地址：192.168.1.1。

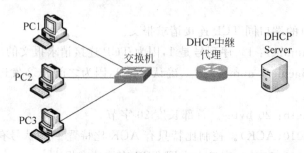

图 A.74　DHCP 实验参考环境 1

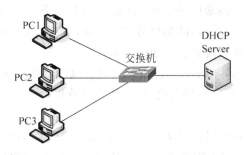

图 A.75 DHCP 实验参考环境 2

2. 捕获 DHCP 报文

(1) 在 PC1 的命令行下输入"ipconfig/release",先释放 IP 地址。

(2) 在 PC1 上运行 Ethereal 软件,并启动包捕获过程。

(3) 在 PC1 的命令行下,输入"ipconfig/renew",重新从 DHCP 服务器获取 IP 地址。

(4) 等 PC1 成功获取 IP 地址后,停止包捕获过程。

3. 分析 DHCP 过程

(1) DHCP 发现

图 A.76 是封装 DHCP 发现报文的 UDP 报文。封装该 UDP 报文的 IP 数据包的源 IP 地址是 0.0.0.0,目的 IP 地址是广播地址 255.255.255.255。DHCP 发现报文旨在发现 DHCP 服务器。封装它的 UDP 报文的内容如下。

No. .	Time	Source	Destination	Protocol	Info
1	0.000000	169.254.149.48	169.254.255.255	NBNS	Registration NB ZHIZUNPUPIL<00>
2	0.749723	169.254.149.48	169.254.255.255	NBNS	Registration NB ZHIZUNPUPIL<00>
3	1.499584	169.254.149.48	169.254.255.255	NBNS	Registration NB ZHIZUNPUPIL<00>
4	2.249540	169.254.149.48	169.254.255.255	NBNS	Registration NB ZHIZUNPUPIL<00>
5	2.969945	0.0.0.0	255.255.255.255	DHCP	DHCP Discover - Transaction ID 0x63065f2f
6	3.047236	169.254.149.48	169.254.255.255	NBNS	Registration NB NBHH<00>
7	3.047343	169.254.149.48	169.254.255.255	NBNS	Registration NB NBHH<1c>
8	3.471743	192.168.1.1	255.255.255.255	DHCP	DHCP Offer - Transaction ID 0x63065f2f
9	3.472192	0.0.0.0	255.255.255.255	DHCP	DHCP Request - Transaction ID 0x63065f2f
10	3.474285	192.168.1.1	255.255.255.255	DHCP	DHCP ACK - Transaction ID 0x63065f2f

```
⊞ Frame 5 (342 bytes on wire, 342 bytes captured)
⊞ Ethernet II, Src: AsustekC_9e:74:d4 (00:11:d8:9e:74:d4), Dst: Broadcast (ff:ff:ff:ff:ff:ff)
⊞ Internet Protocol, Src: 0.0.0.0 (0.0.0.0), Dst: 255.255.255.255 (255.255.255.255)
⊟ User Datagram Protocol, Src Port: bootpc (68), Dst Port: bootps (67)
     Source port: bootpc (68)
     Destination port: bootps (67)
     Length: 308
     Checksum: 0x7766 [correct]
⊞ Bootstrap Protocol
```

```
0000  ff ff ff ff ff ff 00 11  d8 9e 74 d4 08 00 45 00   ........ ..t...E.
0010  01 48 76 53 00 00 40 11  03 53 00 00 00 00 ff ff   .HvS..@. .S......
0020  ff ff 00 44 00 43 01 34  77 66 01 01 06 00 63 06   ...D.C.4 wf....c.
0030  5f 2f 00 00 80 00 00 00  00 00 00 00 00 00 00 00   _/......
0040  00 00 00 00 00 00 00 11  d8 9e 74 d4 00 00 00 00   ........ ..t.....
0050  00 00 00 00 00 00 00 00  00 00 00 00 00 00 00 00   ........
0060  00 00 00 00 00 00 00 00  00 00 00 00 00 00 00 00   ........
0070  00 00 00 00 00 00 00 00  00 00 00 00 00 00 00 00   ........
0080  00 00 00 00 00 00 00 00  00 00 00 00 00 00 00 00   ........
0090  00 00 00 00 00 00 00 00  00 00 00 00 00 00 00 00   ........
00a0  00 00 00 00 00 00 00 00  00 00 00 00 00 00 00 00   ........
00b0  00 00 00 00 00 00 00 00  00 00 00 00 00 00 00 00   ........
00c0  00 00 00 00 00 00 00 00  00 00 00 00 00 00 00 00   ........
00d0  00 00 00 00 00 00 00 00  00 00 00 00 00 00 00 00   ........
00e0  00 00 00 00 00 00 00 00  00 00 00 00 00 00 00 00   ........
00f0  00 00 00 00 00 00 00 00  00 00 00 00 00 00 00 00   ........
0100  00 00 00 00 00 00 00 00  00 00 00 00 00 00 00 00   ........
0110  00 00 00 00 00 00 63 82  53 63 35 01 74 01 01      ......c. Sc5..t..
0120  3d 07 01 00 11 d8 9e 74  d4 0c 0b 7a 68 69 7a 75   =......t ..zhizu
0130  6e 70 75 70 69 6c 3c 08  4d 53 46 54 20 35 2e 30   npupil<. MSFT 5.0
0140  37 0b 01 0f 03 06 2c 2e  2f 1f 21 f9 2b ff 00 00   7.....,. /.!.+..
0150  00 00 00 00 00 00                                   ......
```

图 A.76 封装 DHCP 发现报文的 UDP 报文

① Source port：68。源端口号是 68，这是 DHCP 服务客户端的熟知端口。

② Destination port：67。目的端口号 67，这是 DHCP 服务器的熟知端口。

③ Length：308。UDP 报文长度 308 字节。

④ Checksum：0x7766〔correct〕。校验和，校验结果正确 correct。

⑤ 接下来就是 DHCP 发现报文内容，具体不再分析。

（2）DHCP 提供

图 A.77 是封装 DHCP 提供报文的 UDP 报文。封装该 UDP 报文的 IP 数据包的源 IP 地址就是 DHCP 服务器的 IP 地址 192.168.1.1，目的 IP 地址是广播地址 255.255. 255.255。DHCP 提供报文表示 DHCP 服务器可以向 DHCP 客户端提供相应协议配置选项。关于该 UDP 报文的内容读者可以自己分析。

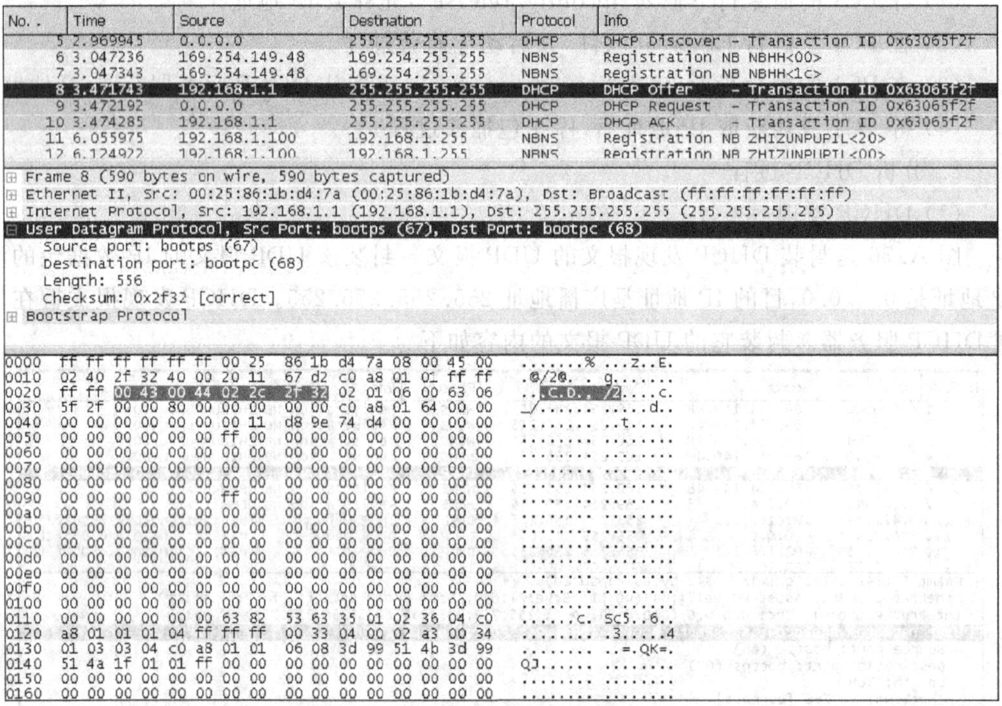

图 A.77　封装 DHCP 提供报文的 UDP 报文

（3）DHCP 请求

图 A.78 是封装 DHCP 请求报文的 UDP 报文。封装该 UDP 报文的 IP 数据包的源 IP 地址仍是 0.0.0.0，因为客户端还没获得 IP 地址，目的 IP 地址还是广播地址 255.255.255.255，因为客户端主机要告诉所有 DHCP 服务器它选择了哪个 DHCP 服务器为它配置协议参数。DHCP 请求报文的目的就是客户端主机选择某个特定 DHCP 服务器向其申请 IP 地址。关于封装 DHCP 请求报文的 UDP 报文内容，读者可类似自行分析。

（4）DHCP 应答

图 A.79 是封装 DHCP 应答报文的 UDP 报文。封装该 UDP 报文的 IP 数据包的源 IP

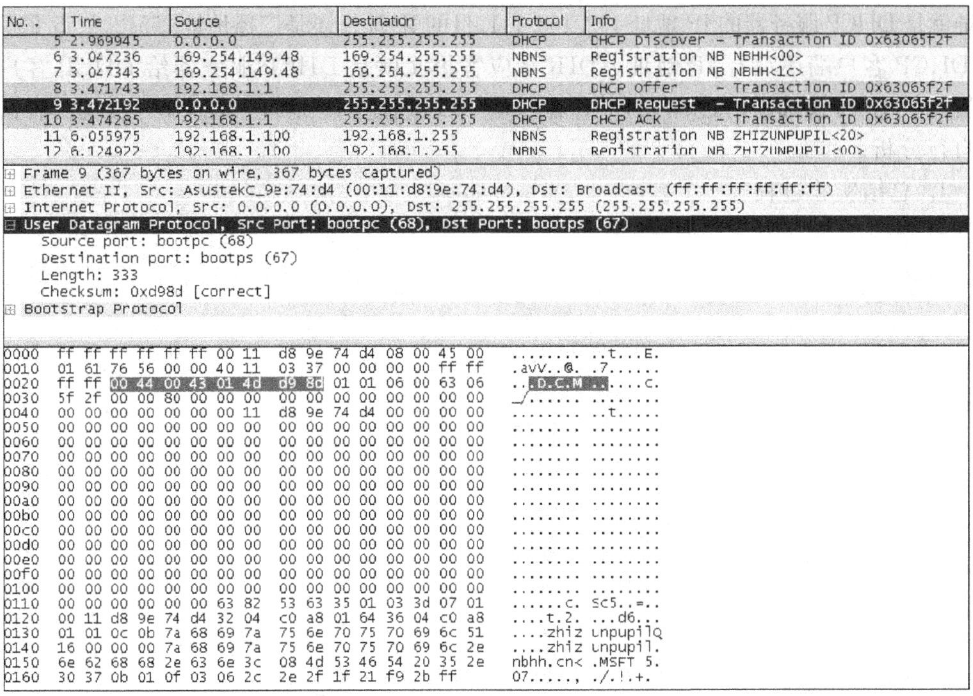

No. .	Time	Source	Destination	Protocol	Info
5	2.969945	0.0.0.0	255.255.255.255	DHCP	DHCP Discover - Transaction ID 0x63065f2f
6	3.047236	169.254.149.48	169.254.255.255	NBNS	Registration NB NBHH<00>
7	3.047343	169.254.149.48	169.254.255.255	NBNS	Registration NB NBHH<1c>
8	3.471743	192.168.1.1	255.255.255.255	DHCP	DHCP Offer - Transaction ID 0x63065f2f
9	3.472192	0.0.0.0	255.255.255.255	DHCP	DHCP Request - Transaction ID 0x63065f2f
10	3.474285	192.168.1.1	255.255.255.255	DHCP	DHCP ACK - Transaction ID 0x63065f2f
11	6.055975	192.168.1.100	192.168.1.255	NBNS	Registration NB ZHIZUNPUPIL<20>
12	6.124922	192.168.1.100	192.168.1.255	NBNS	Registration NB ZHIZUNPUPIL <00>

⊞ Frame 9 (367 bytes on wire, 367 bytes captured)
⊞ Ethernet II, Src: AsustekC_9e:74:d4 (00:11:d8:9e:74:d4), Dst: Broadcast (ff:ff:ff:ff:ff:ff)
⊞ Internet Protocol, Src: 0.0.0.0 (0.0.0.0), Dst: 255.255.255.255 (255.255.255.255)
⊟ User Datagram Protocol, Src Port: bootpc (68), Dst Port: bootps (67)
    Source port: bootpc (68)
    Destination port: bootps (67)
    Length: 333
    Checksum: 0xd98d [correct]
⊞ Bootstrap Protocol

```
0000  ff ff ff ff ff ff 00 11  d8 9e 74 d4 08 00 45 00   ........ ..t...E.
0010  01 61 76 56 00 00 40 11  03 37 00 00 00 00 ff ff   .avV..@. .7......
0020  ff ff 00 44 00 43 01 4d  d9 8d 01 01 06 00 63 06   ...D.C.M ......c.
0030  5f 2f 00 00 80 00 00 00  00 00 00 00 00 00 00 00   _/...... ........
0040  00 00 00 00 00 00 00 11  d8 9e 74 d4 00 00 00 00   ........ ..t.....
0050  00 00 00 00 00 00 00 00  00 00 00 00 00 00 00 00   ........ ........
0060  00 00 00 00 00 00 00 00  00 00 00 00 00 00 00 00   ........ ........
0070  00 00 00 00 00 00 00 00  00 00 00 00 00 00 00 00   ........ ........
0080  00 00 00 00 00 00 00 00  00 00 00 00 00 00 00 00   ........ ........
0090  00 00 00 00 00 00 00 00  00 00 00 00 00 00 00 00   ........ ........
00a0  00 00 00 00 00 00 00 00  00 00 00 00 00 00 00 00   ........ ........
00b0  00 00 00 00 00 00 00 00  00 00 00 00 00 00 00 00   ........ ........
00c0  00 00 00 00 00 00 00 00  00 00 00 00 00 00 00 00   ........ ........
00d0  00 00 00 00 00 00 00 00  00 00 00 00 00 00 00 00   ........ ........
00e0  00 00 00 00 00 00 00 00  00 00 00 00 00 00 00 00   ........ ........
00f0  00 00 00 00 00 00 00 00  00 00 00 00 00 00 00 00   ........ ........
0100  00 00 00 00 00 00 00 00  00 00 00 00 00 00 00 00   ........ ........
0110  00 00 00 00 00 00 63 82  53 63 35 01 03 3d 07 01   ......c. Sc5..=..
0120  00 11 d8 9e 74 d4 32 04  c0 a8 01 64 36 04 c0 a8   ....t.2. ...d6...
0130  01 01 0c 0b 7a 68 69 7a  75 6e 70 75 70 69 6c 51   ....zhiz unpupilQ
0140  16 00 00 00 7a 68 69 7a  75 6e 70 75 70 69 6c 2e   ....zhiz unpupil.
0150  6e 62 68 68 2e 63 6e 3c  08 4d 53 46 54 20 35 2e   nbhh.cn< .MSFT 5.
0160  30 37 0b 01 0f 03 06 2c  2e 2f 1f 21 f9 2b ff      07....., ./.!.+.
```

图 A.78　封装 DHCP 请求报文的 UDP 报文

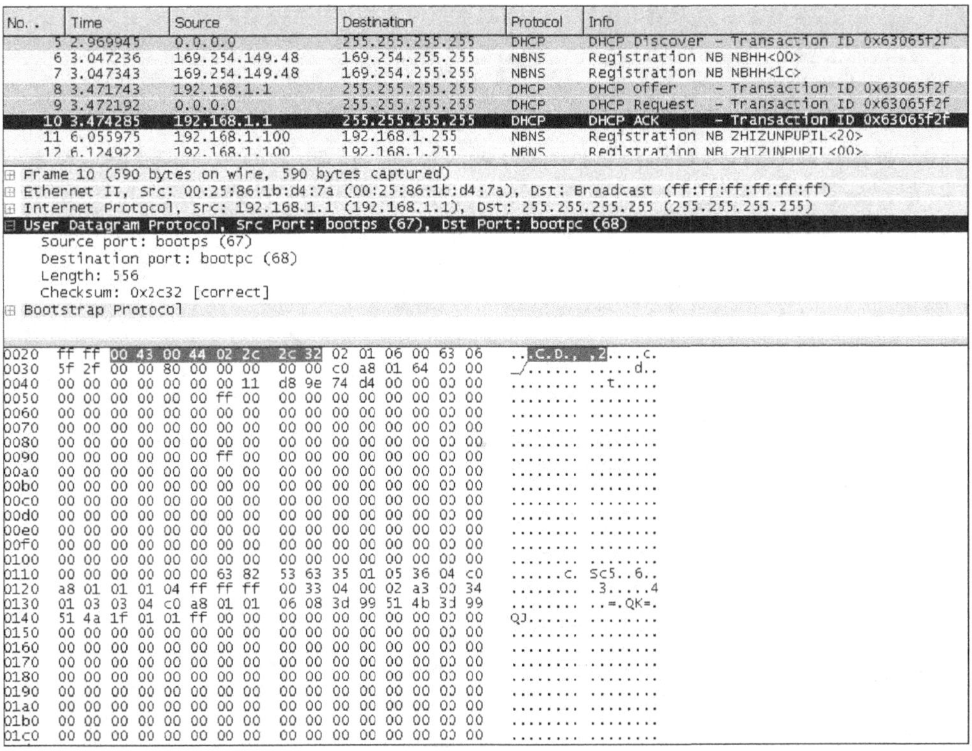

No. .	Time	Source	Destination	Protocol	Info
5	2.969945	0.0.0.0	255.255.255.255	DHCP	DHCP Discover - Transaction ID 0x63065f2f
6	3.047236	169.254.149.48	169.254.255.255	NBNS	Registration NB NBHH<00>
7	3.047343	169.254.149.48	169.254.255.255	NBNS	Registration NB NBHH<1c>
8	3.471743	192.168.1.1	255.255.255.255	DHCP	DHCP Offer - Transaction ID 0x63065f2f
9	3.472192	0.0.0.0	255.255.255.255	DHCP	DHCP Request - Transaction ID 0x63065f2f
10	3.474285	192.168.1.1	255.255.255.255	DHCP	DHCP ACK - Transaction ID 0x63065f2f
11	6.055975	192.168.1.100	192.168.1.255	NBNS	Registration NB ZHIZUNPUPIL<20>
12	6.124922	192.168.1.100	192.168.1.255	NBNS	Registration NB ZHIZUNPUPIL <00>

⊞ Frame 10 (590 bytes on wire, 590 bytes captured)
⊞ Ethernet II, Src: 00:25:86:1b:d4:7a (00:25:86:1b:d4:7a), Dst: Broadcast (ff:ff:ff:ff:ff:ff)
⊞ Internet Protocol, Src: 192.168.1.1 (192.168.1.1), Dst: 255.255.255.255 (255.255.255.255)
⊟ User Datagram Protocol, Src Port: bootps (67), Dst Port: bootpc (68)
    Source port: bootps (67)
    Destination port: bootpc (68)
    Length: 556
    Checksum: 0x2c32 [correct]
⊞ Bootstrap Protocol

```
0020  ff ff 00 43 00 44 02 2c  2c 32 02 01 06 00 63 06   ...C.D., ,2....c.
0030  5f 2f 00 00 80 00 00 00  00 00 c0 a8 01 64 00 00   _/...... ....d..
0040  00 00 00 00 00 00 00 11  d8 9e 74 d4 00 00 03 00   ........ ..t.....
0050  00 00 00 00 00 00 ff 00  00 00 00 00 00 00 03 00   ........ ........
0060  00 00 00 00 00 00 00 00  00 00 00 00 00 00 03 00   ........ ........
0070  00 00 00 00 00 00 00 00  00 00 00 00 00 00 03 00   ........ ........
0080  00 00 00 00 00 00 ff 00  00 00 00 00 00 00 03 00   ........ ........
0090  00 00 00 00 00 00 ff 00  00 00 00 00 00 00 03 00   ........ ........
00a0  00 00 00 00 00 00 00 00  00 00 00 00 00 00 03 00   ........ ........
00b0  00 00 00 00 00 00 00 00  00 00 00 00 00 00 03 00   ........ ........
00c0  00 00 00 00 00 00 00 00  00 00 00 00 00 00 03 00   ........ ........
00d0  00 00 00 00 00 00 00 00  00 00 00 00 00 00 03 00   ........ ........
00e0  00 00 00 00 00 00 00 00  00 00 00 00 00 00 03 00   ........ ........
00f0  00 00 00 00 00 00 00 00  00 00 00 00 00 00 03 00   ........ ........
0100  00 00 00 00 00 00 00 00  00 00 00 00 00 00 03 00   ........ ........
0110  00 00 00 00 00 00 63 82  53 63 35 01 05 36 04 c0   ......c. Sc5..6..
0120  a8 01 01 01 04 ff ff ff  00 33 04 00 00 a3 00 34   .........3.....4
0130  01 03 03 04 c0 a8 01 01  06 08 3d 99 51 4b 3d 99   ..........=.QK=.
0140  51 4a 1f 01 01 ff 00 00  00 00 00 00 00 00 03 00   QJ...... ........
0150  00 00 00 00 00 00 00 00  00 00 00 00 00 00 00 00   ........ ........
0160  00 00 00 00 00 00 00 00  00 00 00 00 00 00 03 00   ........ ........
0170  00 00 00 00 00 00 00 00  00 00 00 00 00 00 03 00   ........ ........
0180  00 00 00 00 00 00 00 00  00 00 00 00 00 00 03 00   ........ ........
0190  00 00 00 00 00 00 00 00  00 00 00 00 00 00 03 00   ........ ........
01a0  00 00 00 00 00 00 00 00  00 00 00 00 00 00 03 00   ........ ........
01b0  00 00 00 00 00 00 00 00  00 00 00 00 00 00 03 00   ........ ........
01c0  00 00 00 00 00 00 00 00  00 00 00 00 00 00 03 00   ........ ........
```

图 A.79　封装 DHCP 应答报文的 UDP 报文

地址就是 DHCP 服务器的 IP 地址 192.168.1.1,目的 IP 地址还是广播地址 255.255.55.255,因为 DHCP 客户端还没有 IP 地址。DHCP 应答报文就是 DHCP 服务器给 DHCP 客户端配置相关 IP 协议选项的过程,DHCP 客户端才真正获得 IP 地址。此 UDP 报文内容读者可自行分析。

4. 总结实验过程

参 考 文 献

[1] 谢希仁.计算机网络(第 4 版)[M].北京：电子工业出版社,2003.

[2] [美]Tanenbaum,A. S.计算机网络(第四版)[M].潘爱民译.北京：清华大学出版社,2004.

[3] [美]W. Richard Stevens.TCP/IP 详解卷 1：协议[M].范建华等译.北京：机械工业出版社,2000.

[4] [美]Larry L. Peterson,Bruce S. Davie.计算机网络系统方法[M].叶新铭等译.北京：机械工业出版社,2005.

[5] 周明天等.TCP/IP 网络原理与技术[M].北京：清华大学出版社,2002.

[6] 田园,司伟生,韩瑜.计算机网络基础因特网协议原理与实现[M].北京：机械工业出版社,2006.

[7] [美]Steve McQuerry,CCIE ♯6108.CCNA 自学指南：Cisco 网络设备互连(第二版)[M].李祥瑞等译.北京：人民邮电出版社,2004.

[8] [美]Steve McQuerry,CCIE ♯6108.CCNA 自学指南：Cisco 网络设备互连(ICND2)(第三版)[M].李祥瑞译.北京：人民邮电出版社,2008.

[9] 孙建华.实用网络设计与配置[M].北京：人民邮电出版社,2009.

[10] 李志球.计算机网络基础(第二版)[M].北京：电子工业出版社,2006.

[11] 杜煜,姚鸿.计算机网络基础[M].北京：人民邮电出版社,2002.

[12] 刘远生.计算机网络基础(第 2 版)[M].北京：电子工业出版社,2005.

[13] 华为网络基础协议培训教程.网络基础协议教程(初级)-课程 06-X. 25、LAPB 协议.

[14] 华为网络基础协议培训教程.网络基础协议教程(初级)-课程 07-帧中继协议.

[15] 锐捷网络培训资料.